反应式和并发系统的时序逻辑

[美] 佐哈尔·曼纳（Zohar Manna）
[以] 艾米尔·伯努利（Amir Pnueli） 著
张广泉 译

清华大学出版社
北京

内容简介

反应式和并发系统指实时运行的计算系统，如操作系统、控制系统、交互系统和并发系统。这些系统很难规约、实现和验证，主要原因是系统与其环境之间及系统本身的并行进程之间交互的复杂性，在交互时间上的微小变化可能导致完全不同的行为。

时序逻辑是一种形式化规约语言，可用于刻画和分析反应式系统中有关时间和行为方面的属性。它提供了一种简单、自然但精确的方式来讨论交互发生的顺序，而无须采用绝对时间度量。

本书全面介绍了时序逻辑和作者开发的反应式程序的计算模型。

本书是国际著名计算机科学家 Zohar Manna 和 Amir Pnueli(图灵奖得主)的代表作，适合作为计算机、软件工程、人工智能、自动化等专业高年级本科生、研究生的教材或参考书，也可供相关领域的研究人员和技术开发人员参考。

北京市版权局著作权合同登记号 图字：01-2022-1775

First published in English under the title
The Temporal Logic of Reactive and Concurrent Systems: Specification
by Zohar Manna and Amir Pnueli

图书在版编目(CIP)数据

反应式和并发系统的时序逻辑/(美)佐哈尔·曼纳(Zohar Manna)，(以)艾米尔·伯努利(Amir Pnueli)著；张广泉译. —北京：清华大学出版社，2023. 12
ISBN 978-7-302-64497-2

Ⅰ. ①反… Ⅱ. ①佐… ②艾… ③张… Ⅲ. ①反应式—时序控制—并发程序设计 Ⅳ. ①TP311.11

中国国家版本馆 CIP 数据核字(2023)第 163849 号

责任编辑：安 妮
封面设计：刘 键
责任校对：韩天竹
责任印制：沈 露

出版发行：清华大学出版社
网 址：https://www.tup.com.cn，https://www.wqxuetang.com
地 址：北京清华大学学研大厦 A 座 **邮 编**：100084
社 总 机：010-83470000 **邮 购**：010-62786544
投稿与读者服务：010-62776969，c-service@tup.tsinghua.edu.cn
质量反馈：010-62772015，zhiliang@tup.tsinghua.edu.cn
课件下载：https://www.tup.com.cn，010-83470236

印 装 者：三河市龙大印装有限公司
经 销：全国新华书店
开 本：185mm×260mm **印 张**：14.75 **字 数**：362 千字
版 次：2023 年 12 月第 1 版 **印 次**：2023 年 12 月第1 次印刷
印 数：1～1000
定 价：79.00 元

产品编号：093951-01

作者简介

Zohar Manna 是斯坦福大学和以色列魏茨曼学院的计算机科学专业的教授。他在以色列理工学院获得数学学士学位和硕士学位，在卡内基-梅隆大学获得计算机科学博士学位。他是 *Mathematical Theory of Computation* 的作者，也是 *The Logical Basis for Computer Programming*（两卷）的合著者。Manna 教授也是 *Journal of Symbolic Computation*、*Acta Informatica* 和 *Theoretical Computer Science Journal* 的副主编。

Amir Pnueli 是以色列魏茨曼学院的计算机科学专业的教授，他在以色列理工学院获得数学学士学位，在以色列魏茨曼学院获得应用数学博士学位。Pnueli 教授是 *Science of Computer Programming Journal* 的副主编。

译者序

作为形式化方法领域的一部权威著作，本书自面世以来即受到国内外相关领域研究人员的广泛关注，被认为是第一部全面、系统地阐述时序逻辑及其应用在反应式系统和并发系统规约与验证方面的研究成果的著作。时序逻辑也叫时态逻辑（temporal logic），作为一种非经典逻辑，真假值依赖时间而变化的特性使它非常适合描述并发系统属性，如安全性、活性等。目前时序逻辑作为一种重要的形式化工具，已被广泛应用于并发、实时及混成等复杂系统的规约与验证。

本书作者斯坦福大学 Zohar Manna 教授（1939—2018）和以色列魏茨曼学院 Amir Pnueli 教授（1941—2009）是两位世界著名计算机科学家，其中 Amir Pnueli 教授因开创性地将时序逻辑引入计算机科学而荣获 1996 年图灵奖。Amir Pnueli 教授为人谦逊随和，与中国的渊源甚深。他和我国著名逻辑与软件工程专家、中国科学院软件研究所唐稚松院士（1925—2008）是至交，唐稚松先生将时序逻辑作为软件开发全过程的统一基础，提出了世界上第一个可执行时序逻辑语言 XYZ/E，推动了时序逻辑在计算机科学与软件工程领域的研究。该成果荣获 1989 年国家自然科学奖一等奖和 1996 年何梁何利科学技术进步奖。Amir Pnueli 赴美接受图灵奖前夕，在给唐稚松先生的信中说："我完全相信，由于使时序逻辑成为一个有深远影响的概念，你应该分享这一荣誉（指当年图灵奖）中一个很有意义的部分。"

本书的翻译、统稿、审校及修改由张广泉负责。宋相君、宋振华、沈兴勤等参与了本书的部分初译工作，王汛等参与了译稿的部分校对工作。中国科学院软件研究所晏荣杰副研究员仔细阅读了初稿并提出了许多重要的修改意见和建议，在此对他们的辛勤劳动表示衷心的感谢。

本书出版工作得到江苏高校优势学科建设工程项目、江苏省高等教育教改研究课题（2021JSJG254）、江苏省学位与研究生教育改革（重点）课题（JGKT23-BO45）资助和苏州大学计算机科学与技术学院的关心和支持，清华大学出版社安妮编辑为本书的出版做了大量耐心、细致的工作，在此一并表示诚挚的感谢。

由于译者水平有限，中文表达难免有不当甚至错误之处，欢迎读者及专家批评指正。

张广泉

2023 年 5 月 6 日于苏州大学天赐庄校区

前　言[①]

本书是关于反应式程序及其控制的系统，以及应用时序逻辑工具对此类程序进行形式规约、验证和开发的方法学。

反应式程序与其环境保持不断的交互作用，而不是在计算终止时产生一些最终结果。反应式程序包括大多数在正确性和可靠性方面特别具有挑战性的程序，如并发和实时程序、嵌入式和过程控制程序、操作系统等。

并发性是反应式程序的一个基本特征。根据定义，反应式程序与其环境并发运行，本书研究的大多数示例程序都是由几个并发执行的进程组成的并发程序。提出的技术通常用于描述和分析此类程序的并发元素间的交互。因此，本书的主题是对交互的研究和分析，既包括程序与其环境之间的交互，也包括程序中并发进程之间的交互。

许多案例已经充分证明，构造正确、可靠的反应式程序是非常具有挑战性的。看似无关紧要的小型并发程序往往会表现出完全意想不到的行为，在某些情况下，这些行为可能导致关键系统崩溃。这就是为什么说本书提倡的形式化方法对于反应式程序领域正确程序的开发如此重要。

形式化方法通常包含两方面：其一是**规约语言**，用于形式描述程序的预期需求；其二是一系列**证明方法**，通过这些方法，可以形式验证程序相对于其规约的正确性。形式化方法的优势是显而易见的。形式规约要求程序设计者对程序的主要功能尽早做出精确的决定，并消除对其预期行为描述中的歧义。对所需属性的形式验证保证了该属性在程序的所有可能执行中均成立。

本书选择时序逻辑作为规约语言，因为它能够有效描述反应式程序的动态行为，并刻画其属性。时序语言的主要优点是通过使用一组特殊算子，为程序属性提供有效和自然的表达方式。

本书采用大量篇幅对时序逻辑进行全面和自含的介绍，并阐述如何用它来刻画反应式系统的属性。

面向读者和预备知识

本书面向对反应式系统的设计、构造和分析感兴趣，以及希望学习时序逻辑语言和如何将其应用于反应式系统的规约、验证和开发的人员。

假定读者具备下列基础：熟悉编程和编程语言并有一定的经验，特别是对程序并发执行的基本概念有一定的了解；理解一阶逻辑及演绎系统的有效性和可证明性的概念。本书不需要预先了解时序逻辑的预备知识，也不需要详细了解任何特定编程语言，因为本书将介

---

① 本书的一些图示、符号、黑体、斜体沿用了英文原书的排版风格，特此声明。

绍这两个主题。

主要内容

本书共 4 章，介绍反应式程序的计算模型和编程语言，以及时序逻辑规约语言。

第 1 章介绍计算模型和编程语言。在编程语言中，尽可能全面给出并发进程之间通信和同步的主要机制表示。语言允许进程通过共享变量和消息传递进行通信。本书的目的是提出一个统一的方法来实现反应式程序中的通信，这种方法独立于采用的特定通信机制。因此，将给出并发编程中的一些核心范例（如互斥或生产者-消费者）是如何根据共享变量或不同形式的消息传递来编程的。

第 2 章进一步阐述计算模型。书中使用的计算模型通过交错执行从并行进程中一次执行一个原子操作来表示并发性。这一章将考查这种表示与程序的真并发执行（几个并行语句同时执行）是否相符的问题。通过对研究的程序施加语法限制并引入公平性需求，确保程序的交错并发执行与真并发执行之间的准确对应。

第 3 章介绍时序逻辑，给出其语法和语义。时序语言包含两组对称的时序算子，一组处理将来，另一组处理过去。列出并讨论时序算子的许多属性。演绎证明系统提供了时序属性推导的形式化方法。

第 4 章探讨时序逻辑作为一种描述反应式程序属性语言的实用性。程序属性根据它们在时序逻辑中的表示被划分为不同层次的类。最重要的类是安全性、响应性和反应性。对每一类都提供了一组常见的程序属性示例。此外，还探讨了**模块规约**，其中程序的每个模块（进程）是独立描述的。

第 1、2 章构成第Ⅰ部分，第 3、4 章构成第Ⅱ部分。

本书的教学

本书的内容可作为不同层次的计算机科学基础课程，适合一学期的教学，该课程可在本科高年级或研究生阶段开设。

快速阅读

本书中有部分章节对于理解主要内容不是必要的，如果想精简课程内容，那么下列章节可以先忽略或作为扩展阅读：1.2 节、1.6 节、1.11 节；2.9 节、2.10 节；4.7 节～4.9 节。

问题

每一章结尾都有一组问题作为练习。有些问题是为了测试读者对这一章内容的理解程度，有些问题介绍了这一章没有涉及的材料，还有一些问题探索了一些主题的介绍和发展方式的替代方案。

这些问题按难易程度分级。困难问题标注 *，研究级问题标注 **。

为了指出这些问题属于书中的哪些部分，在书中对应位置进行了注释。在解决问题时，读者可以使用在注释之前出现在正文中的任何结果，也可以使用该问题前任何问题的结果及同一问题的前面部分的结果。

文献注释

每章之后有一个简短的文献注释，提及一些与这一章涵盖的主题相关的研究贡献。尽管我们认真地参考了所有重要的相关工作，但仍可能有遗漏，对此我们表示歉意并欢迎任何批评和指正。

支持系统

向读者推荐 Macintosh 上的一个程序，该程序用于检验命题时序公式的有效性，对有关时序逻辑的练习很有帮助。有关获取系统的信息可以写信到以下地址：

Temporal Prover
Box 9215
Stanford, CA 94309

致谢

许多同事和学生阅读了本书的初稿和多个(几乎不计其数)版本，并给出有益的意见和建议，对此我们十分感谢。特别感谢 Rajeev Alur、Eddie Chang、Avraham Ginzburg、David Gries、Tom Henzinger、Daphne Koler、Narciso Marti-Oliet、Roni Rosner、Richard Waldinger 和 Liz Wolf 的帮助和建议。

也非常感谢斯坦福大学和以色列魏茨曼学院的学生提出的具体意见和有益的批评。

感谢空军科研办公室、先进防御研究项目机构、国家科学基金和欧洲共同体 Esprit 项目对本书中的研究提供的经费支持。

Sarah Fliegelman 对本书的排版工作做得非常出色。Joe Weening 提供了 $\mathrm{T_EX}$ 排版方面非常宝贵的详细技术知识和专业技能。

Eric Muller 花费了大量时间耐心地准备了所有计算机生成的图表。Yehuda Barbut 提供了手工绘图。

Rajeev Alur 为问题的编写提供了特别协助。

Roni Rosner 为文献注释的准备给予大量的帮助。

特别感谢 Carron Kirkwood 为本书设计的封面。

斯坦福大学 Zohar Manna
以色列魏茨曼学院 Amir Pnueli

目　录

第Ⅰ部分　并发模型

第Ⅱ部分 规 约

第 I 部分

并 发 模 型

第1章
基本模型

程序及其控制的系统，从概念上可分为转换式和反应式。

转换式程序（transformational program）是一种较常规的程序形式，其作用是在计算终止时产生一个最终结果。因而，通常将转换式程序看作是一个从初始状态到终止状态（或终止结果）的函数（可能是多值的），它适合描述初始状态和终止状态之间的关系特性，普通谓词逻辑可为其规约提供一个充分的表述和推理工具。

反应式程序（reactive program）的作用不是产生最终的结果，而是与其环境保持持续交互。反应式程序的示例包括操作系统和控制机械或化学进程的程序，如飞机或核反应堆。一些反应式程序预计不会终止，它们不能通过初始状态和终止状态之间的关系来描述，而必须根据它们的持续行为来描述。为了规约和分析这类程序，建议使用一种在概念上比普通谓词逻辑更复杂的时序逻辑形式化方法。

通常，反应式程序与其控制的硬件系统是紧密联系的。与多个程序在一台通用的标准的计算机上执行的转换式程序不同，反应式程序通常是由专用的且有时具有特殊用途的硬件组成，单个反应式程序在这些硬件上永久运行，这些程序通常被称为嵌入式系统，意为软件构件（程序）是完整系统的一个组成部分。正因为如此，本书将研究的对象叫作**反应式系统**（reactive system），而不明显区分程序和其控制的系统。事实上，本书提出和讨论的大多数技术只需很小的改动就可以应用于纯硬件系统，并且已成功地应用于数字电路的规约和验证。

本书也是关于并发性的。反应性和并发性的概念密切相关。例如，解释转换式程序和反应式程序之间区别的一个好方法是，转换式程序与其环境的行为是顺序的，而反应式程序与其环境的行为是并发的。

实际上，转换式程序的执行包含3个连续的动作：首先，环境准备一个输入；然后，程序在没有环境干预的情况下执行计算，直到程序终止；最后，环境应用程序产生输出。反应式程序不具有程序和环境的顺序序列，即每个动作依次执行。环境在同一时间内可同时为程序的读和写提供新的输入，并使用其输出。反应式程序设计的一个主要的概念是，如果程序不够快，它就可能因为来不及反应而丢失一些重要信息。所以，反应性的一个重要特征是其描述程序及其环境行为是并发的，而不是顺序的。

反应性和并发性之间的另一个关联点是，在任何包含**并行进程**(parallel processes)[①]的程序中，都必须将每个进程作为反应式程序进行研究和分析。从每个进程的角度来看，程序的其余部分可以看作是一个与进程不断交互的环境。因而，对于一个程序来说，它作为一个整体具有转换的作用，即它被期望终止以产生一个最终结果。然而，因为它是由若干并行进程构成的，所以应该作为一个反应式程序来分析。

在有关反应式系统的形式开发和分析的文献中有各种各样的编程语言，每种语言都有自己的机制，用于程序及其环境之间、程序的并发组件之间的通信和同步。其中一些用于通信的机制是基于共享变量、消息传递或远程过程调用的，而另一些用于同步的机制包括信号量、临界区、监督程序、握手(handshaking)、会合(rendezvous)和异步传输。

本章将介绍反应式系统的通用(抽象)模型，该模型提供了一个抽象机制，可以统一处理所有这些结构。反应式系统规约和验证理论将根据通用模型加以阐述。这种方法使该理论适用于大多数现有的编程语言及其构造，也可能适用于未来提出的多种语言。

本章首先给出基本转换系统的通用模型，然后说明它如何映射到具有特定的通信和同步机制的编程语言上，以及其他表示并发性的形式化方法，如 Petri 网。表示一个具体的编程、通信、协同机制的主要工具是编程语言，本章也将对它进行介绍。这种语言模仿了几种允许并发性的现有语言，它在并发进程之间提供不同的通信和协同机制。第 2 章将通过添加公平性的需求来扩充基本模型，并讨论与各种通信和协同机制相关的适当的公平性需求。

下面将提出一个反应式系统规约和验证的通用理论。规约语言和证明原则是用通用模型表示的，这些模型通过编程语言中的典型例子来说明。

1.1 通用模型

反应式系统通用模型的主要部分由基本转换系统给出，模型的这一部分引入系统状态的基本概念，以及在计算过程中修改状态的基本动作(转换)。第 2 章在基本转换系统的基础上增加公平性的概念，得到转换系统的完整模型。

1.1.1 基础语言

为了表达基本转换系统的语法，这里使用一种基本的一阶语言，包含以下 4 个元素。

1. $\mathcal{V}$——词汇表

词汇表(vocabulary)由一组可数的类型变量组成。其中一些变量在程序使用的数据域范围上，如布尔值、整数或列表。其他变量可能出现在程序的不同位置，用来指示程序执行的进度。

每个变量的**类型**(type)表示变量取值范围的**定义域**(domain)。例如，数据变量可以在自然数范围内，而用来指示程序执行进度的控制变量可以在一组有限的位置范围内。

变量可分为**严格**(rigid)变量和**灵活**(flexible)变量。严格变量在计算的所有状态上具有相同的值，而灵活变量在不同状态上允许有不同的值。程序中的所有数据变量和控制变量都是灵活变量，而严格变量主要用于规约，是为了比较灵活变量在不同状态上的值。第 3

---

① 指并发执行的进程。

章和第4章将阐述严格变量在规约中的使用。

2. $\mathcal{E}$——表达式

表达式(expression)由$\mathcal{V}$中变量、常量(如0、Λ(空表)和$\varnothing$(空集))通过算子(如+、•(追加一个元素到表中)和$\cup$)和谓词(如>、null(一个表是空的)和$\subseteq$)在适当的范围(如整数、表、集合)构成的。

例如,$x+3y$、$hd(u) \cdot tl(v)$和$A \cup B$是表达式。表达式的类型根据其值域确定。取值为布尔值{F,T}的表达式称为**布尔表达式**(boolean expression),如$\neg(x>y) \wedge ((z=0) \vee (u \subseteq v))$。

3. $\mathcal{A}$——断言

布尔表达式通过布尔算子和修饰表达式中一些变量的量词($\forall$、$\exists$)构成**断言**(assertion),如$\forall x:[(x>0) \rightarrow \exists y:(x=y \cdot y)]$。

4. $\mathcal{I}$——解释

类型变量$V \subseteq \mathcal{V}$的**解释**(interpretation)$I \in \mathcal{I}$是一个映射:对每一个变量$y \in V$,给定y定义域上的一个值$I[y]$。通过以下方式对变量赋值扩充得到表达式和断言的赋值。

对于表达式e,通过对e中每个变量y的解释$I[y]$来计算$I[e]$的值。例如,$I:<x:1, y:2, z:3>$,则$I[y]=2$,$I[x+y \cdot z]=7$。

若φ是布尔表达式或断言,则$I[\varphi] \in \{F,T\}$。如果$I[\varphi]=T$,则称I**满足**(satisfy)φ,并记作$I \vDash \varphi$。

在φ是一个含量词的断言的情况下,解释I仅需提供φ中自由变量的值以确定是否$I \vDash \varphi$。这是因为在计算量词公式时,如$\exists x:\varphi(x)$,I如何解释或是否全部解释约束变量x是不重要的。因此,在自然数范围内,$<x:9> \vDash \exists y:(x=y^2)$成立,而$<x:8> \vDash \exists y:(x=y^2)$不成立,不考虑$y$的值如何解释。

解释I也可以应用到表达式表$(e_1,\cdots,e_n)$上,产生一个值表,如$I[(e_1,\cdots,e_n)]=(I[e_1],\cdots,I[e_n])$。

1.1.2　基本转换系统

基本转换系统(basic transition system)$<\Pi,\Sigma,\mathcal{T},\Theta>$通过以下4个元素表示反应式程序。

1. $\Pi=\{u_1,\cdots,u_n\} \subseteq \mathcal{V}$——灵活状态变量(state variable)的有穷集合

一部分灵活变量表示**数值变量**(data variable),这类变量由程序语句来说明和操作。另一些变量是**控制变量**(control variable),用来表示程序执行的进展,如程序或语句中将要执行的位置。

2. Σ——状态集

在Σ中的每个**状态**(state)s是Π的一个解释,即赋予Π中的每个变量u的域上相应的值,用$s[u]$表示。满足断言φ的状态s,即$s \vDash \varphi$,有时称为φ-状态。

3. $\mathcal{T}$——转换的有穷集合

$\mathcal{T}$中的每个**转换**(transition)τ描述系统的一个状态-转换动作,用函数$\tau:\Sigma \rightarrow 2^{\Sigma}$表示,

将Σ中的每个状态 s 映射到一个状态集$\tau(s)$上，通过对状态 s 添加动作τ(可能为空)可以得到 $\tau(s)$。$\tau(s)$ 中的每个状态 s' 都被定义为 s 的一个τ-**后继**(successor)。如果对于每个状态 $s\in\Sigma$，都有 $\tau_I(s)=\{s\}$，则 τ_I 称为**空转换**(idling transition)。

4. Θ——初始条件(initial condition)

该断言描述程序可以开始执行时的状态。若一个状态 s 满足Θ(记作 $s\models\Theta$)，则称 s 为**初始状态**(initial state)。

1.1.3 转换关系 ρ_τ

每个转换 τ 都由一个叫作**转换关系**(transition relation)的断言 $\rho_\tau(\Pi,\Pi')$ 表示。该断言将状态 s 中状态变量的值与对 s 使用转换 τ 得到的后继状态 s'中状态变量的值相关联。该断言指的是状态变量集$\Pi=\{u_1,\cdots,u_n\}$的两组赋值。u 的出现是指 u 在 s 中的值，而 u' 的出现是指 u 在 s'中的值，称 u'为 u 的**撇号形式**(primed version)，用$\Pi'=\{u'_1,\cdots,u'_n\}$表示所有状态变量的撇号形式集合。

转换关系的形式为(可能还有更通俗的形式)$\rho_\tau(\Pi,\Pi')$：$C_\tau(\Pi)\wedge(y'_1=e_1)\wedge\cdots\wedge(y'_k=e_k)$。该转换关系包含以下两个元素。

(1) **使能条件**(enabling condition)$C_\tau(\Pi)$是一个断言，表明在该条件下，状态 s 可以有一个τ-后继。

(2) **修改语句**(modification statement)$(y'_1=e_1)\wedge\cdots\wedge(y'_k=e_k)$ 的合取，其中 $y_i\in\Pi$，$i=1,2,\cdots,k$，而每个表达式 e_i 仅指无撇号的状态变量，变量 $y_1,\cdots,y_k$ 是互不相同的。每个修改语句 $y'_i=e_i$ 要求y_i 在s'中的值等于e_i 在s 中的值。用变量集 $Y=\{y_1,\cdots,y_k\}$表示 ρ_τ 的**可修改变量**(modifiable variable)。例如，对于$\Pi=\{x,y,z\}$，转换关系为 $\rho_{\hat\tau}$：$(x>0)\wedge(z'=x+y)$，要求 x 在 s 中为正，z 在 s'中的值等于 $x+y$ 在 s 中的值。

设 τ 为一个具有转换关系 ρ_τ 的转换，状态 s 有一个τ-后继，即 $\tau(s)\neq\varnothing$，当且仅当 $s\models C_\tau$，也就是 C_τ 在 s 中赋值为真。

如果 s 有 τ-后继，那么它最多有一个后继 s'，即 $\tau(s)=\{s'\}$，这是由以下两个要求确定的。

(1) 对于 $i=1,\cdots,k$，$s'[y_i]=s[e_i]$，即 y_i 在 s'中的值等于e_i 在 s 中的值。

(2) 对于 $u\in\Pi-Y$，$s'[u]=s[u]$，也就是说，不可修改的状态变量在 s 和 s'中有相同的值。

因此，对于所有的 τ 和 s，$|\tau(s)|\leqslant 1$。

重新考虑转换 $\hat\tau$，其中$\Pi=\{x,y,z\}$，$\rho_{\hat\tau}$：$(x>0)\wedge(z'=x+y)$。那么状态 s'：$<x:1,y:2,z:3>$是状态 s：$<x:1,y:2,z:4>$的 $\hat\tau$-后继。状态 $\hat s$：$<x:0,y:2,z:3>$没有 $\hat\tau$-后继，因为状态 $\hat s$ 不满足使能条件 $x>0$。

不同的公式可以表示相同的转换。例如，ρ_1：$(x>0)\wedge(z'=x+y)$和 ρ_2：$(x>0)\wedge(z'=x+y)\wedge(x'=x)$表示相同的转换。这是因为 ρ_2 包含了 ρ_1 中没有的显式信息，即状态变量 x 从 s 到 s'的值保持不变；而 ρ_1 不包含 x 作为可修改变量的事实隐含地说明了 x 是不变的。

一般而言，假设 ρ_1 具有可修改变量 Y_1 的转换关系，ρ_2 是通过对 ρ_1 添加一个或更多形

如 $x'=x$ 的合取得来的公式，其中 $x\in\Pi-Y_1$。很明显，ρ_1 和 ρ_2 定义了相同的转换关系。可以观察到，ρ_2 的可修改变量集 Y_2 包含 Y_1 和所有出现在添加合取中的变量。

特别地，对于每个转换关系 ρ_τ，都存在一个等价关系 ρ_τ^+，它的可修改变量集就是整个状态变量集Π。ρ_τ^+ 称作转换 τ 的**完全转换关系**(full transition relation)。例如，之前考虑的转换 τ 的完全转换关系是$(x>0)\wedge(x'=x)\wedge(y'=y)\wedge(z'=x+y)$。

在关于转换关系的一般性讨论中，常将转换关系 ρ_τ 表示为ρ_τ：$C_\tau(\Pi)\wedge(\bar{y}'=\bar{e})$，其中，$\bar{y}'=(y_1',\cdots,y_k')$是带撇号的可修改变量列表，$\bar{e}=(e_1,\cdots,e_k)$是表达式列表，等式 $\bar{y}'=\bar{e}$ 表示合取式$(y_1'=e_1)\wedge\cdots\wedge(y_k'=e_k)$。

1.1.4　使能与非使能转换

对于转换集$\mathcal{T}$中的一个转换 τ 和状态集 Σ中的一个状态 s：

(1) 如果 $\tau(s)\neq\varnothing$，那么 τ 在 s 是**使能**(enabled)的，也就是说，s 有一个 τ-后继。

(2) 如果 $\tau(s)=\varnothing$，那么 τ 在 s 是**非使能**(disabled)的，也就是说，s 没有 τ-后继。

显然，如果转换 τ 具有转换关系ρ_τ：$C_\tau\wedge(\bar{y}_\tau'=\bar{e})$，则 τ 在 s 是使能的，当且仅当 $s\vDash C_\tau$。

对于一组转换 $T\subseteq\mathcal{T}$和状态集 Σ中的一个状态 s：

(1) 如果 T 中有 τ 在 s 上是使能的，那么 T 在 s 也是使能的。

(2) 如果 T 中所有 τ 在 s 上都是非使能的，那么 T 在 s 也是非使能的。

如果 s 上仅有的使能转换是空转换 τ_I，那么状态 s 是**终止**(terminal)的。

1.1.5　空转换与勤勉转换

空转换 τ_I 是用来对程序行为中没有变化的时间段进行建模的。这种约定对于将所有计算(包括终止计算)表示为无限状态序列特别有用，因为空转换可以无限地应用于终止状态。这种约定大大简化了程序的分析。

空转换 τ_I 的转换关系表示为ρ_{τ_I}：T。这与 $\tau_I(s)=\{s\}$的要求一致，即在空转换下，所有状态变量保持不变。

如果 s'是状态 s 的一个 τ_I-后继，那么把它称作 s 的一个**空后继**(idling successor)。

除了空转换外，其他转换称为**勤勉转换**(diligent transition)，用$\mathcal{T}_D=\mathcal{T}-\{\tau_I\}$表示勤勉转换的集合。

1.1.6　计算

基本转换系统$\langle\Pi,\Sigma,\mathcal{T},\Theta\rangle$的**计算**(computation)为满足以下 3 个条件的无限状态序列 σ：$s_0,s_1,s_2,\cdots$。

(1) **初始化**(initiation)：s_0 是初始状态，即 $s_0\vDash\Theta$。

(2) **连续性**(consecution)：对于$\mathcal{T}$中的某个转换 τ，σ 的每一对连续状态 s_i 和 s_{i+1} 有 $s_{i+1}\in\tau(s_i)$。也就是说，s_{i+1} 是 s_i 的一个 τ-后继。将一对 s_i 和 s_{i+1} 称作一个 τ-步骤。注意，对于 $\tau\neq\tau'$，给定的一对 s_i 和 s_{i+1} 可能既是 τ-步骤又是 τ'-步骤。

(3) **勤勉性**(diligence)：σ 要么包含无穷多个勤勉步骤(如$\mathcal{T}_D$中 τ 的 τ-步骤)，要么包含一个终止状态。显然，终止状态的所有后继只能是空后继。这个要求排除了一些序列，在这些序列中，即使在$\mathcal{T}_D$中启用了一些勤勉转换τ，也只在某个点之后采取空转换步骤。包含终止状态的计算称为**终止计算**(terminating computation)。

计算前缀(computation prefix)是状态有穷序列$s_0, s_1, \cdots, s_m$，它满足初始化和连续性的要求，但不需要满足勤勉性。显然，一个计算的每个有限的前缀部分都是计算前缀。

计算σ中状态的序号i称为**位置**(position)。如果$\tau(s_i) \neq \varnothing$(即$\tau$在$s_i$上是使能的)，那么转换$\tau$在$\sigma$的$i$位置上是使能的。如果$s_{i+1} \in \tau(s_i)$，则转换$\tau$在位置$i$**被执行**(taken)。值得注意的是，一些转换会在同一个位置被执行。

如果一个状态s出现在系统的一些计算中，那么称它在基本转换系统中是**可达的**(reachable)或**可访问的**(accessible)。

每个基本转换系统都有一个内在的初始化条件Θ，并且所有的计算必须开始于一个Θ-状态。在某些情况下，希望对考虑的计算集合进一步约束。对于断言φ和基本转换系统，将任何初始状态满足φ的计算定义为一个φ-**计算**。

常用标有转换的箭头连接的一个状态序列来表示计算和计算前缀，该箭头表示系统移动到下一个状态。因此，一个计算通常表示为$s_0 \xrightarrow{\tau_0} s_1 \xrightarrow{\tau_1} s_2 \rightarrow \cdots$。一方面表示$s_0, s_1, \cdots$是一个计算，同时也说明存在转换$\tau_i \in \mathcal{T}$，使系统从状态$s_i$转换到$s_{i+1}$。

可以重新定义计算，如果存在转换$\tau_0, \tau_1, \cdots$，则可以将无限序列$s_0, s_1, s_2, \cdots$表示为$s_0 \xrightarrow{\tau_0} s_1 \xrightarrow{\tau_1} s_2 \rightarrow \cdots$。其中$s_0$满足$\Theta$，或者有无穷多个不同于$\tau_I$的转换，又或者计算具有形式$s_0 \xrightarrow{\tau_0} s_1 \rightarrow \cdots \rightarrow s_k \xrightarrow{\tau_I} s_k \xrightarrow{\tau_I} s_k \rightarrow \cdots$，$s_k$是终止状态。

1.1.7 具体模型

下面给出反应式系统的几种具体模型，并说明之前定义的抽象实体和它们的具体对应部分之间的对应关系。每个具体模型都具有某种编程语言的特征，该语言由模型中程序的语法和语义组成，语义通过将程序映射到相应的基本转换系统来解释程序的含义。

本书主要使用两种编程语言：**图语言**(diagram language)和**文本语言**(text language)。图语言是流程图的一种变体，扩展为并发程序的图形表示。文本语言是一种结构化的编程语言，从一些现有的编程语言(如 Pascal、CSP 和 Ada)中借用了符号和结构。

模型的语法和语义之间有一定程度的独立性。因此，一方面，在可能的动作之间的不确定性选择的语义思想在用图语言和文本语言表示的情况下，可能是以完全不同的语法表示的。另一方面，相同的语法，如 **send**(m, a)，意味着在通道a上发送消息m，可以在不同的模型中给出完全不同的语义解释。

通用模型到具体模型的映射为每个具体程序定义了其可能执行的计算集。

下面先将具体模型的表示建立在图语言的简单语法上，然后将考虑提供程序更结构化表示的文本语言。

1.2 模型 1：转换图

转换图语言为简单并发程序提供了一种简便的表现方式。转换图与流程图类似，是一个带节点和有向边的有向图，不同的是流程图用节点表示操作(运算)，而转换图用有向边表示操作(运算)。

在转换图语言中,程序 P 具有以下形式:

$$P::[\text{ declaration}]\quad [P_1 \parallel \cdots \parallel P_{\mathrm{m}}]$$

其中的 $P_1,\cdots,P_m(m\geqslant 1)$是**进程**(process)。

程序引用了一组数据变量 $Y=\{y_1,\cdots,y_n\},n\geqslant 1$。它们在程序的开头声明,可供所有进程访问和修改。

1.2.1 声明

出现在程序开头的**声明**(declaration)规定了数据变量的模式和类型,也规定了它们在初始阶段满足的初始化条件。

声明由一系列声明语句组成,声明语句具有以下形式:

$$\text{mode: variable},\cdots,\text{variable: type},\mathbf{where}\ \varphi_i$$

其中,mode(模式)有以下三种。

(1) **in**:表示程序的输入变量。

(2) **local**:表示程序的局部变量。这些变量用于程序的执行,但是在程序之外不可识别。

(3) **out**:表示程序的输出变量。

程序不允许修改声明为 **in** 模式的变量(即赋新值)。**local** 模式和 **out** 模式的区别为了帮助理解程序,并没有特定的意义。

在每个声明语句中出现的列表 variable,…,variable:type,列出了几个共享公共类型的变量,并标识它们的类型,即变量的定义域。使用**基础类型**(如**整型**和**字符型**)和**结构化类型**(如**数组**、**列表**和**集合**)。

没有显式模式规约的声明语句保留前一条语句的模式。因此,可以有一系列 **in** 模式的声明语句,其中只有第一个语句显式地包含 **in** 规约。

出现在声明语句中的断言 φ_i 对声明语句中的一些变量的初始值进行相关约束。对于 **in** 模式中的一个声明语句来说,φ_i 可能是输入变量上的任意断言,对输入变量集进行约束,使程序按照预期正确运行。在 **local** 模式和 **out** 模式的声明中,φ_i 用来设定局部变量和输出变量的初始值。对这些模式的声明来说,φ_i 必须是形如 $u=e$ 的合取,其中 u 是这些声明中表示的变量,e 是仅依赖输入变量的表达式。可以将形如$(x=5)\wedge(y=1)$的合取表示为一个等式序列 $x=5,y=1$。

如果没有对声明语句中声明的变量施加约束,则断言 φ_i 可以从声明语句中省略。设 $\varphi_1,\cdots,\varphi_n$ 是出现在程序声明语句中的断言,将合取 $\varphi=\varphi_1\wedge\cdots\wedge\varphi_n$ 作为程序的数据前置条件。

例如,有以下声明:

$$
\begin{array}{llll}
\mathbf{in} & k,n & :\mathbf{integer} & \mathbf{where}\quad 0\leqslant k\leqslant n \\
\mathbf{local} & y_1,y_2 & :\mathbf{integer} & \mathbf{where}\quad y_1=n\wedge y_2=1 \\
\mathbf{out} & b & :\mathbf{integer} & \mathbf{where}\quad b=1
\end{array}
$$

数据前置条件为 φ: $0\leqslant k\leqslant n\wedge y_1=n\wedge y_2=1\wedge b=1$。为了给出数据前置条件 φ 的显式表示,通常使用 $P::[\text{declaration } \mathbf{where}\ \varphi]\quad [P_1\parallel\cdots\parallel P_m]$作为程序的示意图表示。

1.2.2 进程

进程 P_i 由一个被称为转换图的有向图来表示，$i=1,\cdots,m$。图中的节点被称为**位置**(location)，进程 P_i 的位置通常称作 $l_0^i, l_1^i, \cdots, l_{t_i}^i$。在这些位置中，$l_0^i$ 用来表示入口位置，$l_{t_i}^i$ 用来表示出口位置，出口位置没有向外的边。不同进程的位置集是不相交的，进程 P_i 的位置集表示为 L_i。

每个进程都可以用图来表示。图中的边标记为(原子)指令，这些指令的形式是**卫式赋值**(guarded assignment)，即 $c\rightarrow[\bar{y}:=\bar{e}]$，其中 c 是一个称为卫式命令的布尔表达式，$\bar{y}=(y_1,\cdots,y_k)$ 是一个数据变量序列，$\bar{e}=(e_1,\cdots,e_k)$ 是一个表达式序列。这两个序列长度相等，并且每个 e_i 的类型与 y_i 的类型相同。出现在 $\bar{y}$ 中的变量必须在程序的开头声明，这些变量是局部变量或输出变量。出现在条件 c 和表达式 $e_1,\cdots,e_k$ 中的所有变量必须在程序的开头声明。这条指令的意思是，如果 c 为真，则可以遍历边，同时将 $\bar{e}=(e_1,\cdots,e_k)$ 中的值赋给 $\bar{y}=(y_1,\cdots,y_k)$。在进程中标记边的指令称为进程的指令。

有了这组指令，进程之间的通信就可以通过**共享变量**来管理，也就是说，一个进程将一个值写入一个变量，然后另一个进程读取这个变量。

为了描述一个程序的完整状态，除了需要数据变量外，还需要控制变量 $\pi_1,\cdots,\pi_m$。每个变量 π_i 指向进程 P_i 中当前控制的位置，这是 P_i 要执行的下一条指令。每个 π_i 都在 L_i 范围内，L_i 是 P_i 的位置集。

1.2.3 基本转换系统图

现在确定了图语言的基本转换系统的 4 个部分：状态变量集 Π、状态集 Σ、转换集 $\mathcal{T}$ 和初始条件 Θ。

1. 状态变量集

将所有的控制变量和数据变量作为状态变量的集合，即 $\Pi=\{\pi_1,\cdots,\pi_m,y_1,\cdots,y_n\}$。

2. 状态集

状态变量将其相应范围内的所有可能的赋值解释作为状态，控制变量 π_i 的取值范围为位置集 L_i，数据变量的取值范围由其在声明中的数据类型确定。

3. 转换集

空转换 τ_I 定义为转换关系 ρ_I: T。勤勉转换对应进程中出现的有标记的边。设 α 是连接进程 P_i 中位置 ℓ 到位置 $\tilde{\ell}$ 的一条边，用指令 $c\rightarrow[\bar{y}:=\bar{e}]$ 标记，有

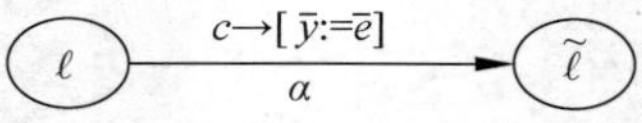

则与 α 关联的转换 τ 定义为 $\rho_\tau:(\pi_i=\ell)\wedge c\wedge(\pi'_i=\tilde{\ell})\wedge(\bar{y}'=\bar{e})$。因此，如果在状态 s 中 P_i 当前的位置是 ℓ，并且布尔表达式 c 的值为真，那么在 s 中 τ 是使能的，也就是 $s[\pi_i]=\ell$，$s[c]=$T。在执行时，τ 通过给 π_i 赋值 $\tilde{\ell}$ 和给 $\bar{y}$ 赋值 $s[\bar{e}]$ 来修改状态，这样 τ 引出了一个状态，其中 $s'[\pi_i]=\tilde{\ell}$，$s'[\bar{y}]=s[\bar{e}]$。

4. 初始条件

设程序 P 的形式为[declaration **where** φ][$P_1 \parallel \cdots \parallel P_m$]，则该程序的初始条件为

$$\Theta:\ \varphi \wedge \bigwedge_{i=1}^{m} (\pi_i = \ell_0^i)$$

定义表明在每个初始状态中的数据都满足前置条件，并且对于每个 $i=1,\cdots,m$，进程 P_i 的控制变量 π_i 的值是 P_i 的入口位置。

对于一些属于进程 P_i 的边 α 来说，如果和 α 相关的转换在状态 s 上是使能的，则 P_i 在 s 上是使能的，否则 P_i 在 s 上是非使能的。

【例 1-1】（二项式系数）

考虑计算整数 n 和 k 的二项式系数 $\binom{n}{k}$ 的并发程序 BINOM，如图 1.1 所示。其中 $0 \leqslant k \leqslant n$。

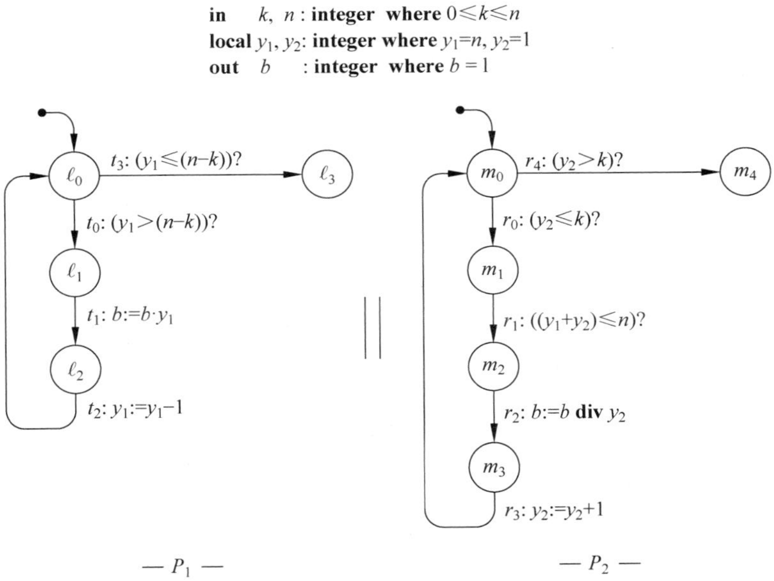

图 1.1　程序 BINOM（二项式系数）的转换图

该程序有两个输入变量 n 和 k，假设满足 $0 \leqslant k \leqslant n$。假设两个局部变量 y_1 和 y_2 被预设为 n 和 1，一个输出变量 b 被预设为 1。注意，局部初始条件是以一串等式（而不是合取）表示的。

对于指令中既没有卫式部分又没有赋值部分的情况，采用了一些缩写。表达式序列和赋值变量为空的指令（即形如 $c \rightarrow [():=()]$）被缩写为 c?。显然，这些指令只用来测试 c 的值，而不对数据变量赋值。卫式总是为真的指令（即形如 $T \rightarrow [\bar{y} := \bar{e}]$）被缩写为 $\bar{y} := \bar{e}$。

该程序中的二项式系数计算遵循以下公式：

$$\binom{n}{k} = \frac{n(n-1)\cdots(n-k+1)}{1 \cdot 2 \cdot \cdots \cdot k}$$

进程 P_1 通过将因子 $n, n-1, \cdots, n-k+1$ 依次乘 b 来计算这个公式的分子。这些因子在变量 y_1 中依次计算。P_2 是负责分母的进程，它使用整除算子 **div** 连续将 b 除以因子 1，

$2,\cdots,k$。这些因子在变量 y_2 中依次计算。

选择 **div** 操作符代替一般的除号以便将计算限制在整数的范围内。然而，要使算法正确，有必要在应用 **div** 时不产生余数。这里依赖整数的一般属性，即 m 个连续整数的乘积可被 $m!$ 整除。因此，b 应该可以被 y_2 整除。只有至少当 y_2 的因子已经在 P_1 中与 b 相乘时，才完成了 b 被 $y_2!$ 整除的过程。因为 P_1 将 b 乘以 n、$n-1$ 等，而 y_1 是下一个要相乘的因子的值，已经与 b 相乘的因子的数量至少是 $n-y_1$。因此 y_2 整除 b 时，$y_2 \leqslant n-y_1$ 或者 $y_1+y_2 \leqslant n$。这个出现在 r_1 边上的条件确保只有在安全的情况下 b 才能被 y_2 整除。

为了说明应用于图语言的状态和计算的概念，考虑一个针对特定输入的程序 BINOM 的计算。该程序的变量包括指向 P_1 和 P_2 中位置的控制变量 π_1 和 π_2，以及由输入变量 n 和 k、局部变量 y_1 和 y_2 及输出变量 b 组成的数据变量。因此 BINOM 程序状态的完整表示是一个包含 7 个元素的元组，表示变量 $<\pi_1,\pi_2,n,k,y_1,y_2,b>$ 的当前值。

下面是 BINOM 程序中输入 $n=3,k=2$ 的一种可能计算。由于在这个计算的所有状态中输入 $n=3,k=2$，因此只呈现组成变量 $<\pi_1,\pi_2,y_1,y_2,b>$ 的当前值的状态的变化部分。

$<\ell_0,m_0,3,1,1>\xrightarrow{t_0}$	因为 $y_1>1$
$<\ell_1,m_0,3,1,1>\xrightarrow{t_1}<\ell_2,m_0,3,1,3>\xrightarrow{r_0}$	因为 $y_2\leqslant 2$
$<\ell_2,m_1,3,1,3>\xrightarrow{t_2}<\ell_0,m_1,2,1,3>\xrightarrow{r_1}$	因为 $y_1+y_2\leqslant 3$
$<\ell_0,m_2,2,1,3>\xrightarrow{r_2}<\ell_0,m_3,2,1,3>\xrightarrow{t_0}$	因为 $y_1>1$
$<\ell_1,m_3,2,1,3>\xrightarrow{t_1}<\ell_2,m_3,2,1,6>\xrightarrow{r_3}$	
$<\ell_2,m_0,2,2,6>\xrightarrow{t_2}<\ell_0,m_0,1,2,6>\xrightarrow{t_3}$	因为 $y_1\leqslant 1$
$<\ell_3,m_0,1,2,6>\xrightarrow{r_0}$	因为 $y_2\leqslant 2$
$<\ell_3,m_1,1,2,6>\xrightarrow{r_1}$	因为 $y_1+y_2\leqslant 3$
$<\ell_3,m_2,1,2,6>\xrightarrow{r_2}<\ell_3,m_3,1,2,3>\xrightarrow{r_3}$	
$<\ell_3,m_0,1,3,3>\xrightarrow{r_4}$	因为 $y_2>2$
$<\ell_3,m_4,1,3,3>\xrightarrow{\tau_I}<\ell_3,m_4,1,3,3>\xrightarrow{\tau_I}\cdots$	

在该序列中，用负责该步骤的转换的名称来标记从一个状态指向其后续状态的箭头。

这只是程序 BINOM 可以生成的计算之一。其他计算对应下一个将要被执行的转换的不同选择。特别地，计算中 P_1 的转换可能比 P_2 的任意一个转换的执行都要早。程序 BINOM 的一个很好的特点是，它是确定的，即存在一个唯一的终止状态，也就是 $<\ell_3,m_4,1,3,3>$，所有的计算最终都会收敛到这个状态。注意，该计算在终止于终止状态 $<\ell_3,m_4,1,3,3>$ 后使用了空转换 τ_I。这只是一种可能，还有一些计算中的空转换和非空转换分散得更自由，这些计算都是可以接受的。

如果标记在离开同一个位置的两条边上的任何两个卫式 c_1 和 c_2 是互斥的，即 $c_1 \wedge c_2$ 是矛盾的（从不为真），则程序被定义为**进程确定**（process-deterministic）的。BINOM 程序就是进程确定的。

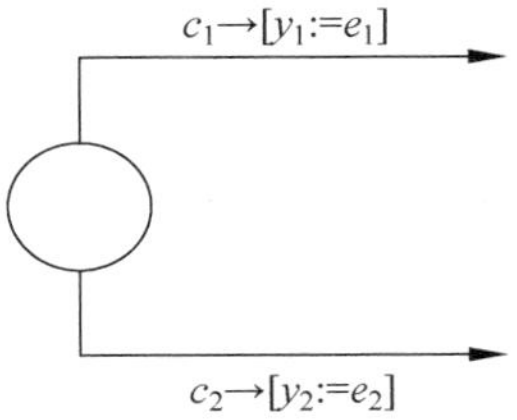

在进程确定的程序中，每个进程在任何状态下最多有一个使能的转换。但是，计算仍然不是唯一确定的，因为在给定的状态下，来自不同进程的多个转换可能都是使能的。

1.2.4　用交错表示并发性

用转换系统对反应式系统建模的最重要的方法是用**交错**表示**并发性**。因此，包含两个并行进程的程序的执行是由参与进程的原子指令的交错执行来表示的。这种方法可以看作是将并发性简化为不确定性。在不确定性中，给定的并发执行会产生许多可能的相应交错顺序。以两个程序 A 和 B 为例，如图 1.2 所示。

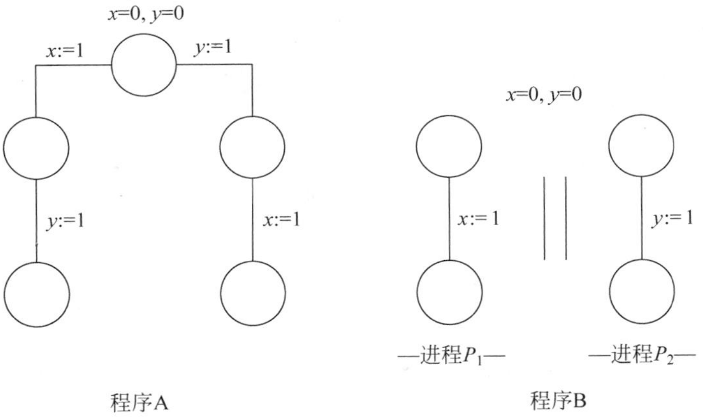

图 1.2　程序 A 和 B

程序 A 由一个进程组成，它可以不确定地在序列 $x:=1, y:=1$ 和 $y:=1, x:=1$ 之间进行选择。程序 B 由两个进程组成，P_1 可以执行 $x:=1$，P_2 可以执行 $y:=1$。忽略控制变量的值，这两个程序都会生成以下两个计算：

$$\langle 0,0\rangle, \langle 0,1\rangle, \langle 1,1\rangle, \langle 1,1\rangle, \cdots$$

$$\langle 0,0\rangle, \langle 1,0\rangle, \langle 1,1\rangle, \langle 1,1\rangle, \cdots$$

因此，尽管程序 B 包含并发元素，而程序 A 是顺序的但不确定的，但转换系统模型认为这两个程序是等价的。

并发理论中最具争议的问题之一是通过交错表示并发性是否足够恰当且可接受，或者是否应该将并发性视为一个独立的、独特的、不能简化为不确定性的现象。本书采用交错作为并发性表示的主要原因是它引出了并发系统规约和验证的一个更简单的理论，这是本书讨论的主题。

第 2 章将重新考虑如何可信地采用交错表示并发性的问题。

1.2.5 调度

在一个典型的计算状态中,可能会有几个使能的转换。将下一步要执行的使能转换的选择称为**调度**(scheduling)。产生完整计算的一系列选择被称为**时间表**(schedule)。显然,对于相同的初始状态,不同的调度会产生不同的计算。

如前所述,模型通过交错执行参与进程的原子指令来表示并发性。精确的交错序列由时序决定。例如,对于程序 BINOM 的计算,可以按照下列选择的序列来概述调度:

$$t_0, t_1, r_0, t_2, r_1, r_2, t_0, t_1, r_3, t_2, t_3, r_0, r_1, r_2, r_3, r_4, \tau_I, \tau_I, \cdots$$

在更高的层次上,可以将调度看作是进程之间的一个选择序列,下一个要激活的转换将从这些进程中进行。在程序 BINOM 的示例中,每个状态最多使能两个非空转换,一个属于 P_1,另一个属于 P_2。选择要激活的下一个流程将唯一标识要采取的下一个转换。因此,前面给出的转换调度表对应以下过程调度表:

$$P_1, P_1, P_2, P_1, P_2, P_2, P_1, P_1, P_2, P_1, P_1, P_2, P_2, P_2, P_2, P_2$$

只要在基本转换系统的框架内,所有的调度就都是可以接受的。例如,程序 BINOM 中的 P_1 被连续激活,直到它在 ℓ_3 处终止,然后必须在 P_2 处被激活,只有这样这个程序才是可以接受的。调度必须遵守的唯一限制是,只要某个过程是使能的,就必须最终激活某个过程,这里隐含了勤勉性的要求。

第 2 章介绍的公平性需求对可接受的调度施加了额外的限制,从而引出了公平转换系统的概念。通常,它不允许只有一个进程被一直调度,而另一个进程被无限期地延迟。

1.3 模型 2: 共享变量文本

共享变量程序的转换图表示作为定义和分析的框架是有用的,因为它只有一种指令类型——卫式赋值。然而,它作为一种编程语言很不方便,而且不支持结构化构造。这种构造被认为是必不可少的,因为它们允许程序的分层组织和开发,并带来更好的可读性、可修改性和分析性。

因此考虑一种文本语言,它支持并行语句,并以结构化的方式通过共享变量进行通信。首先介绍该语言基本语句的语法和语义,然后考虑附加的结构化构造,称为**分组语句**,它允许将一个或多个语句组装成一个单元,可以不受干扰或中断地执行该单元。1.8 节~1.9 节将介绍一组特殊的语句,用于在程序的并发组件之间实现同步。作为共享变量文本模型一部分的同步语句是信号量和区域语句。

为了介绍模型的基本概念,首先定义了语言的基本语句。对于每一个语句,给出它的语法和其目的意义的直观解释。1.4 节给出了这些语句在状态和转换方面的精确语义。

1.3.1 简单语句

这些语句代表了计算中最基本的步骤,因此这些语句的执行是在一个步骤中完成的,也称这些语句为**原子**语句,包括以下 3 种。

1. skip 语句

skip 是一个不重要的、什么都不做的语句，也称为**空**语句。

2. assignment 语句

对于有相同长度且类型对应的变量序列 $\bar{y}$ 和表达式序列 $\bar{e}$，$\bar{y}:=\bar{e}$ 是一个**赋值**(assignment)语句。

3. await 语句

对于布尔表达式 c，**await** c 是一个**等待**(await)语句。条件 c 称为该语句的**卫式**。

await c 的执行不会改变任何变量。它的唯一目的是等待，直到 c 为真，此时它终止。在顺序程序中，等待语句是没有用的，因为如果当前 c 为假，它将永远为假。然而，在并发程序的进程中，这条语句是有意义的，因为另一个进程在并行执行时，可能会导致 c 为真。

在 c 为真的所有状态下(且控制位于语句处)，等待语句都被认为是使能的。相比之下，在控制到达空语句和赋值语句时，它们总是使能的。

1.3.2　复合语句

复合语句由一个应用于一个或多个更简单的语句的控制框架组成，将其称为复合语句的**主体**。复合语句的执行需要几个计算步骤，而在交错框架中，这些步骤通常是非连续的，可能会与并行进程的步骤交错。在某些情况下，复合语句执行中的第一步可以归因于控制框架，而随后的步骤则归因于主体的语句。在其他情况下，所有的步骤都可以归为主体，而控制框架只控制它们的选择，而不认为这是一个单独的步骤。复合语句主要有以下 6 种。

1. conditional 语句

对于语句 S_1、S_2 和布尔表达式 c，**if** c **then** S_1 **else** S_2 是一个**条件**(conditional)语句。其含义是对布尔表达式 c 进行计算和测试。如果条件的值为 T，则选择语句 S_1 进行后续执行；否则选择 S_2。因此，条件语句执行的第一步是求 c 的值，并选择 S_1 或 S_2 进行进一步执行。随后的步骤继续执行所选的子语句。

当控制到达条件语句时，总是可以执行它的第一步。这是因为 c 的计算结果总是 T 或 F，因此语句执行的第一步是针对条件 c 的两个值定义的。相反，**await** c 的执行的第一步只能在 c 的计算结果为 T 时执行。

称 S_1 和 S_2 为 **if** c **then** S_1 **else** S_2 的子节点。

条件语句的一个特例是分支条件语句 **if** c **then** S_1。在 c 为假的情况下，执行此语句只需要一步就结束了。

2. concatenation 语句

对于语句 S_1 和 S_2，S_1；S_2 是一个**连接**(concatenation)语句。它的意思是顺序组合。首先执行 S_1，当它终止时执行 S_2。因此执行 S_1；S_2 的第一步是执行 S_1 的第一步，后续步骤继续执行 S_1 的其余部分，当 S_1 终止时，继续执行 S_2。

两个以上的语句可以通过连接组成一个**多重连接**语句 S，有 S_1；S_2；…；S_n。称 S_i 为 S 的**子句**，$i=1,\cdots,n$。

通过连接，可以定义 when 语句 **when** c **do** S 作为连接语句 **await** c；S 的缩写。将 c 称

为 when 语句的卫式，将 S 称为它的主体或子语句。when 语句不是原子语句。它执行的第一步是执行 await 语句，随后继续执行 S。

注意 when 语句和类似的条件语句 **if** c **then** S 在意义上的区别。如果 c 的值等于 F，则 when 语句必须等待，直到 c 为真。相反，条件语句只是终止并跳过 S 的执行。

3. selection 语句

对于语句 S_1 和 S_2，S_1 **or** S_2 是一个**选择**(selection)语句。它的意思是，作为第一步，选择当前使能的 S_1 和 S_2 中的一个，并执行所选子语句的第一步。接下来的步骤继续执行所选子语句的其余部分。如果 S_1 和 S_2 都是使能的，则选择是不确定的。如果 S_1 和 S_2 目前都是非使能的，那么选择语句也是非使能的。

注意，选择语句执行中的所有步骤都归功于它的主体。这是因为 S_1 **or** S_2 执行中的第一步对应 S_1 或 S_2 执行中的一个步骤。

两个以上的语句可以组成**多重选择**语句 S_1 **or** S_2 **or** … **or** S_n，可以缩写为 $\mathbf{OR}_{i=1}^{n} S_i$，称 S_i 为选择语句的**子句**，$i=1,\cdots,n$。

选择语句通常应用于 when 语句。这种组合产生了条件选择。例如，卫式命令语言的一般条件指令(由 Dijkstra 提出)的形式为 **if** $c_1 \rightarrow S_1 \square c_2 \rightarrow S_2 \square \cdots \square c_n \rightarrow S_n$ **fi**，可以由 when 语句形成的多重选择语句来表示，即[**when** c_1 **do** S_1] **or** [**when** c_2 **do** S_2] **or** … **or** [**when** c_n **do** S_n]，或简写为 $\mathbf{OR}_{i=1}^{n}$[**when** c_i **do** S_i]。执行这个多重选择语句的第一步包括任意选择一个 i，使 c_i 当前为真，并传递卫式 c_i。这意味着承诺在后续步骤中执行选定的 S_i。列出备选方案的顺序无关紧要，并不意味着在列表中较早出现的备选方案具有更高的优先级。注意，不要求 c_i 之间是互斥的，即对于每个 $j \neq i$，$c_i \rightarrow (\neg c_j)$。也不要求所有 c_i 是完备的，即 $\bigvee_{i=1}^{n} c_i$ 总是为真。非互斥性允许不确定性，而不完备性允许死锁的可能性。例如，在一个选择语句中，所有条件都为假(这需要等待一个条件变为真)。

4. cooperation 语句

对于语句 S_1 和 S_2，$S_1 \parallel S_2$ 是一个**协同**(cooperation)语句。它要求 S_1 和 S_2 并行执行。执行协同语句的第一步称为**进入**步骤。它可以被看作是为 S_1 和 S_2 并行执行做好准备。接下来的步骤将继续执行 S_1 和 S_2 中的步骤。当 S_1 和 S_2 都已经终止时，会有一个额外的**退出**步骤关闭并行执行。

与选择语句类似，可以将两个以上的语句组成**多重协同**语句 $S_1 \parallel S_2 \parallel \cdots \parallel S_n$，等同于 $\parallel_{i=1}^{n} S_i$，称 S_i 为协同语句的子句，$i=1,\cdots,n$。

需要注意的是，在组合[$S_1 \parallel S_2$]; S_3 中，只有在 S_1 和 S_2 都终止时，S_3 才会开始执行。

5. while 语句

对于布尔表达式 c 和语句 S，**while** c **do** S 是一个 while 语句。它的执行从计算 c 开始。如果 c 为假，则终止执行。如果 c 为真，则后续步骤继续执行 S。如果 S 终止，则再次测试 c。所以 while 语句执行的第一步是计算卫式 c，当 c 为真时，后续步骤中至少重复执行一次

主体 S。当 c 为假时，终止 while 语句的执行。语句 S 被称为 while 语句的**主体**，也被称为 while 语句的**子句**。

while 语句的行为不同于语法上相似的 when 语句 **when** c **do** S。如果 c 为真，则 when 语句在 S 之后终止，而 while 语句返回测试 c。当发现 c 为假时，when 语句等待，直到 c 为真，但 while 语句终止。

6. block

block 是一个形如[local declaration; S]的语句，其中 S 是语句，叫作 block 的主体。

局部声明(local declaration)由下列声明语句序列组成：

local variable，…，variable: type **where** φ

局部声明标识 block 的局部变量，指定其类型，并可选地指定其初始值。声明语句的 where 子句中出现的断言 φ 的形式是 $y_1=e_1,\cdots,y_n=e_n$，其中 $y_1,\cdots,y_n$ 是该语句中声明的一些变量，$e_1,\cdots,e_n$ 是只依赖程序输入变量的表达式。如果没有为这些变量指定初始值，则可以省略 where 子句。where 部分的意思是 $e_1,\cdots,e_n$ 为程序计算开始处变量 $y_1,\cdots,y_n$ 的初始值。

因此，与 block 中声明为局部变量的 where 部分相关联的初始化是静态的。这意味着，就像在程序开头声明的变量一样，它们只在计算开始时初始化一次。如果在计算过程中 block 被多次执行，而程序员对动态初始化(对 block 的每个进入语句执行)感兴趣，那么建议使用显式赋值。这样的赋值出现在 block 的开头，将在 block 的每个进入语句上为局部变量赋值。

原则上，可以采用局部变量初始化的动态解释，这对于 block 结构语言似乎是更自然的选择，而选择静态解释是为了简化表示。

只有当变量声明在程序的开头或包含 S 的 block 的开头时，语句 S 才能引用该变量。

1.3.3　程序

程序 P 具有以下形式：

$$P::[\text{declaration};\ [P_1::S_1 \parallel \cdots \parallel P_m::S_m]]$$

其中 $P_1::S_1,\cdots,P_m::S_m$ 是**命名进程**(named process)。S_m 是语句，P_i 是进程的名字。将 $S_1,\cdots,S_m$ 称为该程序的**顶级**(top-level)**进程**，将语句$[P_1::S_1 \parallel \cdots \parallel P_m::S_m]$称为程序的主体。程序和顶级进程的名称是可选的，它们都可以省略。

为了统一，假设程序主体是一个协同语句，但允许 $m=1$。

文本语言中 declaration 的语法与图语言中 declaration 的语法相同。declaration 由下列声明语句序列组成：

mode variable，…，variable: type **where** φ

声明语句的 mode 可以是 **in**、**local** 或 **out**。没有明确模式规定的声明语句保持前面语句的模式。断言 φ 限制程序进入语句中变量的初始值。如果在语句中声明的变量没有限制，那么断言可以省略。

在程序主体中的语句可以被标记。这些标记用来命名程序讨论中的语句，后面用在程序规约中，但是没有程序语句表示标记。

【例 1-2】（二项式系数）

程序 BINOM 是用于计算整数 n 和 k 的二项式系数 $\binom{n}{k}$ 的转换图(见图 1.1)的文本表示，其中 $0 \leqslant k \leqslant n$，如图 1.3 所示。注意，采用了与程序的多行表示相关的多个约定。例如，省略了将一行中的最后一条语句与下一行中的后续语句隔开的“;”。为了便于讨论，对其中一些陈述进行了标注。

```
in    k, n  : integer where 0≤k≤n
local y1, y2: integer where y1=n, y2=1
out   b     : integer where b=1

P1:: [ ℓ0: while y1>(n−k) do
           [ ℓ1: b:=b·y1
             ℓ2: y1:=y1−1 ] ]
||
P2:: [ m0: while y2≤k do
           [ m1: await(y1+y2)≤n
             m2: b:=b div y2
             m3: y2:=y2+1 ] ]
```

图 1.3　程序 BINOM(二项式系数)的文本表示

【例 1-3】（最大公约数）

考虑程序 GCD 计算两个正整数 a 和 b 的最大公约数，如图 1.4 所示。

```
     in    a, b  : integer where a>0, b>0
     local y1, y2: integer where y1=a, y2=b
     out   g     : integer
ℓ1: while y1≠y2 do
ℓ2: [ ℓ3: when y1>y2 do ℓ4: y1:=y1−y2
      or
      ℓ5: when y2>y1 do ℓ6: y2:=y2−y1 ]
ℓ7: g:=y1
```

图 1.4　程序 GCD(最大公约数)

有循环主体的选择语句根据 $y_1 > y_2$ 或者 $y_1 < y_2$ 进行分支。第一种情况为 y_1 减 y_2，第二种情况为 y_2 减 y_1。循环终止于 $y_1 = y_2$，并且 y_1 的值被放到 g 中作为程序的最终结果。算法的正确性建立在保存 y_1 和 y_2 最大公约数的循环主体执行的两个减法的基础上，即如果 $y_1 > y_2$，则 $gcd(y_1 - y_2, y_2) = gcd(y_1, y_2)$；如果 $y_2 > y_1$，则 $gcd(y_1, y_2 - y_1) = gcd(y_1, y_2)$。最初 $y_1 = a, y_2 = b$，因此 $gcd(y_1, y_2) = gcd(a, b)$。终止时 $y_1 = y_2$，致使 $y_1 = gcd(y_1, y_2)$，因此 $g = gcd(a, b)$。

1.3.4　文本程序中的标记

程序中的每个语句可以是先标记和后标记。出现在程序中的标签是有区别的。程序 GCD 的语句都标有两种类型的标记，如图 1.5 所示。

原则上，每个程序都是完全标记的，并且分别用 $pre(S)$ 和 $post(S)$ 指示语句 S 的先标记和后标记。

in a, b : **integer where** $a>0,\ b>0$
local y_1, y_2: **integer where** $y_1=a,\ y_2=b$
out g : **integer**

$$\ell_0:\left[\begin{array}{l}\ell_1:\left[\begin{array}{l}\textbf{while } y_1\neq y_2 \textbf{ do}\\ \quad \ell_2:\left[\begin{array}{l}\ell_3:\ \textbf{when } y_1>y_2 \textbf{ do } [\ell_4:\ y_1:=y_1-y_2:\hat{\ell}_4]:\hat{\ell}_3\\ \quad \textbf{or}\\ \ell_5:\ \textbf{when } y_2>y_1 \textbf{ do } [\ell_6:\ y_2:=y_2-y_1:\hat{\ell}_6]:\hat{\ell}_5\end{array}\right]:\hat{\ell}_2\end{array}\right]:\hat{\ell}_1\\ \ell_7:\ [g:=y_1]:\hat{\ell}_7\end{array}\right]:\hat{\ell}_0$$

图 1.5　一个完整标记的程序 GCD

下面介绍语句的后标记。期望在一个状态中不仅可以确定下一个将被执行的语句，还可以知道什么语句已经被执行，后标记可以促进这种辨识。在一个实际的程序表示中，常常省略很多标记，尤其是后标记，见图 1.4。

程序的标记有两个重要的作用。第一个重要作用是提供语句唯一的辨识和参照。因此可以讨论什么时候语句ℓ_3的主体赋值为ℓ_4。为了说明这个作用，用结构树表示图 1.5 中出现的结构关系和语句类型，如图 1.6 所示。

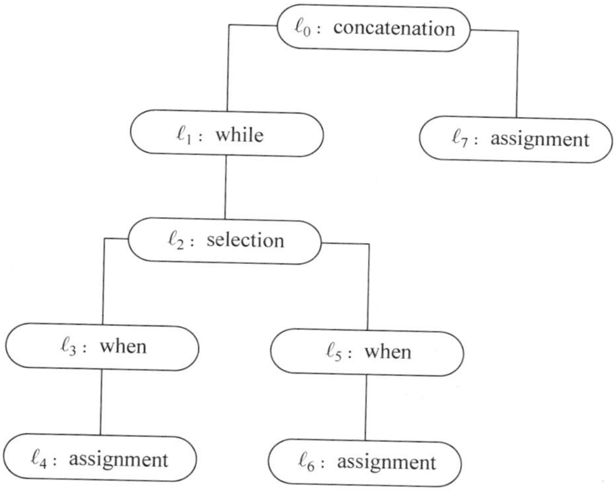

图 1.6　程序 GCD 的结构树

第二个重要作用是以类似转换图中节点的方式作为控制的位置，这样可以在图 1.5 的程序中控制停留在标记ℓ_2，并且当发现 $y_1>y_2$ 时移向ℓ_4，在 y_1 减 y_2 之前会停留在ℓ_4。

将标记解释为独特控制位置的问题是会有很多标记，并且没有必要期望在它们之间进行区分。例如，图 1.5 中的后标记$\hat{\ell}_1$ 指出了 while 语句ℓ_1的终止。在$\hat{\ell}_1$ 与ℓ_7之间没有发生重要的事，ℓ_7是把 y_1 复制到 g 之前的点，所以会认为标记$\hat{\ell}_1$ 与ℓ_7指向了相同的控制位置。

作为比较，在图 1.7 中给出了相同的 GCD 程序的图形表示。与图 1.5 中的 16 条标记对比，该图只有 6 个位置。

为了减轻高冗余，介绍一种区别任意两个标记ℓ和ℓ'的等价关系，这样就不用区分控制在ℓ的情况和控制在ℓ'的情况。

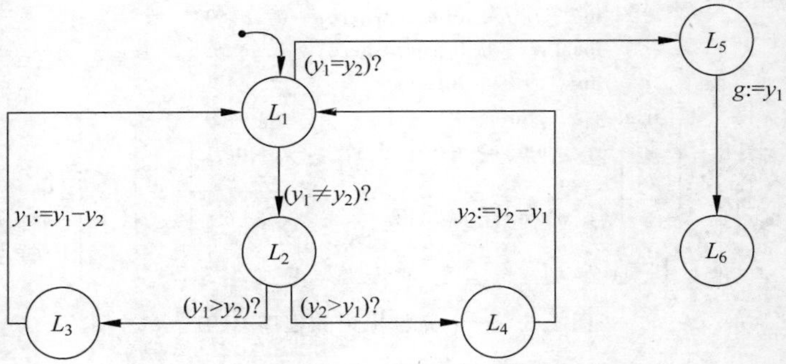

图 1.7 程序 GCD 的图形表示

1.3.5 标记等价关系

通过以下 7 个规则定义标记等价关系$\sim_L$。

(1) 对于 conditional 语句 $S=[$**if** c **then** S_1 **else** $S_2]$,有 $post(S)\sim_L post(S_1)\sim_L post(S_2)$。

(2) 对于 concatenation 语句 $S=[\cdots S_i;\ S_{i+1}\cdots]$,有 $post(S_i)\sim_L pre(S_{i+1})$。

(3) 对于 concatenation 语句 $S=[S_1;\ \cdots;\ S_m]$,有 $pre(S)\sim_L pre(S_1)$,$post(S)\sim_L post(S_m)$。

(4) 对于 when 语句 $S=[$**when** c **do** $S']$,有 $post(S')\sim_L post(S)$。

(5) 对于 selection 语句 $S=[S_1$ **or**$\cdots$**or** $S_m]$,有 $pre(S)\sim_L pre(S_1)\cdots\sim_L pre(S_m)$,$post(S)\sim_L post(S_1)\cdots\sim_L post(S_m)$。

(6) 对于 while 语句 $S=[$**while** c **do** $S']$,有 $post(S')\sim_L pre(S)$。

(7) 对于 block 语句 $S=[\text{declaration};\ S']$,有 $pre(S)=pre(S')$,$post(S)=post(S')$。

由于没有与 cooperation 语句ℓ: $[\ell_1: S_1: \hat{\ell}_1 \parallel \ell_2: S_2: \hat{\ell}_2]$: $\hat{\ell}$相关的定义,因此推断标记ℓ不被认为与ℓ_1或ℓ_2等价,同样地$\hat{\ell}$不被认为与ℓ_1或ℓ_2等价。

【例 1-4】

根据标记等价规则,图 1.5 的程序标记之间的等价情况如下:

$\ell_0\sim_L \ell_1$	根据规则(3)
$\hat{\ell}_1\sim_L \ell_7$	根据规则(2)
$\hat{\ell}_7\sim_L \hat{\ell}_0$	根据规则(3)
$\ell_1\sim_L \hat{\ell}_2$	根据规则(6)
$\ell_2\sim_L \ell_3\sim_L \ell_5$	根据规则(5)
$\hat{\ell}_4\sim_L \hat{\ell}_3\sim_L \hat{\ell}_6\sim_L \hat{\ell}_5\sim_L \hat{\ell}_2$	根据规则(4)和规则(5)

把等价标记组合在一起,发现只有以下 6 个不相交的等价类:

$$\ell_0\sim_L \ell_1\sim_L \hat{\ell}_2\sim_L \hat{\ell}_3\sim_L \hat{\ell}_4\sim_L \hat{\ell}_5\sim_L \hat{\ell}_6$$

$$\ell_2\sim_L \ell_3\sim_L \ell_5$$

$$\ell_4$$

$$\ell_6$$
$$\hat{\ell}_1 \sim_L \ell_7$$
$$\hat{\ell}_7 \sim_L \hat{\ell}_0$$

注意，这 6 个类与图 1.7 中的 6 个位置精确匹配。

1.3.6　文本语言中的位置

在文本语言中定义一个位置，它是一个相对于标记等价关系 $\sim_L$ 的标记等价类。在执行下一个执行步骤之前，设想控制停留在这些位置。对于一个标记 ℓ，用 $[\ell]$ 表示包含所有 $\sim_L$ 等价于 ℓ 的标记的等价类，即 $[\ell]=\{\ell' \mid \ell' \sim_L \ell\}$。称 $[\ell]$ 是与标记 ℓ 相关的位置。为了说明这些概念，列出了图 1.5 中程序定义的 6 个位置，并将它们与图 1.7 中相同程序的转换图表示中的位置关联起来，具体如下：

$$L_1=\{\ell_0,\ell_1,\hat{\ell}_2,\hat{\ell}_3,\hat{\ell}_4,\hat{\ell}_5,\hat{\ell}_6\}=[\ell_0]$$
$$L_2=\{\ell_2,\ell_3,\ell_5\}=[\ell_2]$$
$$L_3=\{\ell_4\}=[\ell_4]$$
$$L_4=\{\ell_6\}=[\ell_6]$$
$$L_5=\{\hat{\ell}_1,\ell_7\}=[\ell_7]$$
$$L_6=\{\hat{\ell}_7,\hat{\ell}_0\}=[\hat{\ell}_0]$$

1.4　共享变量文本语义

为了建立文本程序与基本转换系统通用模型 $\langle \Pi,\Sigma,\mathcal{T},\Theta \rangle$ 之间的对应关系，必须识别文本程序中基本转换系统的组成部分。

1.4.1　状态变量和状态

对于文本语言来说，状态变量 Π 由数据变量 $Y=\{y_1,\cdots,y_n\}$ 和一个单独的控制变量 π 组成，其中数据变量由程序显式声明和操作。

数据变量 Y 包括输入变量、输出变量和局部变量，并且涉及它们分别表示的数据域。为了不失一般性，假定变量不存在命名冲突，即每个标识符只出现在一个说明语句中。

控制变量 π 涉及位置集合。一个状态中 π 的值指示了所有程序中当前活跃的位置，即在语句之前执行的候选者。注意，这里只使用一个控制变量，而在图模型中，每个进程都使用一个变量。但是由于图模型中的控制变量涉及多个单个位置，因此这里使用的单个控制变量的域将由位置集合组成。

对于状态，将采取所有可能的解释，在各自的域上指定状态变量的值。例如，考虑以下程序：

$$\left[\begin{array}{c}\textbf{out}\ x:\ \textbf{integer where}\ x=0 \\ \ell_0:\ [\ell_1: x:=x+1;\ell_2: x:=2;\ell_3: x:=x+2]: \hat{\ell}_0\end{array}\right]$$

这个程序虽然标记不完全，但是已经足够了。这意味着程序的每个位置都存在一个表示标记。该程序的位置是$[\ell_0]$,$[\ell_2]$,$[\ell_3]$,$[\hat{\ell}_0]$。

该程序的状态变量是$\Pi=\{\pi,x\}$。虽然通过在其各自的域上指定π和x任意值可以得到无限多个状态,但该程序的计算中只能产生下面4个状态:

$$s_0: <\pi: \{[\ell_0]\}, x: 0>$$
$$s_1: <\pi: \{[\ell_2]\}, x: 1>$$
$$s_2: <\pi: \{[\ell_3]\}, x: 2>$$
$$s_3: <\pi: \{[\hat{\ell}_0]\}, x: 4>$$

为了在一定程度上简化符号,通常用集合$\{\ell_1,\cdots,\ell_m\}$表示由等价类集合$[\ell_1],\cdots,[\ell_m]$组成的控制变量$\{[\ell_1],\cdots,[\ell_m]\}$。因此,根据简化约定,上述状态列表中由$\pi$假定的4个控制变量可以表示为$\{\ell_0\}$,$\{\ell_2\}$,$\{\ell_3\}$,$\{\hat{\ell}_0\}$。

1.4.2 转换

空转换τ_I通过转换关系ρ_I: T给出。

继续定义勤勉转换,每个语句S关联一个或多个转换,与语句S关联的转换集合用$trans(S)$表示。

下面定义与每个语句关联的转换的转换关系。为了方便这些关系的表示,采用符号$+$和$\dot{-}$分别表示一个集合对单个元素的加和减。设A是某个集合,a和b是来自集合A的元素,有:

$A\dot{-}a=A-\{a\}$ ——通过从A中减元素a得到的集合。如果$a\notin A$,那么$A\dot{-}a=A$。

$A+b=A\cup\{b\}$ ——通过给A加元素b得到的集合。如果$b\in A$,那么$A+b=A$。

$A\dot{-}a+b=(A-\{a\})\cup\{b\}$ ——通过从A中减元素a再加元素b得到的集合。如果$a\neq b$,那么加和减之间的相对顺序是不重要的,即$(A\dot{-}a)+b=(A+b)\dot{-}a$。但是如果$a=b$,那么$(A\dot{-}a)+b$和$(A+b)\dot{-}a$就不同了。

1. skip 语句

将转换关系是ρ_ℓ: $([\ell]\in\pi)\wedge(\pi'=(\pi\dot{-}[\ell]+[\hat{\ell}]))$的一个转换$\tau_\ell$和语句$\ell$: **skip**: $\hat{\ell}$关联。为了使状态s'成为状态s的一个τ_ℓ-后继,关系ρ_ℓ在π和π'(在状态s'中π的值)的值上增加了两个条件。第一个条件$[\ell]\in\pi$要求当前的控制在ℓ,也就是控制停留在标记ℓ的语句上。第二个条件要求在后继状态s'中π的值可以通过先从π减位置$[\ell]$再加位置$[\hat{\ell}]$得到。

2. assignment 语句

对于带有语句ℓ: $\bar{u}=\bar{e}$: $\hat{\ell}$的转换关系τ_ℓ,其转换关系为ρ_ℓ: $([\ell]\in\pi)\wedge(\pi'=\pi\dot{-}[\ell]+[\hat{\ell}])\wedge(\bar{u}'=\bar{e})$。

3. await 语句

将转换关系是ρ_ℓ: $([\ell]\in\pi)\wedge c\wedge(\pi'=\pi\dot{-}[\ell]+[\hat{\ell}])$的一个转换$\tau_\ell$与语句$\ell$: **await** c: $\hat{\ell}$关联。只有当控制在ℓ,且保持条件c时,转换关系τ_ℓ才是使能的。当它执行时,从ℓ移向$\hat{\ell}$。

4. conditional 语句

将两个转换 τ_ℓ^{T} 与 τ_ℓ^{F} 和语句 ℓ: **if** c **then** $[\ell_1: S_1]$**else**$[\ell_2: S_2]$关联。其转换关系 ρ_ℓ^{T} 和 ρ_ℓ^{F} 分别表示如下：

$$\rho_\ell^{\mathrm{T}}: ([\ell]\in\pi)\wedge c\wedge(\pi'=\pi\dot{-}[\ell]+[\ell_1])$$

$$\rho_\ell^{\mathrm{F}}: ([\ell]\in\pi)\wedge\neg c\wedge(\pi'=\pi\dot{-}[\ell]+[\ell_2])$$

关系 ρ_ℓ^{T} 对应 c 计算为 true 并且执行进行到 ℓ_1 的情况，而 ρ_ℓ^{F} 对应 c 为 false 并且执行进行到 ℓ_2 的情况。

对于一个单分支条件，有

$$\ell: [\textbf{if } c \textbf{ then } [\ell_1: S_1]]: \hat{\ell}$$

两个转换关系如下：

$$\rho_\ell^{\mathrm{T}}: ([\ell]\in\pi)\wedge c\wedge(\pi'=\pi\dot{-}[\ell]+[\ell_1])$$

$$\rho_\ell^{\mathrm{F}}: ([\ell]\in\pi)\wedge\neg c\wedge(\pi'=\pi\dot{-}[\ell]+[\tilde{\ell}])$$

5. when 语句

将转换关系是 ρ_ℓ: $([\ell]\in\pi)\wedge c\wedge(\pi'=\pi\dot{-}[\ell]+[\tilde{\ell}])$ 的转换 τ_ℓ 和语句 ℓ: **when** c **do**$[\tilde{\ell}: \tilde{S}]$关联。注意，$\tau_\ell$ 的成功执行将把控制带到位置$[\tilde{\ell}]$，该位置在 when 语句的主体 $\tilde{S}$ 处。

6. while 语句

将两个转换 τ_ℓ^{T} 与 τ_ℓ^{F} 和语句 ℓ: [**while** c **do**$[\tilde{\ell}: \tilde{S}]]: \hat{\ell}$关联。它们的转换关系 ρ_ℓ^{T} 和 ρ_ℓ^{F} 分别表示如下：

$$\rho_\ell^{\mathrm{T}}: ([\ell]\in\pi)\wedge c\wedge(\pi'=\pi\dot{-}[\ell]+[\tilde{\ell}])$$

$$\rho_\ell^{\mathrm{F}}: ([\ell]\in\pi)\wedge\neg c\wedge(\pi'=\pi\dot{-}[\ell]+[\hat{\ell}])$$

注意，ρ_ℓ^{T} 在 c 为 true 的情况下，控制从 ℓ 移向 $\tilde{\ell}$，然而 ρ_ℓ^{F} 在 c 为 false 的情况下，控制从 ℓ 移向 $\hat{\ell}$。

7. cooperation 语句

除了程序的主体，将一个进入转换 τ_ℓ^{E} 和一个退出转换 τ_ℓ^{X} 与每个 cooperation 语句 ℓ: $[[\ell_1: S_1: \hat{\ell}_1]\parallel\cdots\parallel[\ell_m: S_m: \hat{\ell}_m]]: \hat{\ell}$关联。其转换关系 ρ_ℓ^{T} 和 ρ_ℓ^{F} 分别表示如下：

$$\rho_\ell^{\mathrm{E}}: ([\ell]\in\pi)\wedge(\pi'=(\pi\dot{-}[\ell])\cup\{\ell_1,\cdots,\ell_m\})$$

$$\rho_\ell^{\mathrm{X}}: (\{\hat{\ell}_1,\cdots,\hat{\ell}_m\}\subseteq\pi)\wedge(\pi'=(\pi-\{\hat{\ell}_1,\cdots,\hat{\ell}_m\})+[\hat{\ell}])$$

进入转换通过安排在并行语句 $S_1,\cdots,S_m$ 之前的位置集合 π 开始 cooperation 语句的执行。退出转换只有在所有并行语句都终止时执行，而所有并行语句都终止是可以通过观察 π 中包含它们的终止位置$[\hat{\ell}_1],\cdots,[\hat{\ell}_m]$检测的。

8. concatenation 语句

通过 $trans(S)=trans(S_1)$ 给出与 concatenation 语句 $S=[S_1;\cdots;S_m]$相关的转换，因此语句 S 从它的第一个子句中继承了它的所有转换。

9. selection 语句

通过 $trans(S)=trans(S_1)\cup\cdots\cup trans(S_m)$ 给出和 selection 语句 $S=[S_1$ **or**$\cdots$**or** $S_m]$相关的转换，因此语句 S 从它所有的子句中继承了它的转换。

10. block 语句

通过 $trans(S)=trans(\widetilde{S})$ 给出和 block 语句 $S=[$declaration; $\widetilde{S}]$相关的转换，因此语句 S 从它仅有的子句中继承了它的转换。

1.4.3 初始条件

考虑程序[declaration; $[P_1::[\ell_1: S_1]\parallel\cdots\parallel P_m::[\ell_m: S_m]]]$。设 φ 表示所有断言 φ_i 的合取，它出现在程序开头或程序中包含的任何 block 语句开头说明的 where 从句中。断言 φ 称为程序的**数据前提**。定义程序 P 的初始条件为Θ：$(\pi=\{\ell_1,\cdots,\ell_m\})\wedge\varphi$。这意味着在执行了所有本地变量和输出变量的初始化后，在程序执行中的第一个状态将开始控制设置在顶级进程的初始位置。

对于程序 P 来说，如果任何说明语句都没有 where 部分，即 $\varphi\leftrightarrow\mathrm{T}$，就简单地定义$\Theta$：$\pi=\{\ell_1,\cdots,\ell_m\}$。注意，这个定义与没有进入转换或退出转换与程序主体相关的事实是一致的。

1.4.4 计算

在定义了文本语言的状态变量、状态、转换和初始条件之后，计算的概念可以从通用定义中继承。

【例 1-5】 (最大公约数)

程序 GCD 计算两个正整数 a 和 b 的最大公约数(见图 1.5)。考虑在输入集合$(a,b)=(4,6)$上的一个程序计算。由于该计算中 a 和 b 的值是固定的，因此通过分别列出变量 π、y_1、y_2 和 g 的当前值来表示状态，形式是$<A,d_1,d_2,d_3>$，其中 A 是一个表示位置的标记集合。由于程序只在最后一步给 g 赋值，因此它在之前的所有步骤中保持一个任意初始值，用“—”表示。

如前所述，计算是由转换相关的状态序列描述的，具体如下：

$$<\{\ell_0\},4,6,-> \xrightarrow{\ell_1^{\mathrm{T}}} <\{\ell_2\},4,6,-> \xrightarrow{\ell_5} <\{\ell_6\},4,6,-> \xrightarrow{\ell_6}$$

$$<\{\ell_1\},4,2,-> \xrightarrow{\ell_1^{\mathrm{T}}} <\{\ell_2\},4,2,-> \xrightarrow{\ell_3} <\{\ell_4\},4,2,-> \xrightarrow{\ell_4}$$

$$<\{\ell_1\},2,2,-> \xrightarrow{\ell_1^{\mathrm{F}}} <\{\ell_7\},2,2,-> \xrightarrow{\ell_7} <\{\hat{\ell}_0\},2,2,2> \xrightarrow{\tau_I} \cdots$$

注意，这里使用比较简单的符号ℓ_5、ℓ_1^{T}等分别作为 τ_{ℓ_5}、$\tau_{\ell_1}^{\mathrm{T}}$ 等的缩写。

问题 1.1 将探讨计算定义的一些含义。

每个顺序文本程序，即具有单个主进程且不包含 cooperation 语句的程序，都可以转换为包含单个进程的图形程序，其中，图的节点对应程序中语句前面的位置，边对应转换(见问题 **1.2(1)**)。

通过简单的扩展，每个形式为 $P::[$declaration **where** φ; $[S_1\parallel S_2\parallel\cdots\parallel S_m]]$的文本

程序可以转换成一个通用图形程序(见**问题 1.2(2)**),其中 S_i 是一个顺序语句,即不包含 cooperation 子句的语句。事实上,可以证明任意的文本程序可以转换成等价的图形程序(见**问题 1.2(3)**)。也存在从图形程序到文本程序的转换,因此,这两种表示方法在表达能力上是等价的。

1.4.5　下标变量

为了对编程语言进行扩展,允许在所有可能出现变量的地方使用 $u[e]$形式的下标变量。变量 u 必须在指定数组类型和下标范围的声明中说明为数组。表达式 e 的计算结果应该是在 u 说明的下标范围内的整数值,称为下标表达式。

例如,允许使用如 $u[i] := v[i]+1$ 的语句,前提是 u 和 v 声明为数组(由整数组成),并且在估值时,i 将产生一个 u 和 v 的下标范围内的整数值。

为了适应下标变量,可以直接扩展语言的语义。

1.5　语句间的结构关系

本节将介绍程序中语句间的一些结构关系。这些关系是由程序的语法决定的。

1.5.1　子语句

对于语句 S 和 S',如果 $S=S'$或 S 是 S'的一个孩子的子句,则称 S 是 S'的一个子句,表示为 $S \preccurlyeq S'$。因此,子句关系是孩子关系的自反传递闭包。也可以说 S'是 S 的祖先,S 是 S'的后代。如果 $S \preccurlyeq S'$,且 $S \neq S'$,那么语句 S 被定义为 S'的完全子句,表示为 $S \prec S'$。

如果 $S_1 \preccurlyeq S_2$ 且 $pre(S_1) \sim_L pre(S_2)$,就称语句 S_1 在语句 S_2 的前面。因此 S_1 分别在 S_1、$[S_1;\ S_2]$和$[[S_1;\ S_2]\ \mathbf{or}\ S_3]$的前面,但是不在 $S_1 \parallel S_2$ 的前面。

1.4 节给出的基础定义用来确定和每个语句 S 关联的转换集合 $trans(S)$。另一个将转换从属于一个语句的方式是累积所有和 S 的子句相关的转换,用 $trans_in(S)$来表示这个集合。具体如下:

$$trans\_in(S) = \bigcup_{S' \preccurlyeq S} trans(S')$$

例如,有语句ℓ_0: $[\ell_1: x := 1 \parallel \ell_2: y := 1]$,和该语句相关的多种可能转换为

$$trans(\ell_0) = \{\tau_{\ell_0}^{E}, \tau_{\ell_0}^{X}\},\ trans\_in(\ell_0) = \{\tau_{\ell_0}^{E}, \tau_{\ell_0}^{X}, \tau_{\ell_1}, \tau_{\ell_2}\}。$$

如果 $\tau \in trans\_in(S)$,则称转换 τ 属于 S。

1. 最小公共祖先

如果 $S_1 \preccurlyeq S$ 且 $S_2 \preccurlyeq S$,那么语句 S 定义为 S_1 和 S_2 的**公共祖先**(common ancestor)。如果 S 是 S_1 和 S_2 的公共祖先,且对于 S_1 和 S_2 的任意其他公共祖先 S'有 $S \preccurlyeq S'$,那么语句 S 是 S_1 和 S_2 的**最小公共祖先**。

程序中任意两个语句有唯一的最小公共祖先。

例如,对于一个程序 P,它的主体是$[S_1;\ [S_2 \parallel S_3];\ S_4] \parallel S_5$,那么 S_2 和 S_3 的最小公共祖先是$[S_2 \parallel S_3]$,S_2 和 S_4 的最小公共祖先是$[S_1;\ [S_2 \parallel S_3];\ S_4]$,$S_2$ 和 S_5 的最小

公共祖先是$[S_1;[S_2 \| S_3];S_4] \| S_5$,即 P 的主体。

1.5.2 控制谓词 *at*、*after* 和 *in*

下面引入几个控制谓词,它们以标记和语句的形式来确定控制在状态中的当前位置。

对于程序中的标记ℓ,定义谓词 at_ℓ,其意图是测试控制当前是否位于ℓ对应的位置。

1. at_ℓ

如果断言在 s 中保持$[\ell]\in\pi$,即$[\ell]\in s[\pi]$,则称状态 s 满足at_ℓ,写作 $s\models at\_\ell$。例如,考虑在图 1.5 的程序 GCD 计算中的状态,显然在状态$\langle\{\ell_0\},4,6,-\rangle$(由于$[\ell_0]\in\{\ell_0\}$)和$\langle\{\ell_1\},4,2,-\rangle$(由于$[\ell_0]=[\ell_1]\in\{\ell_1\}$)中满足 at_ℓ_0,但是在状态$\langle\{\ell_2\},4,6,-\rangle$(由于$[\ell_0]\notin\{\ell_2\}$)中不满足。

2. at_S

在语句方面,控制的位置也可以被确定。对于语句 S,如果在 s 中满足断言$[pre(S)]\in\pi$,即$[pre(S)]\in s[\pi]$,则称状态 s 满足谓词 at_S,写作 $s\models at\_S$。因此,对于标记语句ℓ: S 来说,谓词 at_ℓ和 at_S 是等价的。

3. $after\_S$ 和 $after\_\ell$

定义谓词 $after\_S$ 在某个状态中成立,当且仅当该状态的控制在紧接着语句 S 的位置。形式上,如果在 s 中满足断言$[post(S)]\in\pi$,即$[post(S)]\in s[\pi]$,那么状态 s 满足谓词 $after\_S$,写作 $s\models after\_S$。类似地,对于一个后标记是ℓ的语句 S,$after_\ell$可以作为 $after\_S$ 的简写。

例如,在图 1.5 的程序 GCD 中,由于 $post(\ell_1)=\hat{\ell}_1\sim_L\ell_7$,则有$\langle\{\ell_7\},2,2,-\rangle\models after_\ell_1$。用 $post(\ell)$表示语句ℓ: S 的后标记,语句ℓ:S 的后标记是ℓ。此外,有$\langle\{\ell_0\},4,6,-\rangle\models after_\ell_4$,这可以由 $post(\ell_4)=\hat{\ell}_4\in\{\ell_0,\ell_1,\hat{\ell}_2,\hat{\ell}_3,\hat{\ell}_4,\hat{\ell}_5,\hat{\ell}_6\}$解释。

4. in_S 和 in_ℓ

一个更全面的控制谓词由 $in_S=\bigvee_{S'\leqslant S} at_S'$给出。因此,对于 S 的子句 S',如果状态 s 满足 at_S',则 s 满足 in_S。如果ℓ是 S 的后标记,那么把 in_ℓ写成 in_S 的同义词。

例如,程序 GCD 的状态$\langle\{\ell_4\},4,2,-\rangle$满足 in_ℓ_4、in_ℓ_3、in_ℓ_2、in_ℓ_1和 in_ℓ_0,但是不满足 in_ℓ_5。状态$\langle\{\ell_7\},2,2,-\rangle$满足 in_ℓ_7、in_ℓ_0,但是不满足 in_ℓ_1。

这表明了一种不对称性,at_S 总是隐含 in_S 而 $after\_S$ 不是。事实上,$after\_S$ 总是隐含$\neg in_S$。

1.5.3 语句的使能性

如果状态 s 中有一个与语句 S 关联的转换(即 $trans(S)$中的某个转换)是使能的,那么语句 S 被定义在状态 s 上是使能的。

对于和语句 S 关联的每个转换$\tau\in trans(S)$来说,设 C_τ 是 τ 的使能条件,即假定 τ 的转换关系表示为ρ_τ: $C_\tau\wedge(\bar{y}'=\bar{e})$。那么语句 S 的使能性可以表示为

$$enabled(S):\ \bigvee_{\tau\in trans(S)} C_\tau$$

1.5.4　进程和并行语句

虽然进程的概念(即程序的并行组件)在图形语言中是不言而喻的,但在文本语言中,它需要一个更详细的定义。这是因为图形语言只允许一个等级上的并行性,即最高级(顶级),而文本语言允许嵌套并行性,如以下程序:

$$P::[\text{declaration};\ [[S_1;\ [S_2 \parallel S_3];\ S_4] \parallel S_5]]$$

下面讨论文本语言对应的概念。对于程序 P 中的语言 S,如果 S 是 cooperation 语句的子句,那么 S 被定义为 P 的进程。注意,这个定义也包含顶级进程的情况,顶级进程是程序主体的子句。因此,程序 P 包含以下 4 个进程。

(1) $S_1;\ [S_2 \parallel S_3];\ S_4$——顶级进程。

(2) S_5——顶级进程。

(3) S_2——$S_2 \parallel S_3$ 的子句。

(4) S_3——$S_2 \parallel S_3$ 的子句。

如果语句 S'和 S''的最小公共祖先是不同于 S'和 S''的 cooperation 语句,那么程序 P 中的 S'和 S''被定义为在 P 中(语法上)并行。因此,在程序 P 中,语句 S_2 与 S_3 是并行的,因为它们的最小公共祖先是 $S_2 \parallel S_3$。语句 S_2 与 S_5 也是并行的,因为它们属于不同的顶级进程。但是语句 S_2 与 S_4 不是并行的,因为它们的最小公共祖先是$[S_1;\ [S_2 \parallel S_3];\ S_4]$,该最小公共祖先是 concatenation 语句,不是 cooperation 语句。

尽管 $S_2 \parallel S_3$ 和 S_2 的最小公共祖先是 cooperation 语句 $S_2 \parallel S_3$,但它们也不是并行的。

1.5.5　竞争语句

设 S_1 和 S_2 是程序 P 中的两个语句,且 S 是它们的最小公共祖先。如果 $S_1=S_2$ 或 S 是不同于 S_1 和 S_2 的一个 selection 语句,这样 S_1 和 S_2 都在 S 前面,即 $pre(S_1)\sim_L pre(S_2)\sim_L pre(S)$,那么 S_1 和 S_2 被定义为在 P 中是**竞争**的。

设 τ_1 和 τ_2 分别是和语句 S_1 和 S_2 相关的两个转换。如果 S_1 和 S_2 是竞争的,则定义 τ_1 和 τ_2 是**竞争**的。

语句 S 的**竞争集**表示为 $comp(S)$,它被定义为与 S 竞争的所有语句的集合。根据定义,S 总是 $comp(S)$的一个成员。例如,对于程序 $P::[\text{declaration};\ [S_1;\ [[S_2;\ S_3]\ \textbf{or}\ [S_4;\ S_5]];\ S_6]]$,$S_2$ 的竞争集是 $comp(S_2)=\{S_2, S_4, [S_4;\ S_5]\}$。

1.6　行为等价

在程序的研究和分析中,程序之间的等价性和语句之间的一致性是两个非常重要的概念。通常情况下,希望通过更熟悉的语句 S'来解释一个新语句 S 的含义,并声称两者一致,即一个语句可以被另一个语句替换。例如,程序系统开发的一个重要步骤是将语句 S 替换为与 S 一致的另一个语句 S',即执行与 S 相同的任务,但可能更有效。

等价性和可替换性的问题并不局限于文本程序的研究,对于其他类型的基本转换系统也同样重要。因此,将在更一般的转换系统框架中制定适当的定义,尽管大多数应用程序都在文本程序领域内。

1.6.1 初步近似

作为等价概念的初步近似，如果两个转换系统 P 和 P' 产生的计算结果完全相同，则可以将它们定义为**等价**的。然而，一项更深入的研究表明，这种等价的概念有很大争议。在很多情况下，被认为等价的程序可能产生不同的计算。

例如，有以下两个等价的程序：

$$P_1::\begin{bmatrix}\textbf{out}\ x:\textbf{integer where}\ x=0\\ \ell_0:x:=1:\hat{\ell}_0\end{bmatrix}$$

$$P_2::\begin{bmatrix}\textbf{out}\ x:\textbf{integer where}\ x=0\\ \textbf{local}\ t:\textbf{integer where}\ t=0\\ \ell_0:t:=1:\hat{\ell}_0\\ \ell_1:x:=t:\hat{\ell}_1\end{bmatrix}$$

之所以认为 P_1 和 P_2 是等价的，是因为它们本质上执行的是相同的任务，即最终将输出变量 x 设置为 1。事实上，P_2 需要两个步骤来完成这个任务，而 P_1 只需要一步就可以完成。

此外，由 P_1 和 P_2 产生的计算集是完全不同的。程序 P_1 生成的计算(为每个状态列出 π 和 x 的值)为 σ_1：$<\{\ell_0\},0>,<\{\hat{\ell}_0\},1>,<\{\hat{\ell}_0\},1>,\cdots$。程序 P_2 产生的计算(列出每个状态 π、x 和 t 的值)为 σ_2：$<\{\ell_0\},0,0>,<\{\ell_1\},0,1>,<\{\hat{\ell}_1\},1,1>,<\{\hat{\ell}_1\},1,1>,\cdots$。这表示计算包含了许多有区别的信息，如一些变量的值，这些值与程序能否正确执行它的任务无关。例如，控制变量 π 和局部变量 t 都和 P_2 的正确性相关，这可以通过观察 x 的变化来单独判断。

1.6.2 可观测和可简化的行为

基于此，将状态变量的一个子集 $\mathcal{O}\subseteq\Pi$ 定义成**可观测变量**。在图形语言和文本语言中，这些变量通常与声明为输入变量或输出变量的变量一致。这个规则可能会有例外，在这些情况中，这些可观测变量是被显式说明的。控制变量是不可观测的，如在文本语言中 $\pi\notin\mathcal{O}$。如果希望将两个仅在标记名称(即标记重命名)上不同的程序视为等价程序，那么这是必要的。

给定一个状态 s，它被定义为所有状态变量 Π 的一个解释。将对应 s 的可观测状态定义为 s 对可观测变量 $\mathcal{O}$ 的限制，用 $s\upharpoonright\mathcal{O}$ 表示。因此，$s\upharpoonright\mathcal{O}$ 是 $\mathcal{O}$ 的一种解释，它与 s 对 $\mathcal{O}$ 中所有变量的解释一致。

给定一个计算 σ：$s_0,s_1,\cdots$，将 σ 对应的可观测行为定义为序列 $\sigma^{\mathcal{O}}$：$s_0\upharpoonright\mathcal{O},s_1\upharpoonright\mathcal{O},\cdots$。例如，假定程序 P_1 和 P_2 的可观测变量只有 x，即 $\mathcal{O}=\{x\}$，可以得到如下对应它们计算的可观测行为：

$$\sigma_1^{\mathcal{O}}:<0>,<1>,<1>,\cdots$$

$$\sigma_2^{\mathcal{O}}:<0>,<0>,<1>,<1>,\cdots$$

这两个可观测行为还不完全相同。P_1 将 x 设置为 1 只需一步，而 P_2 需要两步。

因此，定义与计算 σ 对应的简化行为 σ^r(相对于 $\mathcal{O}$)为 σ 通过以下两种变换得到的序列。

(1) 用状态 s_i 的可观测部分 $s_i\upharpoonright\mathcal{O}$ 代替每个状态 s_i。

(2) 从序列中省略与之前的状态相同但与所有的后续状态不相同的可观测状态。

转换(2)保证了如果一个计算结束于一个无限重复的相同状态，即 $s,s,\cdots$，那么这个无限后缀不会被删除。

将转换(1)和转换(2)应用到计算 σ_1 和 σ_2 中(或者只对 $\tau_2^{\mathcal{O}}$ 用转换(2))，可得

$$\sigma_1^r:<0>,<1>,<1>,\cdots$$

$$\sigma_2^r:<0>,<1>,<1>,\cdots$$

注意，σ_2^r 通过从 $\sigma_2^{\mathcal{O}}$ 删除第二个状态获得，这个状态与它的前继相同。

1.6.3　转换系统的等价性

对于基本转换系统 P，用 $\mathcal{R}(P)$ 表示 P 产生的所有可简化行为的集合。

设 P_1 和 P_2 是两个基本转换系统，且 $\mathcal{O}\subseteq\Pi_1\cap\Pi_2$ 是指定两个系统相同的可观测变量的集合。如果 $\mathcal{R}(P_1)=\mathcal{R}(P_2)$，那么用 $P_1\sim P_2$ 表示系统 P_1 和 P_2 是等价的(相对于 $\mathcal{O}$)。这个定义满足了认为程序 P_1 和 P_2 是等价的要求，即 $P_1\sim P_2$。

需要注意的是，这两个程序等价的比较不局限于它们最终值的比较。因此，下面两个程序不被认为是等价的：

$$Q_1::[\textbf{out}\ x:\textbf{integer where}\ x=0;\ x:=2]$$

$$Q_2::[\textbf{out}\ x:\textbf{integer where}\ x=0;\ x:=1;\ x:=x+1]$$

这是因为它们分别产生的简化行为为

$$\sigma_1^r:<0>,<2>,<2>,\cdots$$

$$\sigma_2^r:<0>,<1>,<2>,<2>,\cdots$$

此外，Q_1(相对于可观测集合 $\{x\}$)和程序 $Q_3::[\textbf{out}\ x:\textbf{integer where}\ x=0;\ [\textbf{local}\ t:\textbf{integer};\ t:=1;\ x:=t+1]]$ 等价，σ_1^r 也是其唯一的可简化行为。

1.6.4　语句一致性

如果把程序看作转换系统，那么前面的定义已经足够用来比较整个程序。但是当考虑文本程序中的语句时，需要一个更严谨的等价性概念。

例如，有以下两个语句：

$$T_1::[x:=1;x:=2]$$

$$T_2::[x:=1;x:=x+1]$$

如果把它们看作程序的主体，那么它们显然是等价的。例如，程序 $P_1::[\textbf{out}\ x:\textbf{integer where}\ x=0;\ T_1]$ 和程序 $P_2::[\textbf{out}\ x:\textbf{integer where}\ x=0;\ T_2]$ 是等价的。因为这两个程序都有单独的可简化行为 $\sigma^r:<0>,<1>,<2>,<2>,\cdots$。

此外，期望的等价语句是可以完全交换的。这意味着用 T_2 代替 T_1 的发生时，包含 T_1 的程序的行为不会改变。这与前面两个语句的案例不同。

例如，有以下两个程序：

$$Q_1::[\textbf{out}\ x:\textbf{integer where}\ x=0;[T_1\parallel x:=0]]$$

$$Q_2::[\textbf{out}\ x:\textbf{integer where}\ x=0;[T_2\parallel x:=0]]$$

显然 Q_2 可以通过从 Q_1 用 T_2 代替 T_1 得到，但是 Q_1 和 Q_2 是不等价的。列出 Q_1 的简化

行为，得到集合如下：

$$<0>,<1>,<2>,<2>,\cdots$$
$$<0>,<1>,<0>,<2>,<2>,\cdots$$
$$<0>,<1>,<2>,<0>,<0>,\cdots$$

不同行为对应语句 $x:=0$ 和 T_1 的两个子句交错的不同方式。Q_2 的简化行为集合如下：

$$<0>,<1>,<2>,<2>,\cdots$$
$$<0>,<1>,<0>,<1>,<1>,\cdots$$
$$<0>,<1>,<2>,<0>,<0>,\cdots$$

由此得到两个程序不等价，因此不应认为 T_1 和 T_2 是可交换的。

基于前面的讨论，将定义以下概念。

设 $P[S]$是程序环境，即语句变量 S 作为语句之一出现在一个程序中。例如，$Q[S]::[\textbf{out}\ x:\textbf{integer where}\ x=0;\ [S \parallel x:=0]]$是一个程序环境。

设 $P[S_1]$和 $P[S_2]$是分别用具体语句 S_1 和 S_2 代替语句变量 S 得到的程序。例如，由前面定义的程序环境 $Q[S]$，程序 Q_1 和 Q_2 可以被解释为 $Q[T_1]$和 $Q[T_2]$。

如果对于每个程序环境 $P[S]$，都有 $P[S_1]\sim P[S_2]$，则语句 S_1 和 S_2 定义为一致的，表示为 $S_1\approx S_2$。

1.6.5 例子

下面用 4 个一致性来表示 concatenation 语句、selection 语句和 cooperation 语句的基本属性。

1. 交换性

selection 语句和 cooperation 语句是可交换的，可通过下面的一致性来表达：

$$[S_1\ \textbf{or}\ S_2]\approx[S_2\ \textbf{or}\ S_1]$$
$$[S_1 \parallel S_2]\approx[S_2 \parallel S_1]$$

2. 结合性

concatenation 语句、selection 语句和 cooperation 语句都是可结合的，可通过下面的一致性来表达：

$$[S_1;\ [S_2;\ S_3]]\approx[[S_1;\ S_2];\ S_3]\approx[S_1;\ S_2;\ S_3]$$
$$[S_1\ \textbf{or}\ [S_2\ \textbf{or}\ S_3]]\approx[[S_1\ \textbf{or}\ S_2]\ \textbf{or}\ S_3]\approx[S_1\ \textbf{or}\ S_2\ \textbf{or}\ S_3]$$
$$[S_1 \parallel [S_2 \parallel S_3]]\approx[[S_1 \parallel S_2] \parallel S_3]\approx[S_1 \parallel S_2 \parallel S_3]$$

3. skip

$S\approx[S;\ \textbf{skip}]$对于任何语句 S 都成立。

此外，语句 $S_1::[\textbf{await}\ x]$和语句 $S_2::[\textbf{skip};\ m:\ \textbf{await}\ x]$是不一致的。为了说明这一点，考虑以下程序上下文：

$$P[S]::\left[\begin{array}{c}\textbf{out}\ x:\textbf{boolean where}\ x=\mathrm{F}\\ \ell_0:[S\ \textbf{or}[\textbf{await}\ \neg x]];\ell_1:x:=\mathrm{T}:\hat{\ell}_1\end{array}\right]$$

程序 $P[S_1]$只有一个计算(列出 π 和 x 的值)，即

$$<\{\ell_0\},F>,<\{\ell_1\},F>,<\{\hat{\ell}_1\},T>,<\{\hat{\ell}_1\},T>,\cdots$$

这是因为语句 **await** x 在 $x=F$ 时，不能被选择。程序 $P[S_2]$有下面两个计算：

$$<\{\ell_0\},F>,<\{\ell_1\},F>,<\{\hat{\ell}_1\},T>,<\{\hat{\ell}_1\},T>,\cdots$$

$$<\{\ell_0\},F>,<\{m\},F>,<\{m\},F>,\cdots$$

第二个计算表示语句[**skip**; m: **await** x]在 $x=F$ 时已经被选择的死锁情况。

执行两个程序的可简化行为（相对于可观测变量 x），可以得到对于 $P[S_1]$，由单个行为组成的可简化行为的集合为

$$<F>,<T>,<T>,\cdots$$

而对于 $P[S_2]$，可以得到以下可简化行为：

$$<F>,<T>,<T>,\cdots$$

$$<F>,<F>,\cdots$$

这表明 S_1 和 S_2 不一致。

4. await-while

await $c\approx$ **while** $\neg c$ **do skip** 表明实现 **await** 语句的一种方式是**忙等待**(busy-waiting)。因此，虽然程序 P_1::[**out** x: **boolean where** $x=F$; ℓ_0: **await** x]和程序 P_2::[**out** x: **boolean where** $x=F$; ℓ_0: **while** $(\neg x)$ **do** ℓ_1: **skip**]产生不同的计算如下：

$$\sigma_1: <\{\ell_0\},F>,<\{\ell_0\},F>,\cdots$$

$$\sigma_2: <\{\ell_0\},F>,<\{\ell_1\},F>,<\{\ell_0\},F>,<\{\ell_1\},F>,\cdots$$

但是它们可简化的行为相等，即

$$\sigma_1^r=\sigma_2^r=<F>,<F>,\cdots$$

问题 1.3 将比较几个语句并确定它们当中一致的语句对。

1.6.6　模拟与实现

程序 P_1 和 P_2 之间有两种可能的关系，并且允许用 P_2 代替 P_1，这样的替换是可取的。例如，P_1 是用在给定的机器上不可用的高级结构表示的，而 P_2 只包含在该机器上可用的结构，如用 busy-waiting 循环 **while** $\neg c$ **do skip** 替换语句 **await** c。

第一种关系是模拟。如果 P_1 与 P_2 等价，即它们的简化行为集相等，则 P_2 模拟 P_1。这个概念显然是对称的，P_1 也可以模拟 P_2。哪个程序替换另一个程序取决于应用程序。

第二种关系是实现。如果 P_2 的简化行为集合是 P_1 的简化行为集合的一个子集，则称 P_2 实现 P_1。为了说明这个关系，考虑以下程序：

$$P_1::\left[\begin{array}{l}\textbf{out}\ x,y:\textbf{integer where}\ x=0,y=0\\ \textbf{loop forever do}\\ \qquad [x:=x+1\ \textbf{or}\ y:=y+1]\end{array}\right]$$

$$P_2::\left[\begin{array}{l}\textbf{out}\ x,y:\textbf{integer where}\ x=0,y=0\\ \textbf{loop forever do}\\ \qquad [x:=x+1;y:=y+1]\end{array}\right]$$

显然，程序 P_1 允许所有计算持续增加 x 或增加 y。这意味着增加 x 或增加 y 还是都增加

无限多次的行为都是可接受的计算。此外,确定性程序 P_2 在 P_1 允许的无限多次计算中选择一个单独计算。它准确地选择增加 x 或增加 y。实现的定义建立在可简化行为集合之间结论的基础上,程序 P_2 实现 P_1。

这两个定义以一种直接的方式扩展到语句间的类似关系。设 $P[S]$表示一个程序环境,即在一个程序中语句变量 S 作为一个语句出现。如果对于每个程序环境 $P[S]$,$P[S_2]$仿真 $P[S_1]$,则称语句 S_2 仿真语句 S_1。当且仅当 S_1 和 S_2 是一致的,S_2 仿真 S_1。因此语句 **while** $\neg c$ **do skip** 仿真语句 **await** c。如果对于每个程序环境 $P[S]$,$P[S_2]$实现 $P[S_1]$,则称语句 S_2 实现语句 S_1。因此 $x:=x+1$ 实现$[[x:=x+1]$**or**$[y:=y+1]]$。

注意,$S_2=$**await** x 没有实现 $S_1=[$**await** $x]$**or**$[$**await** $y]$。为了说明这一点,考虑以下程序文本 $P[S]$:

$$\left[\begin{array}{c}\textbf{local } x, y: \textbf{boolean where } x=\mathrm{F}, y=\mathrm{T} \\ \textbf{out } z: \textbf{integer where } z=0 \\ S;\ z:=1\end{array}\right]$$

程序 $P[S_1]$产生的简化行为(列出 z 的值)是$<0>$,$<1>$,$<1>$,…,而 $P[S_2]$产生的简化行为是$<0>$,$<0>$,…。因此,S_2 没有实现 S_1。此外,**await**$(x \vee y)$实现 S_1。

1.7 分组语句

文本语言的语义定义建立了一组与每个语句相关的转换。这意味着一个原子步骤最多由程序的一条语句的执行组成,这个原子步骤对应计算中进行的单个转换。在某些情况下,希望将几个语句组合在一起,并在一个原子步骤中完成整个组的执行。下面通过一种称为分组语句的新语句类型来扩展共享变量文本语言。

1.7.1 分组语句

首先定义一类语句,称为**基本语句**。这些语句可以组合在一起。基本语句定义如下。

(1) skip 语句、assignment 语句和 await 语句是基本语句。

(2) 如果 $S, S_1, \cdots, S_k$ 是基本语句,那么 **when** c **do** S、**if** c **then** S_1 **else** S_2、$[S_1$ **or**…**or** $S_k]$和$[S_1;\ \cdots;\ S_k]$也是基本语句。

特别注意,任何含有一个 cooperation 语句或 while 语句的语句都不是基本语句。

如果 S 是一个基本语句,那么$<S>$是一个分组语句。考虑$<y:=y-1;$ **await** $y=0;$ $y:=1>$,该语句通过组合 concatenation 语句 $y:=y-1$; **await** $y=0$; $y:=1$ 得到。这个分组语句的执行要求连续不间断地成功执行组合中的 3 个语句。因此,如果初始化 $y=1$,那么分组语句可以执行,产生 $y=1$ 的最终值。如果 y 不是 1,那么语句 **await** $y=0$ 不能在 y 减少后成功执行。在这种情况下,分组语句被认为是有缺陷的,分组语句和语句 **await** $y=1$ 是一致的。这种解释意味着,除非保证成功终止分组语句,否则无法开始执行分组语句。

1.7.2 与分组语句关联的转换

通过合适的转换关系,将定义的一个或多个转换与每个分组语句ℓ: $<S>$关联,其中 S 是一个基本语句。

1. 转换的积

设 τ_1 和 τ_2 是两个转换。定义一个新的转换，称为 τ_1 和 τ_2 的积，用 $\tau_1 \circ \tau_2$ 表示，即当且仅当存在一个 s'，$s' \in \tau_1(s)$ 且 $s'' \in \tau_2(s')$ 时，有 $s'' \in \tau_1 \circ \tau_2(s)$。因此，$s$ 的 $(\tau_1 \circ \tau_2)$-后继可以通过对 s 应用 τ_1，再对结果状态应用 τ_2 得到。

假定 τ_1 和 τ_2 通过关系 $\rho_{\tau_1}: C_1 \wedge (\bar{y}' = \bar{e}_1)$ 和 $\rho_{\tau_2}: C_2 \wedge (\bar{y}' = \bar{e}_2)$ 给定。其中，为了不失一般性，可以假定 ρ_{τ_1} 和 ρ_{τ_2} 有相同的可修改变量 $\bar{y} = (y_1, \cdots, y_k)$ 序列。那么给出转换积 $\tau_1 \circ \tau_2$ 的转换关系如下：

$$\rho_{\tau_1 \circ \tau_2} = \rho_{\tau_1} \circ \rho_{\tau_2}: C_1 \wedge C_2[\bar{e}_1/\bar{y}] \wedge (\bar{y}' = \bar{e}_2[\bar{e}_1/\bar{y}])$$

用符号 $\varphi[\bar{e}_1/\bar{y}]$ 表示在公式 φ 中用 e^i 代替 y_i 的自由出现，$i = 1, \cdots, k$，其中 $\bar{e}_1 = (e^1, \cdots, e^k)$。例如，$\tau_1$ 和 τ_2 的转换关系如下：

$$\rho_{\tau_1}: (x > y) \wedge (x' = x - y) \wedge (y' = y)$$

$$\rho_{\tau_2}: (x < y) \wedge (x' = x) \wedge (y' = y - x)$$

那么转换积的转换关系为

$$\rho_{\tau_1 \circ \tau_2}: (x > y) \wedge (x < y)[(x-y)/x] \wedge (x' = x[(x-y)/x]) \wedge (y' = (y-x)[(x-y)/x])$$

这与下面的表示是等价的：

$$(x > y) \wedge (x - y < y) \wedge (x' = x - y) \wedge (y' = y - (x - y)) \leftrightarrow$$

$$(y < x < 2 \cdot y) \wedge (x' = x - y) \wedge (y' = 2 \cdot y - x)$$

这表明只有 $y < x < 2 \cdot y$ 时，τ_1 和 τ_2 可以被连续执行。并且执行时，它们把 x 改为 $x - y$，将 y 改为 $2 \cdot y - x$。

2. < S >的转换

对于每个基本语句 S，给出以下与分组语句< S >相关联的转换的归纳定义。

(1) 如果 S 是一个 skip 语句、assignment 语句或 await 语句，那么< S >和一个单独的转换 $\tau_{<S>}$ 相关，有 $\tau_{<S>} = \tau_S$。这是因为在任何情况下，这 3 个语句都在一步内执行，所以组合对它们没有影响。

(2) 设 S 是语句 ℓ: **when** c **do** $\tilde{\ell}$: $\tilde{S}$。对于 $trans(<\tilde{S}>)$ 中每个转换关系是 $\tilde{\rho}$ 的转换 $\tilde{\tau}$，在 $trans(<S>)$ 中包含转换关系是 ρ: $([\ell] \in \pi) \wedge c \wedge \tilde{\rho}[\pi \dot{-} [\ell] + [\tilde{\ell}]/\pi]$ 的转换 τ。这个结构暗示了在一步内 S 的执行需要发现 c 为 true 且继续在一步内执行 $\tilde{S}$。

(3) 设 S 是语句 ℓ: **if** c **then** ℓ_1: S_1 **else** ℓ_2: S_2。对于转换关系是 $\hat{\rho}_1$ 的每个转换 $\hat{\tau}_1 \in trans(<S_1>)$，在 $trans(<S>)$ 中包含转换关系是 ρ_1: $([\ell] \in \pi) \wedge c \wedge \hat{\rho}_1[\pi \dot{-} [\ell] + [\ell_1]/\pi]$ 的转换 τ_1。对于转换关系是 $\hat{\rho}_2$ 的每个转换 $\hat{\tau}_2 \in trans(<S_2>)$，在 $trans(<S>)$ 中包含转换关系是 ρ_2: $([\ell] \in \pi) \wedge (\neg c) \wedge \hat{\rho}_2[\pi \dot{-} [\ell] + [\ell_2]/\pi]$ 的转换 τ_2。因此，为了在一步内执行 S，要么 c 为 true 且继续在一步内执行 S_1，要么 c 为 false 且继续在一步内执行 S_2。

(4) 如果 S 是语句 $[S_1$ **or**$\cdots$**or** $S_k]$，那么 $trans(<S>) = trans(<S_1>) \cup \cdots \cup trans(<S_k>)$。因此，要在一步内执行 S，应该能够在一步内执行 $S_1, \cdots, S_k$ 中的一个。

(5) 设 S 是语句 $[S_1; S_2]$。对于转换关系是 ρ_1 的每个转换 $\tau_1 \in trans(<S_1>)$ 和转换关系是 ρ_2 的每个转换 $\tau_2 \in trans(<S_2>)$，在 $trans(<S>)$ 中包含转换关系是 ρ: $\rho_1 \circ \rho_2$ 的转换 τ。因此，为了在一步内执行 S，需要在一步内执行 S_1，接着在一步内执行 S_2。

例如，$\Pi = \{\pi, x, y\}$。假设想要计算 $\rho_{<S>}$，其中 S 是 concatenation 语句，即

$$\ell:\begin{bmatrix}\ell_1: x:=x+y\\ \ell_2: y:=x-y\\ \ell_3: x:=x-y\end{bmatrix}: \hat{\ell}$$

设 ρ_1、ρ_2 和 ρ_3 分别表示ℓ_1、ℓ_2和ℓ_3的转换关系。为了简化，将忽略这些关系对于 π 的依赖，只考虑它们对 x 和 y 的依赖。

计算过程如下：

$$\begin{aligned}\rho_1\circ\rho_2 = & [(x'=x+y)\land(y'=y)]\circ[(x'=x)\land(y'=x-y)]\leftrightarrow\\ & (x'=x[(x+y)/x])\land(y'=(x-y)[(x+y)/x])\leftrightarrow\\ & (x'=x+y)\land(y'=((x+y)-y)\leftrightarrow\\ & (x'=x+y)\land(y'=x)\end{aligned}$$

$$\begin{aligned}\rho_1\circ\rho_2\circ\rho_3 = & (\rho_1\circ\rho_2)\circ\rho_3 =\\ & [(x'=x+y)\land(y'=x)]\circ[(x'=x-y)\land(y'=y)]\leftrightarrow\\ & (x'=(x-y)[(x+y,x)/(x,y)])\land(y'=y[(x+y,x)/(x,y)])\leftrightarrow\\ & (x'=((x+y)-x))\land(y'=x)\leftrightarrow(x'=y)\land(y'=x)\end{aligned}$$

因此，$\rho_{<S>}$为

$$\rho_{<S>}: ([\ell]\in\pi)\land(\pi'=\pi\dot{-}[\ell]+[\hat{\ell}])\land(x'=y)\land(y'=x)$$

1.8 信号量语句

信号量是一种并行语句之间用于同步的特殊机制。在共享变量文本模型中，将信号量及其相关的语句作为附加语句引入，可以对图模型进行类似扩展。

1.8.1 信号量需求

协调并行进程的主要问题之一是管理对共享资源的访问。考虑二项式程序的一种特殊形式，如图 1.8 所示。在这种形式中，图 1.3 中用来修改共享变量 b 的语句ℓ_1和 m_2 都被分成了两个语句。第一个语句引用 b 且为它计算一个新值，该值保存在一个局部变量中。第二个语句从局部变量中将更新的值复制到 b。这个程序代表了涉及共享变量的一个事务的完成需要几个语句的情况。

```
in     k, n  : integer where 0≤k≤n
local y1, y2: integer where y1=n, y2=1
out    b     : integer where b=1

P1:: [ local t1: integer
       ℓ0: while y1>(n−k) do
             [ ℓ1: t1:=b·y1
               ℓ2: b:=t1
               ℓ3: y1:=y1−1 ]
       : ℓ̂0 ]
‖
P2:: [ local t2: integer
       m0: while y2≤k do
             [ m1: await(y1+y2)≤n
               m2: t2:=b div y2
               m3: b:=t2
               m4: y2:=y2+1 ]
       : m̂0 ]
```

图 1.8　程序 BINOM(含分割语句)

然而，这种形式是不正确的，因为并不是所有的计算最终都会产生$\binom{n}{k}$的正确值。为了说明这一点，考虑输入为 $n=3$，$k=2$ 的计算。这些输入的最终结果应该是 $b=\binom{3}{2}=\frac{3\cdot 2}{1\cdot 2}=3$。对于在该计算中的每个状态，列出 π、y_1、y_2、b、t_1、t_2。只列举在该计算中一些中间状态，把它分成如下8段。

(1) $<\{\ell_0, m_0\}, 3, 1, 1, -, ->\xrightarrow{P_1}\cdots\xrightarrow{P_1}$。

(2) $<\{\ell_0, m_0\}, 2, 1, 3, 3, ->\xrightarrow{P_2}\cdots\xrightarrow{P_2}$。

(3) $<\{\ell_0, m_3\}, 2, 1, 3, 3, 3>\xrightarrow{P_1}\cdots\xrightarrow{P_1}$。

(4) $<\{\hat{\ell}_0, m_3\}, 1, 1, 6, 6, 3>\xrightarrow{P_2}$。

(5) $<\{\hat{\ell}_0, m_4\}, 1, 1, 3, 6, 3>\xrightarrow{P_2}\cdots\xrightarrow{P_2}$。

(6) $<\{\hat{\ell}_0, m_2\}, 1, 2, 3, 6, 3>\xrightarrow{P_2}$。

(7) $<\{\hat{\ell}_0, m_3\}, 1, 2, 3, 6, 1>\xrightarrow{P_2}\cdots\xrightarrow{P_2}$。

(8) $<\{\hat{\ell}_0, \hat{m}_0\}, 1, 3, 1, 6, 1>\rightarrow\cdots$。

在段(1)中，P_1 单独执行，用3乘 b。在段(2)中，P_2 是活跃的，且在 t_2 计算(b **div** y_2)＝(3 **div** 1)＝3，该值最后应该赋给 b。但是该段没有把3赋值给 b 而是停留在 m_3，保持 $t_2=3$。在段(3)中，P_1 继续并且需要完成用2乘 b，在此之后停止。段(4)中，P_2 再次激活且完成将 $t_2=3$ 赋值给 b 的操作。显然，该破坏性赋值将 b 还原为之前的形式，且完全消除了在段(3)中 P_1 用2乘 b 的影响。从此处开始，没有办法**挽救**(salvage)计算。在段(5)处 P_2 到达用2除以 b 的点。由于 b 的值错误，在段(6)用3除以2会有一个余数，且它的结果是 $b=1$，这也是终止的值。这和正确结果 $\binom{3}{2}=3$ 不同。

这个错误是 P_2 中的顺序语句 $t_2:=b$ **div** y_2；$b:=t_2$ 被 P_1 的不必要干扰引起的。如果 P_2 影响 P_1 中的顺序语句 $t_1:=b\cdot y_1$；$b:=t_1$，那么一个类似的干扰可能发生。为了纠正这种情况，必须防止在重要顺序中出现不必要的干扰，如 b 的新值的计算。

使用分组语句是一种阻止不必要干扰的方式。用一个分组语句将语句 ℓ_1、ℓ_2 和 m_2、m_3 封闭起来(即分别是 $<\ell_1;\ \ell_2>$ 和 $<m_2;\ m_3>$)，这保证了 ℓ_1 和 ℓ_2 及 m_2 和 m_3 总是持续执行。这个解决方法将带来一个和图1.3的程序等价的正确程序。

但是，这个解决方法可能被认为过于粗糙。用一个单独的分组语句封闭一系列语句是一个**锁定**(locking)装置。它不允许一个并行进程的任何行动，直到这个进程执行的序列完成为止。当目标是进行尽量多的并行进程时，整个锁定可能太不容易区分。例如，当执行 ℓ_1；ℓ_2 时，想排除的唯一并行语句是 m_2 和 m_3。不反对任何其他并行语句，如 m_0、m_1 和 m_4 被交错到 ℓ_1 和 ℓ_2 之间。不必要的严重的锁定减少了执行中可能的并发度。因此，应该注重更有区分的锁定和防护机制。例如当执行序列 ℓ_1；ℓ_2 时，锁定 m_2 和 m_3，但允许 m_0、m_1 和 m_4。

获取进程间的锁定和协调的通用结构被称为**同步结构**。实际上，图1.3的二项式程序已经包含一个同步语句 m_1，它导致 P_2 等待，直到 P_1 将 y_1 的值降低到最多 $n-y_2$。对于进程间更复杂的同步，现代并发编程语言提供了几种同步结构。

1.8.2　信号量语句

本节将介绍一组同步结构——信号量语句。有以下两个信号量语句。

（1）request 语句：**request**（r）。

（2）release 语句：**release**（r）。

整型变量 r 称为信号变量。要求信号变量只由信号量语句修改。信号变量不可以出现在赋值的左边。

对于 request 语句，信号量语句的传统符号是 $P(r)$。对于 release 语句，信号量语句的传统符号是 $V(r)$。一些文本使用术语 **wait**（r）和 **signal**（r）。

信号量语句对应的转换定义如下：

1. request 语句

将一个转换 τ_ℓ 和语句 ℓ：**request**（r）：$\hat{\ell}$ 关联，转换关系是 ρ_ℓ：$([\ell]\in\pi)\wedge(r>0)\wedge(\pi'=\pi\dot{-}[\ell]+[\hat{\ell}])\wedge(r'=r-1)$。

2. release 语句

将一个转换 τ_ℓ 和语句 ℓ：**release**（r）：$\hat{\ell}$ 关联，转换关系是 ρ_ℓ：$([\ell]\in\pi)\wedge\wedge(\pi'=\pi\dot{-}[\ell]+[\hat{\ell}])\wedge(r'=r+1)$。

注意，**request**（r）语句对应的转换等价于分组语句 < **await** $r>0$；$r:=r-1$ > 对应的转换。**release**（r）语句对应的转换等价于分组语句 $r:=r+1$ 对应的转换。

然而，信号量语句与分组语句不同，它们对激活频率有额外的要求。

1.8.3 互斥信号量的应用

假定信号量 r 初始化为 1（在大多数程序中都是这个情况）。只有当 $r>0$ 时，一个到达 **request**（r）语句的进程才将继续执行，并且将 r 设为 0。若尝试执行 **request**（r）的进程发现 $r\leqslant 0$，那么它将在该位置等待，直到 r 变为正。这常常由另一个进程执行一个 **release**（r）语句实现。因此，包含 **request**（r）语句的位置可以用作一个检测点，使该进程与在相同信号量 r 上包含 **request**（r）语句和 **release**（r）语句的进程同步。

考虑如图 1.9 所示的程序 MUX-SEM，用信号量获取互斥。

local r: **integer where** $r=1$

$$P_1::\left[\begin{array}{l}\ell_0:\ \textbf{loop forever do}\\ \left[\begin{array}{l}\ell_1:\ \textbf{noncritical}\\ \ell_2:\ \textbf{request}(r)\\ \ell_3:\ \textbf{critical}\\ \ell_4:\ \textbf{release}(r)\end{array}\right]\end{array}\right]\ \Big\|\ P_2::\left[\begin{array}{l}m_0:\ \textbf{loop forever do}\\ \left[\begin{array}{l}m_1:\ \textbf{noncritical}\\ m_2:\ \textbf{request}(r)\\ m_3:\ \textbf{critical}\\ m_4:\ \textbf{release}(r)\end{array}\right]\end{array}\right]$$

图 1.9 程序 MUX-SEM（信号量互斥）

在这个程序中，使用结构 **loop forever do** S 代表 **while** T **do** S。**loop forever** 形式强调了所考虑的语句是永久的且将不断运行，不会终止。

该程序代表了两个进程本质上独立地参加它们的活动的典型情况，但是有时需要协调它们获取共享资源的机会。该共享资源可能代表了一个共享变量或一个设备，如磁盘或打印机，它需要专有地获取，即防止干扰。

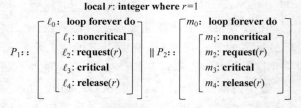

在这个程序中，每个进程的独立活动由单个语句 **noncritical** 表示。该语句可能代表一

个表示不需要和其他进程协调的所有进程的随意复杂语句，甚至最后不需要该语句终止。非临界语句不终止对应的情况是某个进程不需要进一步访问共享资源，因此可能永远停留在不协调的部分。

critical 语句(常表示临界语句或临界部分)代表所有不得不在保护模块执行的活动。这个行动需要最后终止。临界语句的非终止性对应一个进程占用共享资源且不会把它释放给其他进程。这是一个不可接受的行为。

对于这两个进程的一个重要的假设是，它们不修改任何用在两个进程间协调协议上的变量。在程序 MUX-SEM 中，这意味着两个语句都不可以修改信号量 r。

互斥问题是设计一个协议(如图 1.9 中的程序)，其中包含示意性的 **noncritical** 语句、**critical** 语句和一些协调语句。协调语句的作用是保证临界区互斥执行，即当一个进程在它的临界语句时，其他的进程不在。协调语句常表示只用于协调目的的变量，因此假设非临界区和临界区都不会修改这些协调变量。

图 1.9 中的程序给出了互斥问题的经典解决方案之一，其中协调是通过信号量实现的。不难看出，该程序确实可以保持临界区的互斥。例如，假设当 r 是 1 时，P_1 首先到达ℓ_2。当设置 r 为 0 时，它开始超过ℓ_2。只要 P_1 在ℓ_3 或ℓ_4，r 保持为 0。因此如果另一个进程 P_2 尝试开始超过它的 **request**(r)语句 m_2，它将由于使能条件 $r>0$ 为假而暂停。它必须等到 r 变为正，这只能由 P_1 在ℓ_4 执行 **release**(r)引起。类似地，如果 P_2 无论在 m_3 或 m_4，r 都是 0，那么 P_1 被禁止进入它的临界区。

用信号量解决互斥问题很容易推广到多个进程的情况。图 1.10 给出了一个包含 k 个进程的程序，其中互斥由信号量 r 协调。

如果任何进程完成了一个 request 语句且进入了它的临界区，那么会导致 r 变为 0，从而阻止其他任何进程进入它们自己的临界区。

问题 1.4 将研究其他方案作为互斥问题的可能解决方案。

```
local r: integer where r=1

P1::  [ ℓ0^1: loop forever do
          [ ℓ1^1: noncritical
            ℓ2^1: request(r)
            ℓ3^1: critical
            ℓ4^1: release(r) ] ]
  ||
  ⋮
  ||
Pk::  [ ℓ0^k: loop forever do
          [ ℓ1^k: noncritical
            ℓ2^k: request(r)
            ℓ3^k: critical
            ℓ4^k: release(r) ] ]
```

图 1.10　使用信号量的多进程互斥

【例 1-6】　(有保护区的二项式系数)

下面展示如何修改图 1.8 中的二项式程序来避免不期望的干扰且恢复该程序的正确性。这是互斥问题的通用方法对一个具体程序的应用。

为了防止不期望的干扰，有必要保护顺序ℓ_1；ℓ_2和 m_2；m_3 免于对方的干扰。这个保护通过信号量 r 完成。修改后的二项式程序如图 1.11 所示。

受保护的临界区分别是$\ell_{2,3}$(语句ℓ_2和ℓ_3)和 $m_{3,4}$(语句 m_3 和 m_4)。它们的互斥保证了 b 的计算值没有干扰地赋给 b。

注意，可以把 release 语句ℓ_4和 m_5 看成它们之前临界区的一部分。这是因为当 P_1 在ℓ_4的 release 语句的前面时，r 仍为 0，因此禁止 P_2 通过 m_2。可以得到保证彼此互斥的最大区域是$\ell_{2\ldots4}$(即ℓ_2、ℓ_3和ℓ_4)和 $m_{3\ldots5}$(即 m_3、m_4 和 m_5)。

```
in      k, n        : integer where 0≤k≤n
local y1, y2, r     : integer where y1=n, y2=1, r=1
out   b             : integer where b=1

       ┌ local t1: integer
       │ ℓ0: while y1>(n−k) do
P1::   │     ┌ ℓ1: request(r)
       │     │ ┌ ℓ2:t1:=b·y1 ┐
       │     │ └ ℓ3:b:=t1    ┘
       │     │ ℓ4: release(r)
       └     └ ℓ5: y1:=y1−1

  ||

       ┌ local t2: integer
       │ m0: while y2≤k do
P1::   │     ┌ m1: await(y1+y2)≤n
       │     │ m2: request(r)
       │     │ ┌ m3:t2:=b div y2 ┐
       │     │ └ m4:b:=t2        ┘
       │     │ m5: release(r)
       └     └ m6:y2:=y2+1
```

图 1.11 程序 BINOM(含保护区)

程序 BINOM 又一次是正确的,且它所有的计算产生的最后值 $b=\binom{n}{k}$。

1.8.4 信号量的其他应用

当信号量语句用来保护临界区时,它们通常出现在同一进程中的 request-release 对中。保护区被定义为 request-release 对划定的区域。然而,信号量还有其他方式用于进程间的信号发送和同步。

【例 1-7】 (生产者-消费者问题)

考虑程序 PROD-CONS,它对生产者-消费者情况建模,如图 1.12 所示。在第 2 行的说明中,省略了 b 的模式,这意味着它与前一行具有相同的模式 **local**。

生产者 *Prod* 计算一个值并把它存在 x 中,仅涉及该进程的局部变量。计算的细节是不相关的,且使用通用语句 **compute** x 表示该行动。然后把 x 添加到位于缓冲区 b 最后的 ℓ_4 处。在成功把 x 添加到 b 后,再循环计算 x 的下一个值。

消费者 *Cons* 并行地删除缓冲区顶部的元素,并将它们存放到 y 中。在成功从 b 中获取这样一个值后,它继续使用这个值做一些内部的计算。这个活动一般用语句 **use** y 表示,仅限于使用进程 *Cons* 的局部变量。

缓冲区用一个序列 b 表示,其初始值是一个空序列 Λ。用添加操作 $b \cdot x$ 将一个元素 x 添加到 b 的末尾。用列表函数 $hd(b)$ 获取缓冲区 b 的第一个元素(头部),通过用尾部 $tl(b)$ 替换 b,可以从缓冲区中删除这个元素。假设缓冲区的最大容量是 $N>0$。

为了保证进程间的正确同步和避免缓冲区溢出,使用以下 3 个信号量。

(1) 信号量 r 保证进入缓冲区是被保护的并且提供语句 ℓ_4 和 m_3 之间的互斥,其中 b 是可获取的和可修改的。无论什么时候其中一个进程开始获取且更新 b,另一个进程就不能获取 b 直到前一个进程完成为止。

```
local r, ne, nf : integer where r=1, ne=N, nf=0
      b         : list of integer where b=Λ

        ┌ local x: integer
        │ ℓ0: loop forever do
        │      ┌ ℓ1 : compute x
        │      │ ℓ2 : request(ne)
Prod::  │      │ ℓ3 : request(r)
        │      │   [ℓ4 :b:=b•x]
        │      │ ℓ5 : release(r)
        └      └ ℓ6 : release(nf)
   ||
        ┌ local y: integer
        │ m0: loop forever do
        │      ┌ m1: request(nf)
Cons::  │      │ m2: request(r)
        │      │ [m3(y, b):=hd(b), tl(b)]
        │      │ m4: release(r)
        │      │ m5: release(ne)
        └      └ m6: use y
```

图 1.12　程序 PROD-CONS(生产者-消费者)

注意,在该程序中,整个与缓冲区 b 相关的事务(获取和更新)在每个进程的一条语句中完成。通过定义,由于它在单个转换中完成,因此该事务是不可被干扰的。在某些情况下需要几个语句完成一个事务,用信号量 r 提供保护。

(2) 信号量 ne("空的数量")包含在缓冲区 b 中可获得的空位数量。它防止 b 溢出。如果 $ne=0$,那么不允许生产者在缓冲区 b 中存放一个值。在 b 中存放一个值之前,进程 $Prod$ 使 ne 减少 1(在ℓ_2)。由于初始时 $ne=N$,在消费者没有移走物品之前,生产者不能存放超过 N 个值。消费者每删去一个物品,就会产生一个新的空位,ne 增加 1。

(3) 信号量 nf("满的数量")包含当前缓冲区 b 内物品的数量。它被初始化为 0,生产者(在ℓ_6)每存放一个物品都会增加,并且在消费者(m_1)移走物品之前都会减少。这保证消费者不会尝试从一个空缓冲区中移走物品。

注意,虽然信号量 r 的语句出现在包含保护区的 request-release 对中,但信号量 ne 和 nf 作为单向信号装置的使用方式不同。因此,可以把 nf 看作生产者的 **release**(nf)语句产生且由消费者的 **request**(nf)语句感知的信号。对称地,ne 信号由消费者的 **release**(ne)语句产生且由生产者的 **request**(ne)语句感知。在这两种情况下,缺失信号会导致感知进程在相应的同步点等待,直到预期信号到达为止。

当缓冲区 b 为空且 $ne=N$ 时,生产者至少可以执行 N 个 **request**(ne)语句,然后由于缺少来自消费者的协作而暂停。类似地,当 b 为满且 $nf=N$ 时,消费者在暂停前至少可以执行 N 个 **request**(nf)语句。

1.9　区域语句

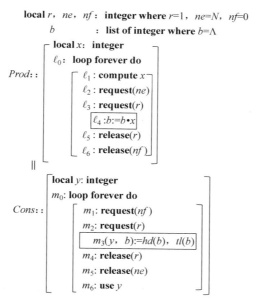

1.8 节讨论的信号量语句提供了强大的同步机制。但是,它们被批评是非结构化的,不够严谨。一个更结构化的语句——区域语句,可以实现类似的目标,特别是临界区的保护,

并提供了额外的测试功能。该机制使用了资源声明。

1. 资源声明

在声明中,无论是在程序的开始还是在块的开头,都允许如下形式的资源声明:

$$r: \textbf{resource protecting}(y_1, \cdots, y_n)$$

该声明将几个变量 $y_1, \cdots, y_n$ 聚集在一个集合中,叫作**资源**,称为 r。每个变量 $y_1, \cdots, y_n$ 都属于资源 r。该程序的每个共享变量(即参照不止一个进程的变量)必须准确地属于一个资源。

2. 区域语句

区域语句具有以下一般形式:

$$\textbf{region } r \textbf{ when } c \textbf{ do } S$$

在该语句中,r 是资源名称,c 是布尔表达式,S 是不包含任何 cooperation 语句或其他区域语句的语句。将 c 作为区域语句的卫式条件,将 S 作为区域语句的主体或被该语句保护的临界区。在 c 或 S 中唯一可被引用的共享变量必须属于 r。

设 $S_1, \cdots, S_k$ 是作为在资源 r 的区域语句 **region** r **when** c_i **do** S_i 主体中出现的所有语句。为了描述和区域语句相关的转换,定义辅助控制谓词如下:

$$free(r): \bigwedge_{i=1}^{k} (\neg in\_S_i)$$

谓词 $free(r)$ 表明了所有没有由资源 r 保护的语句 S_i 正在执行的状态,即控制不在 S_i 或它的任意子句前面。这种情况称为资源 r 是自由的。

使用这样的谓词,通过转换关系 ρ_l: $([\ell] \in \pi) \wedge free(r) \wedge c \wedge (\pi' = \pi \dot{-} [\ell] + [\tilde{\ell}])$ 规约和区域语句 ℓ: **region** r **when** c **do** $\tilde{\ell}$: $\tilde{S}$ 相关的转换 τ_l。因此 τ_l 的一次成功执行需要条件 c 为真且没有其他由 r 保护的语句正在执行。

随着区域语句的引入,对标记等价关系 $\sim_L$ 的定义增加规则:对于区域语句 $S=$ **region** r **when** c **do** $\tilde{S}$ 来说,有 $post(S) \sim_L post(\tilde{S})$。

【例 1-8】 (含有区域语句的生产者-消费者问题)

如图 1.13 所示,给出了一个用区域语句解决生产者-消费者问题的方法。比较该 PROD-CONS 程序和图 1.12 中使用信号量的程序,在使用区域语句的形式中,临界区和非临界区的确定在语法结构上更清晰。

进程 $Prod$ 构成了一个计算 x("生产中")的非临界区,紧接着的是临界区,用来解决生产的值和进程 $Cons$ 的通信。临界区只可以被唯一地执行(即当保护缓冲区的资源 r 是自由的),且当 b 不被装满时。当 $Prod$ 成功执行它的临界区时,它将 x 添加到 b 的末尾。

进程 $Cons$ 在临界区和非临界区之间交替出现。

```
local b: list of integer where b=Λ
      r: resource protecting b
         ┌ local x: integer
         │ loop forever do
Prod::   │    ┌ compute x
         │    │ region r when|b|<N do
         └    └     b:=b•x
   ||
         ┌ local y: integer
         │ loop forever do
Cons::   │    ┌ region r when |b|>0 do
         │    │     (y, b):=(hd(b), tl(b))
         └    └ use y
```

图 1.13 程序 PROD-CONS(含区域语句)

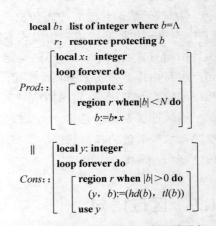

在临界区中，只在当资源 r 是自由的且缓冲区不为空时被执行，该缓冲区的第一个元素被复制到 y 且从缓冲区中移出。在非临界区中，*Cons* 使用从 y 中得到的值进行计算（“消费中”）。

根据区域语句的定义，两个进程永远不能共存于它们各自的临界区。**问题 1.5** 将用其他语句表示区域语句的实现。

1.9.1 比较信号量和区域语句

区域语句是一个更加结构化、功能更强大的结构，且生成的程序比使用信号量生成的程序更清晰、易读。但是，它的实现比信号量代价更高。符合要求的信号量实现只需要记录当前信号值和暂停（等待）在该信号量请求语句的进程标识。区域语句的实现不仅要记录资源的当前状态（被占或自由）和等待进程的标识，还要记录单独的卫式条件的状态（真或假）。只有当资源都是自由的且满足当前卫式条件时，一个进程才可以执行它的保护语句。

1.9.2 选择语句中的同步

在目前考虑的所有示例中，同步语句（如信号量请求语句或区域语句）出现在连接的上下文中，但从未作为选择语句的直接子语句出现。这意味着，每当进程到达当前非使能的同步状态时，只能等待（如果有的话）它变成使能状态，即执行同步语句是继续计算的必要条件。

在很多情况下，同步在某些时候是可取的，但对延续来说不是绝对必要的。在其他情况下，可能有多个同步，且希望选择当前使能的任何同步，这些情况要求同步语句作为选择语句的直接子语句。在下面的示例中将说明这种情况。

【例 1-9】（含有多个生产者和消费者的生产者-消费者问题）

如图 1.14 所示的程序 PROD-CONS 是对图 1.13 的程序的推广，适用于ℓ个生产者和 n 个消费者通过 m 个缓冲区进行通信的情况。图 1.14 实际上包含一个需要对每个ℓ、m 和 n 的具体值替换的程序框图。一个基本的假设是完全的同质性，即所有生产者产生的值对所

```
local b[1], …, b[m] : list of integer
                      where b[1]=Λ, …, b[m]=Λ
      r[1]            : resource protecting b[1]
       ⋮
      r[m]            : resource protecting b[m]

  ℓ                ┌ local x[i] : integer                        ┐
  ‖  Prod[i] ::    │ loop forever do                             │
 i=1               │ ┌ compute x[i]                              ┐ │
                   │ │  m   ┌ region r[j] when |b[j]<N do ┐      │ │
                   │ │  OR  │     b[j]:=b[j] • x[i]       │      │ │
                   │ └ j=1  └                             ┘      ┘ │
     ‖             └                                               ┘

  n                ┌ local y[k] : integer                              ┐
  ‖  Cons[k] ::    │ loop forever do                                   │
 k=1               │ ┌  m   ┌ region r[j] when |b[j]>0 do           ┐ ┐ │
                   │ │  OR  │ (y[k], b[j]):=(hd(b[j]), tl(b[j]))    │ │ │
                   │ │ j=1  └                                       ┘ │ │
                   │ └ use  y[k]                                      ┘ │
                   └                                                    ┘
```

图 1.14　程序 PROD-CONS（含多个生产者和消费者）

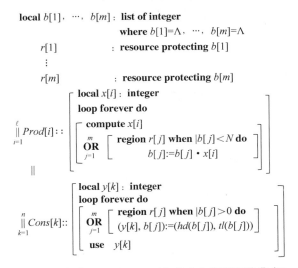

有的消费者有相同的效果和作用。因此,生产者可以选择将它的当前值存放到一个可获得空位的任意缓冲区中,而且消费者可以选择从任意含有未使用值的缓冲区中读取和移出一个值。在该假设之后,每个生产者 $Prod[i]$有一个选择语句非确定地选择资源 $r[j]$保护一个非满($|b[j]|<N$)的缓冲区。一旦选择,该生产者将计算值 $x[i]$存放到 $b[j]$中。类似地,每个消费者 $Cons[k]$有一个选择语句非确定地选择一个可获得的资源保护一个非空缓冲区($|b[j]|>0$),然后它继续从缓冲区 $b[j]$中将值移入 $y[k]$。

1.10 模型 3: 消息传递文本

在之前的两个模型(转换图和共享变量文本)中,并行语句之间的通信是通过共享变量完成的。一些更高级的语句(如信号量和区域语句)被引入来提供同步,这可以被视为有限的通信。

在通过修改共享变量文本语言得到的当前模型中,并行语句之间的通信是通过显式消息传递来实现的。因此,不允许通过共享变量进行通信,并引入新的原语语句来发送和接收消息。消息传递也会引发同步,因为消息在发送之前无法接收,进程可能会选择等待,直到特定消息到达。

在发送和接收消息时,进程不直接命名其通信对象,而是由通信语句命名一个通道。为了在两个进程之间建立通信,一个进程必须通过一些通道发送一条消息,另一个进程必须申请相同通道中的一个输入。这个命名约定产生了一个更好的进程封装,因为一个进程只需要知道它用来通信的通道的名字,而不是所有潜在通信对象的名字,这些对象会使用每个通道。它也允许在单个通道中进行多对多的通信,几个进程向同一通道发送消息,几个进程从同一道通道接收消息。在一些编程语言中,通道被作为端口。

对共享变量文本语言进行两个修改,以得到一个纯消息传递语言文本。第一个修改不允许在并行语句间使用共享变量来进行通信,并且删除建立在共享变量基础上的特殊同步语句,即信号量和区域语句。第二个修改介绍了建立在消息传递基础上的新的通信语句。注意,第一个修改只在为了更接近传统纯消息传递语言(如 CSP)时才有必要。但是原则上,可以考虑允许进程之间通过共享变量(及其关联的同步语句)和消息传递语句进行通信的程序。

1.10.1 通信语句

引入以下 3 种新的结构来提供通过消息传递进行通信的能力。

1. 通道声明

通道声明 mode $\alpha_1,\alpha_2,\cdots,\alpha_n$,: **channel of** type 在块的开头声明通道。该声明标识了 $\alpha_1,\alpha_2,\cdots,\alpha_n$ 作为发送和接收指定类型消息的通道。如果没有另外指定,通道将初始化为消息的空序列(列表)Λ。有时可能想用声明中指定的给定消息序列来预加载通道,如 α: **channel of integer where** $\alpha=[1,2]$。该声明标识 α 为一个整型的通道,初始化包含 1 作为第一个消息,2 作为第二个消息。

2. 发送语句

发送语句的形式是 $\alpha\Leftarrow e$,其中 α 是通道的名字,e 是通过通道 α 发送值的表达式。通道的类型必须与表达式的类型匹配。

3. 接收语句

接收语句的形式是 $\alpha \Rightarrow u$，其中 α 是通道的名字，u 是变量。通道的类型和变量的类型必须匹配。执行该语句需要读取并移出在 α 中当前的第一个消息（值），并把它保存在 u 中。

在各种语言中，发送和接收语句以不同的语法形式出现。一些语言把 $\alpha \Leftarrow e$ 和 $\alpha \Rightarrow u$ 表示为 **send** e **to** α 和 **receive** u **from** α。在 CSP 语言中，用 $\alpha ! e$ 和 $\alpha ? u$ 表示这些语句。

将由同步语句 request、release、region（区域）和通信语句 send、receive 组成的一组语句称为 coordination 语句。

1.10.2 缓冲能力

通道被赋予缓冲能力，这意味着它可以保存一些已经发送但还未请求的消息。除非明确说明，这些消息将按顺序发送。在这种情况下，缓冲能力可以被看作推迟消息的队列（序列），并且发送和接收语句被描述为从一个队列中添加和移出一个元素。

通道声明指定了它的缓冲容量。有三种可能的缓冲级别：无界缓冲、有界缓冲和无缓冲。与发送和接收语句相关的转换关系取决于缓冲的级别，下面对每个情况分别讨论。

1. 无界缓冲

具有无界缓冲容量的通道用 α：**channel** [1..] **of** type 表示。对于该声明，在状态变量集合Π中添加一个新的变量 α，该变量的域由声明类型的元素列表组成。因此，如果通道 α 表示为 α：**channel** [1..] **of integer**，那么新的状态变量 α 的范围在整型序列上。

序列 α 代表已经由一些发送语句写入通道 α 但没有被接收语句读取的消息。

(1) 将发送语句 ℓ：$\alpha \Leftarrow e$：$\hat{\ell}$ 和一个转换 τ_ℓ 关联，其转换关系是 ρ_ℓ：$([\ell] \in \pi) \wedge (\pi' = \pi \dot{-} [\ell] + [\hat{\ell}]) \wedge (\alpha' = \alpha \cdot e)$。断言 ρ_ℓ 的数据部分描述了 α 的新值，它是通过将 e 的值添加到 α 的旧值末尾得到的。

(2) 将接收语句 ℓ：$\alpha \Rightarrow u$：$\hat{\ell}$ 和一个转换 τ_ℓ 关联，其转换关系是 ρ_ℓ：$([\ell] \in \pi) \wedge (|\alpha| > 0) \wedge (\pi' = \pi \dot{-} [\ell] + [\hat{\ell}]) \wedge (u' = hd(\alpha)) \wedge (\alpha' = tl(\alpha))$。$\rho_\ell$ 的数据部分表明只有通道 α 当前是非空时，转换 τ_ℓ 才是使能的，并且当被执行时，它的作用是在 u 中存放 α 的第一个值（头部）并将该值从 α 中移出（保留尾部）。

在通道声明中没有初始化 **where** 子句的情况下，对初始化条件Θ添加句子 $\alpha = \Lambda$。如果通道声明包含一个形如 **where** α = list-expression 的初始化句子，对Θ添加句子 α = list-expression 代替。

这些定义意味着当控制位于发送语句 $\alpha \Leftarrow e$ 时，该语句总是使能的。只有当通道非空时，接收语句 $\alpha \Rightarrow u$ 才是使能的。

添加在状态变量中的变量 α 作为辅助变量，与控制变量 π 类似。这意味着用转换系统表示消息传递程序是必需的，但是它不能被程序中的语句显式地引用为变量。

2. 有界缓冲

具有有界缓冲容量的通道表示为 α：**channel**[1..N]**of** type，其中常量或输入变量 N 表

示通道 α 的最大容量。这意味着 α 的大小永远不能超过 N，并且所有试图向满通道发送一个额外元素的语句将被延迟，直到缓冲区包含的挂起消息序列的大小低于最大值。只有当其中一个进程从 α 中读取消息时，才会发生这种情况。

在无界缓冲的例子中，给状态变量集合添加了一个变量 α。α 的域是元素序列声明类型的域。这里考虑长度不超过 N 的序列就足够了。

与引用的接收语句关联的转换 α 与为无界通道指定的转换相同。

将一个转换 τ_ℓ 和与有界通道 α 相关的发送语句 $\ell: \alpha \Leftarrow e: \hat{\ell}$ 关联，其转换关系是 ρ_ℓ：$[([\ell] \in \pi) \wedge (|\alpha| < N) \wedge (\pi' = \pi \dot{-} [\ell] + [\hat{\ell}]) \wedge (\alpha' = \alpha \cdot e)]$。因此，对于有界通道来说，只有发送语句不会引起 α 的大小超过 N 时，发送语句才能被执行。

对初始化条件Θ的添加定义与上述无界缓冲对应的定义相同。

具有正缓冲容量通道的消息传递系统（即无界或界限为 N）称为**异步通信**(Asynchronously Communicating，AC)系统。这个名字强调了发送语句和接收语句都不需要通信进程间直接的同步。它可能只需要一个进程和它使用的通道之间的一些同步，例如，一个接收语句的执行被延迟到通道变为非空为止和一个发送语句的执行被延迟到通道变为非满为止(在有界的情况下)。

3. 无缓冲

具有无缓冲容量的通道可简单表示为 α：**channel of** type。这样的通道即使在短时间内也无法保存消息。沿着这样的通道进行的通信在消息的发送语句和接收之间不允许有延迟。因此，发送语句和接收语句只能被同时执行。这意味着任何到达发送语句或接收语句的进程都会延迟其执行，直到另一个进程准备好执行匹配的语句。如果对相同的通道 α 和 e、u 来说，两个并行语句形成了一个 $\alpha \Leftarrow e, \alpha \Rightarrow u$ 对，则认为它们是匹配的。当两个匹配语句共同准备好执行时，它们的执行是原子的、同时进行的，效果等同于赋值 $u := e$。

为了在已经使用的语义框架中表达无缓冲通道，将每对匹配的发送语句 $\ell_1: \alpha \Leftarrow e: \hat{\ell}_1$ 和接收语句 $\ell_2: \alpha \Rightarrow u: \hat{\ell}_2$ 和一个对应的联合转换 $\tau_{<\ell_1, \ell_2>}$ 关联，其转换关系是 $\rho_{<\ell_1, \ell_2>}$：$[(\{\ell_1, \ell_2\} \subseteq \pi) \wedge (\pi' = \pi - \{\ell_1, \ell_2\} \cup \{\hat{\ell}_1, \hat{\ell}_2\}) \wedge (u' = e)]$。因此，只有当 at_ℓ_1 和 at_ℓ_2 都同时满足时，转换 $\tau_{<\ell_1, \ell_2>}$ 才是使能的。这是通过包含 $\{\ell_1, \ell_2\} \subseteq \pi$ 来检测的。当该转换被执行时，它会引起在包含通信语句的两个进程中的联动，同时用 $[\hat{\ell}_1]$ 代替 $[\ell_1]$，用 $[\hat{\ell}_2]$ 代替 $[\ell_2]$。它也会执行自身的通信，将表达式 e 的值赋给 u。注意，转换 $\tau_{<\ell_1, \ell_2>}$ 与两个语句 ℓ_1 和 ℓ_2 关联。

设 $\ell: \alpha \Leftarrow e$ 是一个发送语句，用 $match(\ell)$ 表示和语句 ℓ 匹配的语句集合(用它们的标记表示)。$match(\ell)$ 由形如 $m: \alpha \Rightarrow u$ 的所有接收语句组成，对于一些 u 和 m，使 m 和 ℓ 并行。

定义与语句 ℓ 关联的转换集合 $trans(\ell)$ 表示所有 $m \in match(\ell)$ 的转换 $\tau_{<\ell, m>}$ 的集合，即 $trans(\ell) = \{\tau_{<\ell, m>} \mid m \in match(\ell)\}$。若 ℓ 是一个接收语句，类似的定义同样成立。

无缓冲的情况和 $N=0$ 缓冲的情况不同。$N=0$ 缓冲不允许执行任何发送语句，因为缓冲区总是满的。无缓冲的情况允许执行发送语句，只要它与匹配的接收语句同时执行。

注意，对于无缓冲的情况，状态变量 α 不需要在 π 中。

【例 1-10】

考虑如图 1.15 所示的程序。

```
local α: channel of boolean

        ⎡local x: boolean where x = T                      ⎤
        ⎢ℓ0: while x do                                    ⎥
P1 ::   ⎢     ⎡ℓ1: α⇐T                                    ⎤⎥
        ⎢     ⎣ℓ2: [ [ℓ3: x :=T] or [ℓ4: x :=F] ]         ⎦⎥
        ⎢ℓ5: α⇐F                                           ⎥
        ⎣: ℓ̂5                                              ⎦
   ||
        ⎡local y: boolean where y=T      ⎤
P2 ::   ⎢m0: while y do[m1: α⇒y]         ⎥
        ⎣: m̂0                            ⎦
```

图 1.15　无缓冲通道

该程序有以下计算(列出每个状态的 π、x、y 的值)。

$$<\{\ell_0,m_0\},T,T> \xrightarrow{\ell_0^T} <\{\ell_1,m_0\},T,T> \xrightarrow{m_0^T}$$

$$<\{\ell_1,m_1\},T,T> \xrightarrow{<\ell_1,m_1>} <\{\ell_2,m_0\},T,T> \xrightarrow{\ell_4}$$

$$<\{\ell_0,m_0\},F,T> \xrightarrow{m_0^T} <\{\ell_0,m_1\},F,T> \xrightarrow{\ell_0^F}$$

$$<\{\ell_5,m_1\},F,T> \xrightarrow{<\ell_5,m_1>} <\{\hat{\ell}_5,m_0\},F,F> \xrightarrow{m_0^F}$$

$$<\{\hat{\ell}_5,\hat{m}_0\},F,F> \rightarrow \cdots$$

注意,两个发送语句ℓ_1和ℓ_5匹配单个接收语句 m_1。

无缓冲的通信模式叫作同步通信,也被称为**握手**(handshaking)或**会合**(rendezvous)通信。通过这种方式进行通信的系统称为**同步通信**(Synchronously Communicating,SC)系统。

问题 1.6 将使用记录最后一次通信执行细节的附加控制变量来扩充状态变量。

1.10.3　例子

下面给出 3 个例子,分别采用 3 种不同消息传递模型实现生产者-消费者问题。由于生产者-消费者问题可以看成进程间一个有界缓冲通信的构造,因此先考虑有界缓冲的实现。

【例 1-11】　(含有有界缓冲的生产者-消费者问题)

考虑使用消息传递的生产者-消费者问题的实现。显然,生产者-消费者问题是进程间有界缓冲通信的范例。因此,当有界缓冲通信作为一个基本语句是可用的时,生成的程序将变得很容易解决。

图 1.16 给出了使用有界缓冲通道的程序 PROD-CONS。

```
local send: channel [1..N] of integer

        ⎡local x: integer        ⎤             ⎡local y: integer     ⎤
Prod :: ⎢loop forever do         ⎥  ||  Cons ::⎢loop forever do      ⎥
        ⎢     ⎡compute x        ⎤⎥             ⎢    ⎡send ⇒ y       ⎤⎥
        ⎣     ⎣send ⇐ x         ⎦⎦             ⎣    ⎣use y          ⎦⎦
```

图 1.16　程序 PROD-CONS(含有界缓冲)

【例 1-12】 （含无界缓冲的生产者-消费者问题）

考虑使用无界缓冲通道或有界缓冲通道实现生产者-消费者问题时，缓冲容量的实际界限大于问题指定的界限 N。要求通道应该保持不超过 N 个待定消息，而不考虑通道的实际缓冲容量。这个要求通过建立一个从消费者到生产者的接收通道 *ack* 完成，程序如图 1.17 所示。

```
local send, ack: channel [1..] of integer
          where send=Λ, ack= [1,1,···,1]
                              \___N___/

         [ local x, t: integer    ]            [ local y: integer     ]
         [ loop forever do        ]            [ loop forever do      ]
Prod ::  [      [ compute x  ]    ]  ||  Cons :: [      [ send ⇒ y ]    ]
         [      [ ack  ⇒ t   ]    ]            [      [ ack  ⇐ t ]    ]
         [      [ send ⇐ x   ]    ]            [      [ use y    ]    ]
```

图 1.17　含异步通信的程序 PROD-CONS（无界缓冲）

该程序中的生产者进程的执行与以前一样，除了它在通过通道 *send* 发送 x 之前要从通道 *ack* 中移出一个消息。可以将通道 *ack* 中的消息看作通过 *send* 发送一个消息的许可，它们的值不重要，这里使用值 1。因此，接收语句 $ack \Rightarrow t$ 的作用是从 *ack* 中移出一个许可，放到 t 中的实际值是不重要的。

通道 *ack* 的初始值是 N 个值为 1 的消息序列，表示 N 个许可。消费者环由从通道 *send* 中读取值，把该值放入 y，以及在 **use** y 语句中使用该值这 3 步组成。此外，它还通过为 *send* 的每条消息添加一个新的权限来补充 *ack* 中的权限存量。

通道 *send* 和通道 *ack* 之间关系的图形表示如图 1.18 所示。携带值 x 的消息被画成行驶在从生产者到消费者的发送轨道上的装载车。*ack* 消息被画成行驶在相反方向上的空车。把通道 *send* 和通道 *ack* 画成一个循环的两边，生产者在用通道 *send* 发送一辆装载车之前，需要从通道 *ack* 获取一辆空车。类似地，消费者一旦从通道 *send* 获取一辆装载车，它就通过通道 *ack* 发送一辆空车。

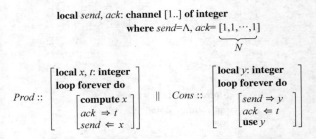

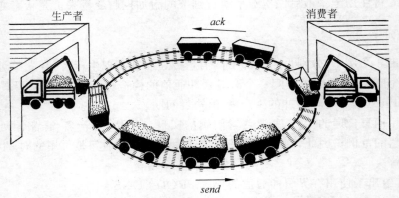

图 1.18　无界缓冲的程序 PROD-CONS 的图形表示

程序的正确性建立在用不变式 $|ack|+|send|\leqslant N$ 表示的两个通道之间紧密的相互关系的基础上，该不变式保证了所需的 $|send|\leqslant N$。注意，该解决方法和使用信号量方法（见图 1.12）之间的相似性。通道 *ack* 和信号量 *ne* 有相同的作用，即计算空位的数量。

【例 1-13】（没有缓冲的生产者-消费者问题）

由于同步通道没有内嵌的缓冲，因此用第三个进程实现该缓冲。如图 1.19 所示，进程 *Buff* 协调 *Prod* 的发送需求和 *Cons* 的接收需求。

```
local pb, bc: channel of integer

         [ local x: integer                                          ]
Prod ::  [ loop forever do                                           ]
         [     [compute x; pb⇐x]                                     ]

   ||

         [ local y: integer                                          ]
         [       b: list of integer where b=Λ                        ]
Buff ::  [ loop forever do                                           ]
         [     [ pb⇒y provided|b|<N; b:=b • y                     ]  ]
         [     [   or                                             ]  ]
         [     [ bc⇐hd(b) provided |b|>0; b:=tl(b)                ]  ]

   ||

         [ local z: integer                                          ]
Cons ::  [ loop forever do                                           ]
         [     [bc ⇒ z; use z]                                       ]
```

图 1.19　程序 PROD-CONS（含同步通信）

该程序中有两个通信通道，通道 *pb* 将 *Prob* 连接到 *Buff*，通道 *bc* 将 *Buff* 连接到 *Cons*，即

$$\boxed{Prod} \xrightarrow{pb} \boxed{Buff} \xrightarrow{bc} \boxed{Cons}$$

进程 *Buff* 有一个内部缓冲 b，在该进程中存放了从 *Prod* 接收但还没发送到 *Cons* 的值。*Prod* 和 *Cons* 的通信模式很简单，它们在计算和通信之间有规律地交错。

进程 *Buff* 的主体是无限重复的选择语句，提供了与环境进行的两种通信。这两种通信都以两个因素为条件：第一个因素是基于变量 b 的局部条件，用布尔表达式 $|b|<N$ 和 $|b|>0$ 表示；第二个因素总是出现在同步通信中，表示一个匹配通信搭档的可获得性。

在本例中，同时测试这两个因素至关重要。先通信再测试局部条件可能会导致发送空列表的头部。先测试局部条件，并保证基于此测试的通信会等待一个迟缓的搭档，而另一个更敏捷的搭档正在等待中。因此，在 *Buff* 中使用条件通信语句。条件通信语句作为选择语句的两个选项出现，其含义如下。

（1）只有这两个选项同时满足，该通信才被执行，即满足布尔条件且一个匹配通信搭档是可获得的。

（2）只要不进行通信，就没有做出选择，两个选项都是可选的，直到其中一个变为使能的。

问题 1.7 将通过为每个异步通道分配一个缓冲区变量来严格检查异步通信的表示。

在例 1-13 中，使用了通信语句的一种扩展形式实现生产者-消费者问题的同步通信，该扩展形式称为**条件通信**语句。

1.10.4　条件通信语句

在许多例子中，一个进程参加通信的就绪状态取决于一些内部条件。想将发送语句与

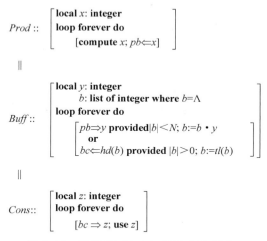

接收语句和一个布尔表达式的测试结合起来，有必要介绍两个条件通信语句。

条件发送语句的形式是 $\alpha \Leftarrow e$ **provided** c，其中 α 是通道（已声明），e 是和 α 类型兼容的表达式，c 是布尔表达式。条件发送语句潜在的含义是只有 c 计算为 T 时，它才可以执行隐含的通信。如果 c 为真，那么该语句的行为和无条件发送语句一样。

条件接收语句的形式是 $\alpha \Rightarrow u$ **provided** c，解释与条件发送语句类似。

条件发送语句和条件接收语句也可以用适当的分组语句解释，由< **when** c **do** $\alpha \Leftarrow e$ >和< **when** c **do** $\alpha \Rightarrow u$ >给出。这表示这些语句是原子的且只在 c 为 T 和相关通信是可能的状态中才允许它们的执行。

将无条件通信语句视为条件语句中 $c=\mathrm{T}$ 对应的特例。

下面将给出条件通信语句对应的转换，区分异步和同步的情况。

1. 异步通信

对于异步通道（正缓冲能力），定义如下转换：

(1) 将转换 τ_ℓ 和条件发送语句ℓ: $\alpha \Leftarrow e$ **provided** c : $\hat{\ell}$关联，转换关系是 ρ_ℓ：$([\ell]\in\pi)\wedge(|\alpha|<N_\alpha)\wedge c\wedge(\pi'=\pi\dot{-}[\ell]+[\hat{\ell}])\wedge(\alpha'=\alpha\bullet e)$。注意，它通过补充的子句 c 来区别于无条件情况的转换关系。参数 N_α 表示在有界情况中 α 的上限。在无界情况下，句子$|\alpha|<N_\alpha$ 可以省略。

(2) 将转换 τ_ℓ 和一个条件接收语句ℓ: $\alpha \Rightarrow u$ **provided** c : $\hat{\ell}$关联，转换关系是 ρ_ℓ：$([\ell]\in\pi)\wedge(|\alpha|>0)\wedge c\wedge(\pi'=\pi\dot{-}[\ell]+[\hat{\ell}])\wedge(u'=hd(\alpha))\wedge(\alpha'=tl(\alpha))$。

状态变量Π和初始条件Θ的添加都等同于异步通道的无条件情况。

2. 同步通信

对于同步通道（无缓冲能力），考虑两个匹配的通信语句ℓ_1 : $\alpha \Leftarrow e$ **provided** c_1 : $\hat{\ell}_1$ 和ℓ_2 : $\alpha \Rightarrow u$ **provided** c_2 : $\hat{\ell}_2$，并且定义和它们关联的组合转换 $\tau_{<\ell_1,\ell_2>}$，其转换关系是 $\rho_{<\ell_1,\ell_2>}$：$[(\{\ell_1,\ell_2\}\subseteq\pi)\wedge c_1\wedge c_2\wedge(\pi'=\pi-\{\ell_1,\ell_2\}\cup\{\hat{\ell}_1,\hat{\ell}_2\})\wedge(u'=e)]$。注意，其中一个通信语句是无条件的情况也可以通过让 c_1 或 c_2 为 T 来实现。

1.10.5 同步模型和异步模型的比较

有界缓冲在同步通信方面的实现标识了从使用缓冲的异步通信的任意程序到使用同步通信的程序的一般转换。该转换必须为每个通道 α 定义一个新进程 P_α（认为该进程是 α 的服务器），它在原始程序中执行异步通道 α 的任务。进程 P_α 有一个内部缓冲 b_α 并且已经准备好与原始程序中通道 α 的所有读取者和写入者通信。

这种转换表明，就通信能力而言，同步通信是比异步通信更原始的概念。它必须明确定义如内部缓冲区和服务器进程之类的结构，以便提供与已经内置在异步通信机制中的功能相同的功能。通过 CSP 语言引入同步通信的开创性论文推动了这种通信模式（无缓冲通信）的选择，因为它是可以想象到的最基本和最原始的通信模式，并且可以在此基础上实现如缓冲通信之类的更高级别的通信模式。

此外，当考虑不同模式的同步可能性时，同步通信展示了一些异步形式没有的优点。这是因为同步通信的执行会即刻给发送者提供应答，表明通信已经发生。在异步的情况下，这样的应答必须被精确编程。通过比较图 1.19 和图 1.17 可以看到这一点。后者包括使用通道 *ack* 管理确认的显式代码。

1.10.6　公平服务器

并发程序设计中的一个典型问题是公平服务器。该问题可以通过描述一个称为服务器 S 的单独进程来说明，该服务器被期望为 N 个消费者进程提供服务，分别称为 $P[1],\cdots,P[N]$。服务器一次只能服务一个消费者。

为简单起见，把服务器提供的服务描述为计算一个函数 $f(x)$，其中非零变元 x 是某个消费者进程提交的。显然，这可以代表对消费者进程提出请求、服务器计算响应的一般情况。

需要服务器最终响应消费者进程提出的任意请求。满足这个需求的程序称为公平服务器，即它最终对所有消费者是公平的。

1. 使用共享变量的公平服务器

程序 FAIR-SERVER 实现了一个使用共享变量的公平服务器，如图 1.20 所示。该程序使用数组 $X[1..N]$作为服务器的输入变量，用数组 $Y[1..N]$作为从服务器到消费者的输出。数组 X 初始化为 0，即 $X[1]=\cdots=X[N]=0$。

```
local X: array[1..N]of integer where X=0
      Y: array[1..N]of integer

S :: [ local i: integer where i=1
       ℓ0: loop forever do
           [ ℓ1: if X[i]≠0 then
                 [ ℓ2: Y[i]:=f(X[i])
                   ℓ3: X[i]:=0        ]
             ℓ4: i:=i⊕N 1               ] ]
||
 N
 ||  P[j]:: [ local u, v: integer
j=1           m0: loop forever do
                  [ m1: Other Activity
                    m2: compute u
                    m3: X[j]: =u
                    m4: await X[j]=0
                    m5: v: =Y[j]
                    m6: use v          ] ]
```

图 1.20　程序 FAIR-SERVER（使用共享变量的公平服务器）

消费者进程用 $P[j]$表示，$j=1,\cdots,N$。这些进程在做其他活动和需要 S 的服务之间进行选择。当进程 $P[j]$需要 S 的服务时，它在 $X[j]$中放置一个变量。假设变量总是非零的。$P[j]$在 $X[j]$中放置一个变量后，它等待 $X[j]$再次变为 0。等到时 $P[j]$假定期望的结果在 $Y[j]$是可获得的且继续使用它。

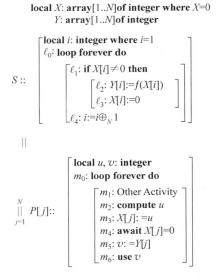

进程 S 不停地搜索数组 X 以寻找非零元素。当它在 $X[i]$中发现这样一个元素时，就对它应用 f 且把结果放在 $Y[i]$中。之后它将 $X[i]$设置为 0，标记结果已经就绪。在循环主体的最后，S 到达下一个位置。表达式 $i\oplus_N 1$ 表示在范围 $1..N$ 的循环顺序中 i 的下一

个值,它等于(i mod N)+1。

2. 使用消息传递的公平服务器

图 1.21 给出了公平服务器问题解决方法的一种消息传递形式。它对同步通道和异步通道都有效。消费者进程通过两个通道数组 $\alpha[1..N]$ 和 $\beta[1..N]$ 和服务器通信。变量通过通道 α 发送到服务器并通过通道 β 取出结果。

```
local α, β: array [1..N] of channel of integer

S ::  [ local x: integer
            i: integer where i=1
        ℓ0: loop forever do
            [ [ ℓ1: [α[i]⇒x; ℓ2: β[i]⇐f(x)] ]
              [     or                       ]
              [ ℓ3: skip                     ]
              ℓ4: i:=I⊕N 1 ]                  ]

  ||

 N
 ||  P[j]::  [ local u, v: integer
j=1            m0: loop forever do
                 [ m1: Other Activity ]
                 [ m2: compute u      ]
                 [ m3: α[j]: ⇐u       ]
                 [ m4: β[j]: ⇒v       ]
                 [ m5: use v          ] ]
```

图 1.21 程序 FAIR-SERVER(使用消息传递的公平服务器)

在循环 ℓ_0 主体中的选择语句展示了在服务进程 $P[i]$ 和跳到下一个进程之间的非确定性选择。显然,$P[i]$ 不会被服务,除非它有可以通过使能的接收语句 ℓ_1 而感知到的需求服务。

然而与共享变量程序不同的是,$P[i]$ 有需求服务是可能的,但服务器可以选择在这一轮忽略该请求。这可能发生在服务器 S 选择执行 ℓ_3 时,尽管 ℓ_1 是使能的。

问题 1.8 将使用问题 1.3 中引入的 otherwise 语句来纠正这种情况,构造一个使服务器不能忽略请求 $P[i]$ 的程序。

otherwise 语句并不是在所有消息传递语言中普遍存在的。一些同步消息传递语言(如 CSP 和 CCS)的设计者决定不提供通信非使能的测试方法。通过尝试执行通信并成功,可以验证是否使能。然而,在这些语言中,永远不能决定在特定通道上的通信非使能的情况下执行特定的操作,如 **skip**。这个功能是由 otherwise 语句提供的。

1.11 模型 4:Petri 网

Petri 网与之前的模型的主要区别在于,它不是一种编程语言。它的目的是建模和规约一系列广泛的反应式系统。

一种受限的 Petri 网称为**标记网**,标记网由网和标记组成。

1.11.1 网

网是一个二部有向图。这意味着在该图形中要区分两种类型的节点:位置和网-转换。

图形双向的需求意味着边必须总是连接两个不同类型的节点，即位置到网-转换或网-转换到位置。

形式上，可以用一个三元组$<P,T,F>$表示一个网N，其中P是位置集，T是网-转换集，$F\subseteq(P\times T)\cup(T\times P)$是连接(边)集，总是连接不同类型的节点。

对于一个网-转换$t\in T$，定义t的前驱集，表示为$^\bullet t$，即连接t的位置集：$^\bullet t=\{p\in P\mid(p,t)\in F\}$。$t$的后继集(表示为$t^\bullet$)是被$t$连接的位置集$t^\bullet=\{p\in P\mid(t,p)\in F\}$。

类似地，对一个位置$p\in P$进行定义：$^\bullet p=\{t\in T\mid(t,p)\in F\}$和$p^\bullet=\{t\in T\mid(p,t)\in F\}$。

1.11.2 标记

设N是位置$P=\{p_1,\cdots,p_m\}$的一个网。N上的标记是自然数的向量$\bar{y}=y[1],\cdots,y[m]$，元素$y[i]$对应每个位置$p_i,i=1,\cdots,m$。标记可以根据向量加减的一般规则进行计算。

标记也可以用于比较，对于任意$i=1,\cdots,m$，$\bar{y}\geqslant\bar{y}'$当且仅当$y[i]\geqslant y'[i]$。

对于一个位置$A\subseteq P$的集合，C_A表示A的特有标记，即$C_A[i]=if\ p_i\in A\ then\ 1\ else\ 0$。

1.11.3 图形化表示

将网图形化表示为两种类型节点的有向图。将位置画成圆形，将网-转换画成长方形，将代表连接F的边画成连接位置到网-转换和连接网-转换到位置，将网上的标记$\bar{y}$画成位置的令牌。对于P中的每个位置p_i，在代表p_i的圆形的内部画$y[i]$个标记。

【例 1-14】（一个标记网）

图1.22给出了一个标记网的例子。

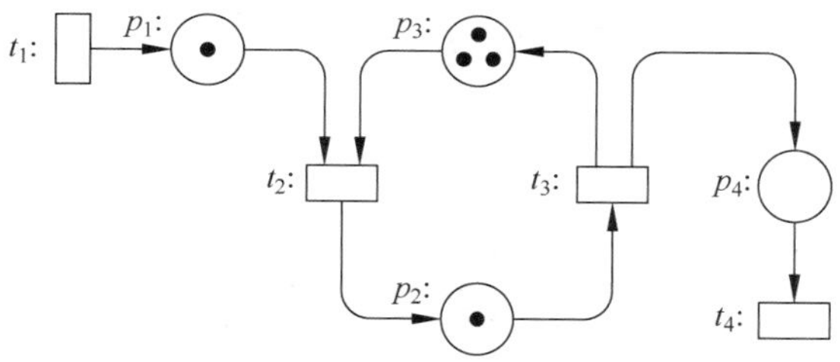

图 1.22 一个标记网

在该网中，有

$P=\{p_1,p_2,p_3,p_4\}$

$T=\{t_1,t_2,t_3,t_4\}$

$F=\{(t_1,p_1),(p_1,t_2),(p_3,t_2),(t_2,p_2),(p_2,t_3),(t_3,p_3),(t_3,p_4),(p_4,t_4)\}$

转换的前集和后集为

$$^\bullet t_1=\varnothing \qquad t_1{}^\bullet=\{p_1\}$$

$$^\bullet t_2=\{p_1,p_3\} \qquad t_2{}^\bullet=\{p_2\}$$

$$^\bullet t_3=\{p_2\} \qquad t_3{}^\bullet=\{p_3,p_4\}$$

$$^\bullet t_4=\{p_4\} \qquad t_4{}^\bullet=\varnothing$$

图中所示的标记$\bar{y}$为：$y[1]=1,y[2]=1,y[3]=3,y[4]=0$。

1.11.4 点火

在标记网中的基本操作是 T 中网-转换 t 的点火。如果 $\bar{y} \geqslant C_{\cdot t}$，即对于每个 $p_i \in {}^{\cdot}t$，$y[i] \geqslant 1$，那么网-转换 t 在标记 $\bar{y}$ 上被定义为可点火的。

转换 t 的点火将标记 $\bar{y}$ 转换为标记 $\bar{y}'$，定义为 $\bar{y}' = \bar{y} - C_{\cdot t} + C_{t\cdot}$。它可以描述为从每个 $p \in {}^{\cdot}t$ 中移出一个令牌并且添加一个令牌到 $p \in t^{\cdot}$ 中。可点火的条件确保移出进程可以被完成。

【例 1-15】 （点火后的标记）

图 1.23～图 1.26 展示在图 1.22 中持续点火 t_1、t_2、t_3 和 t_4 后标记的变化过程。注意，由于 ${}^{\cdot}t_1 = \varnothing$，因此 t_1 总是可点火的。当它点火之后，它会添加一个令牌到 p_1。为了点火 t_2，它需要至少在 p_1 和 p_3 都有一个令牌。点火 t_2 会同时移出两个令牌且在 p_2 放置一个新令牌。由于 $t_4^{\cdot} = \varnothing$，点火 t_4 会从 t_4 移出一个令牌但不在任何地方添加新令牌。把 t_1 看成新标记的起源（创造者），t_4 作为一个接收点（消除器）。

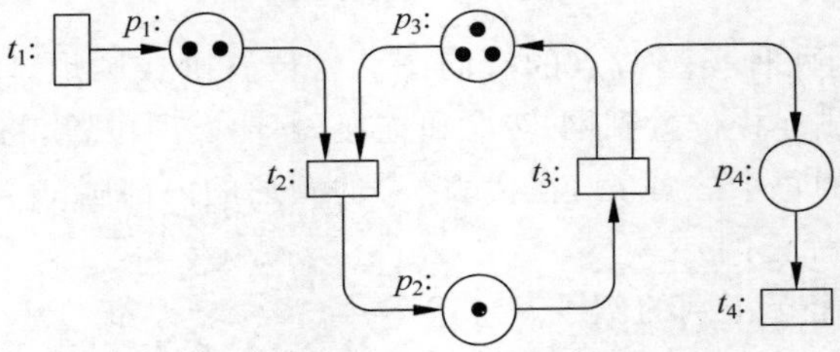

图 1.23　点火 t_1 后标记

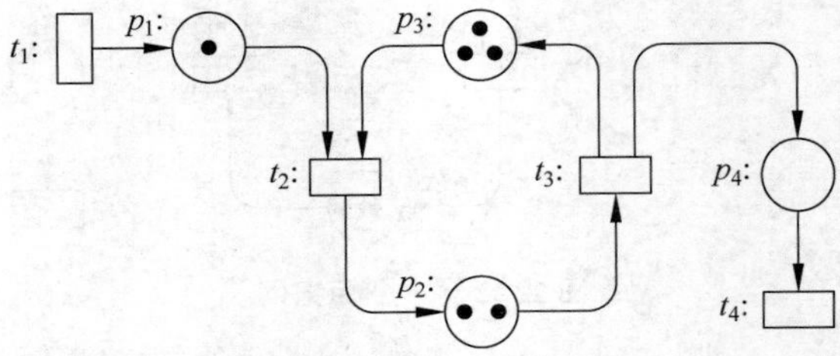

图 1.24　点火 t_1、t_2 后标记

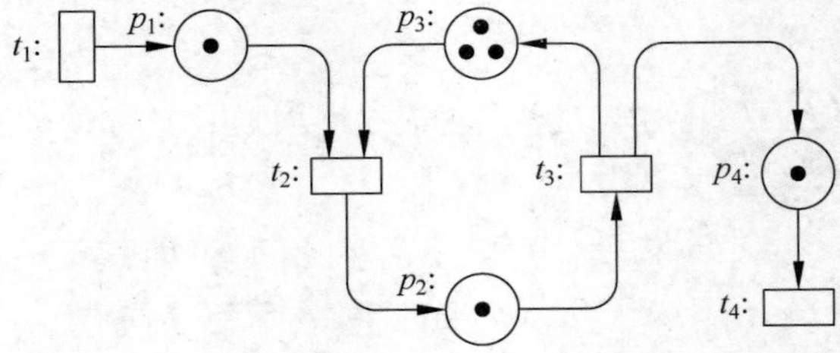

图 1.25　点火 t_1、t_2、t_3 后标记

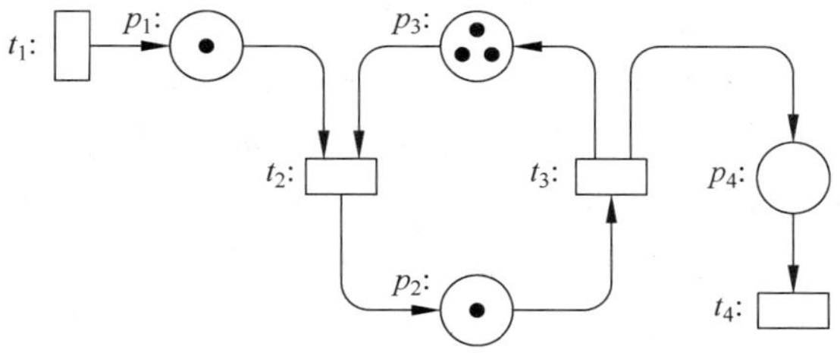

图 1.26　点火 t_1、t_2、t_3、t_4 后标记

1.11.5　Petri 系统

Petri 系统 $<P,T,F,\bar{y}_0>$ 由网 $N=<P,T,F>$ 和初始标记 $\bar{y}_0$ 组成。Petri 系统与基本转换系统的通用模型对应，具体如下。

(1) 状态变量：$y[1],\cdots,y[m]$，范围在自然数上。

(2) 状态：$\bar{y}$ 所有可能的自然数赋值。

(3) 转换：空转换 τ_I 通过关系 ρ_I：T 给出。T 中的每个网-转换 t 认为是转换系统的一个勤勉转换。T 中网-转换 t 的转换关系定义为 ρ_t：$(\bar{y} \geqslant C_{\cdot t}) \wedge (\bar{y}' = \bar{y} - C_{\cdot t} + C_{t \cdot})$。注意，转换使能的概念与可点火的概念一致。

(4) 初始条件：初始条件用断言 Θ：$\bar{y} = \bar{y}_0$ 定义。

由上述引出了一个明显定义，即 Petri 系统是通过一系列点火产生的计算。

1.11.6　例子

考虑 Petri 系统在反应式系统建模方面的应用。

【例 1-16】（生产者-消费者问题）

如图 1.27 所示的 Petri 系统提供了一个生产者-消费者系统的模型。在针对生产者-消费者问题已经提出的方法中，该方法是最接近图 1.17 的程序 PROD-CONS 的解决方法。

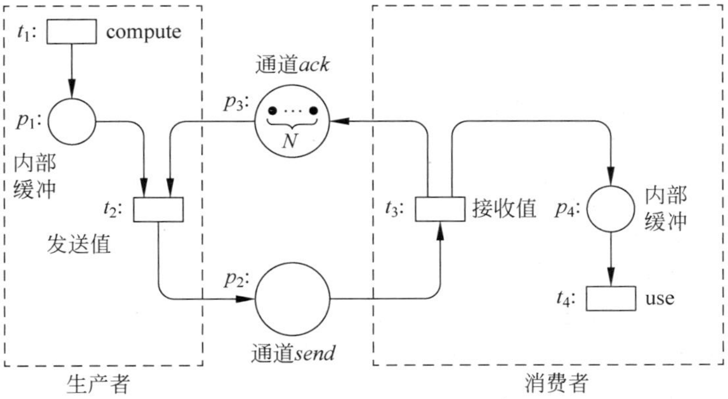

图 1.27　生产者-消费者 Petri 系统

可以把生产者当成由 t_1、p_1 和 t_2 组成的子网并且把消费者当成由 t_3、p_4 和 t_4 组成的子网。

转换 t_1 代表产生一个值的 compute 语句，这表示在 p_1 中放入一个新令牌。位置 p_1

代表一个无界内部缓冲,值存储在其中直到被发送给消费者。转换 t_2 代表从通道 *ack* 中读取一个元素并且把从 p_1 中获取的一个元素发送到通道 *send* 的组合进程。位置 p_2 代表包含已经被生产者发送还没被消费者获取元素的通道 *send*。转换 t_3 代表组合动作:从通道 *send* 读取一个值存储在无界内部缓冲 p_4 并传送一个确定令牌给通道 *ack*。位置 p_3 代表通道 *ack* 计算在通道 *send* 中空位点的数量。转换 t_4 代表 use 语句从缓冲 p_4 中消费一个元素。

该系统的初始标记由 p_3 处的 N 个令牌组成。这对应着含有 N 个代表许可的消息的通道 *ack* 的初始载入。

该模型与图 1.17 中的程序 PROD-CONS 有两个区别。第一个区别是它提供内部缓冲(用 p_1 和 p_4 表示),这样允许计算值被发送前在 p_1 中积累,并且读取值被消费前在 p_4 中积累。第二个区别是通过单个转换执行从通道 *ack* 中读取且写入通道 *send*。类似地,t_3 从通道 *send* 中读取,并在同一步中写入通道 *ack*。

问题 1.9 将构造一个更详细的 Petri 系统,为程序 PROD-CONS 提供更准确的表示。该表示不允许值的内部积累,并且应该通过不同的转换执行对通道的读取和写入。

【例 1-17】 (互斥)

考虑一个互斥问题的网解决方法,如图 1.28 所示。

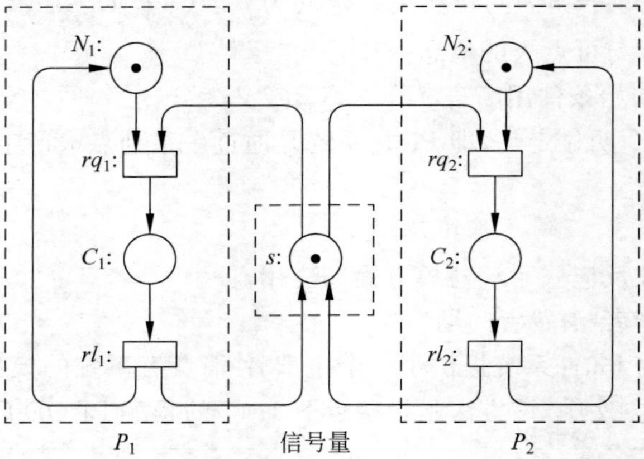

图 1.28 互斥 Petri 系统

进程 P_1 在 N_1 表示的非临界区和 C_1 表示的临界区之间选择。类似地,P_2 在非临界区 N_2 和临界区 C_2 之间选择。位置 s 表示信号量,当且仅当信号量等于 1 时,它包含一个令牌。初始时进程 P_1 在 N_1,进程 P_2 在 N_2,且 $s=1$,这通过在 N_1、N_2 和 s 有令牌表示。有两个转换是使能的,叫作 rq_1 和 rq_2,它们代表 request 语句。当其中一个转换被执行时,合适的进程将移到它的 C 位置,s 变为 0。离开临界区与转换 rl_1 和转换 rl_2 有关,代表 release 语句,这导致合适的进程回到它的非临界区且 s 增加到 1。

该系统的初始标记由在 N_1、N_2 和 s 的令牌组成,其中 N_1 和 N_2 表示两个进程非临界区的初始位置,信号量 s 的初始值是 1。

该示例可以用来说明一个与网相关的强大证明技术。位置和转换的集合 $C=\{s,rq_1,C_1,rl_1,rq_2,C_2,rl_2\}$ 满足下面两个要求。

(1) 对于 C 中的每个转换 t 来说,$|{}^{\bullet}t \cap C|=|t^{\bullet} \cap C|$。也就是说,$C$ 中它的后继位置的数量等于 C 中它的前驱位置的数量。

（2）对于 C 中每个 p 来说，$({}^{\bullet}p \cup p^{\bullet}) \subseteq C$，即所有从 p 放置和移出令牌的转换都在 C 中。

满足这些要求的子网有这样的属性，即 C 中的令牌的数量保持不变。这是因为由（b）得到没有 C 以外的转换在 C 中存放令牌或从 C 中移出令牌，并且由（a）得到 C 中的每个转换在 C 中移出和放置相同数量的令牌。

由于前面指定的子网 C 满足这两个要求，因此在计算的任何阶段，C 中的令牌的数量都等于在初始标记处 C 中的令牌的数量，也就是 1。这说明互斥会被保证，因为违反互斥意味着令牌同时在 C_1 和 C_2，即在 C 中有两个令牌。

问题

问题 1.1　不可复制的 while 语句（24 页）。

程序 SB 如图 1.29 所示。

out x: **integer where** $x=0$

$$\ell_0: \left[\begin{array}{l} [\ell_1: \textbf{while } x \geqslant 0 \textbf{ do}[\ell_2: x:=x+1: \hat{\ell}_2]] \\ \quad \textbf{or} \\ [\ell_3: \textbf{await } x > 0] \end{array}\right] : \hat{\ell}_0$$

图 1.29　程序 SB（奇怪的行为）

（1）证明该程序有一个终止计算。

该终止计算似乎是违反直觉的。可以把这个问题追溯到标记等价性 $\hat{\ell}_2 \sim_L \ell_1$。解决该问题的一种方式是不允许 while 语句作为选择语句的子句。另一种方法是考虑 while 语句的不同形式 ℓ_1：[WHILE c DO [ℓ_2：S：$\hat{\ell}_2$]]：$\hat{\ell}_1$，$\hat{\ell}_2 \not\sim_L \ell_1$。

（2）定义（1）中 WHILE 语句的转换和转换关系。证明将程序 SB 中的 while 语句替换为 WHILE 语句的版本没有终止运算。

问题 1.2　文本到图形的转换（24、25 页）。

（1）证明一个串行文本程序，即没有 cooperation 语句的程序可以被转换成一个等价的图形程序。

（2）证明一个形式为[declaration；[$S_1 \parallel \cdots \parallel S_m$]]的文本程序，其中每个 S_i 都是一个串行程序，可以被转换成等价的图形程序。

*（3）证明一个不包含可变的大小结构 $\overset{n}{\underset{i=1}{\textbf{OR}}}[S_i]$ 或者 $\overset{n}{\underset{i=1}{\parallel}}[S_i]$ 可以被转换成等价的图形程序。在该转换中可能不得不增加一些辅助变量和指令在进程间建立额外的通信。一个形如 S_1；[$S_2 \parallel S_3$]；S_4 的语句的执行可能需要几个图形进程，这些进程可以互相发信号来通知语句 $S_2 \parallel S_3$ 的开始和终止。

（4）将图解文本程序[S_1；[$S_2 \parallel S_3$]；S_4；[$S_5 \parallel S_6 \parallel S_7$]；$S_8$]转换成一个图形程序。假定每个 S_i 是一个顺序语句，$i=1,\cdots,8$，该语句已经被转化为一个含有单独进入位置 ℓ_i 和单独退出位置 m_i 的图形 D_i。

问题 1.3　otherwise 语句（31 页）。

定义一个叫作 otherwise 语句的新语句。如果 S_1 和 S_2 是语句，那么 S_1 **otherwise** S_2 是一个 otherwise 语句，称 S_1 和 S_2 是 otherwise 语句的子句。

该语句的潜在含义是：如果 S_1 当前是使能的，那么 S_2 被忽略，执行 S_1 的第一步。如果不止需要执行一步，那么将继续执行 S_1 剩余的部分。如果 S_1 当前是非使能的，那么 S_1 被忽略，后续将开始 S_2 的执行。

因此，如果假设 S_1 的执行可以立即开始，就给 S_1 比 S_2 更高的优先级。注意，当决定忽略

S_1 时,不需要检查 S_2 是否是使能的。

设语句 S 是ℓ: $[[\ell_1: S_1]$**otherwise**$[\ell_2: S_2]]$。和该语句相关的标签等价性是$\ell \sim_L \ell_1$和 $post(S_1) \sim_L post(S_2) \sim_L post(S)$。和 S 相关的转换是 $trans(S)=trans(S_1) \cup \{\tau_\ell\}$。这些转换组成了所有和 S_1 相关的转换及属于 S 的特有转换 τ_ℓ,其转换关系是 ρ_ℓ: $([\ell] \in \pi) \wedge (\neg enabled(S_1)) \wedge (\pi' = \pi \dot{-} [\ell] + [\ell_2])$。因此,属于 S 的单个转换 τ_ℓ 可以忽略 S_1 且会执行 S_2,这只发生在 $trans(S_1)$中没有转换是使能的状态上。注意,τ_ℓ 不会开始 S_2 的执行,只是决定放弃 S_1。如果控制在 S,那么它可以继续执行 S_1 的一个转换。如果 S_1 没有转换是使能的,那么执行 τ_ℓ。

使用这些定义说明下面哪些语句是一致的。如果两个语句是不一致的,那么通过描述引起两个语句表现不一致的环境进行判定。

(1) [**when** c_1 **do** S_1] **or** [**when** c_2 **do** S_2]。

(2) [**when** c_1 **do** S_1] **otherwise** [**when** c_2 **do** S_2]。

(3) **if** c_1 **then** S_1 **else**[**when** c_2 **do** S_2]。

(4) [[**when** c_1 **do** S_1] **otherwise** [**when** c_2 **do** S_2]] **or** [**when** c_2 **do** S_2]。

(5) [[**when** c_1 **do** S_1] **otherwise** [**when** c_2 **do** S_2]] **otherwise** [**when** c_2 **do** S_2]。

问题 1.4 互斥(37 页)。

图 1.30 的程序 TRY-MUX 是一种推荐的解决互斥问题的解决方法。

```
local y1, y2: integer where y1=0, y2=0

P1:: [ ℓ0: loop forever do                 || P2:: [ m0: loop forever do
        [ ℓ1: noncritical                             [ m1: noncritical
          ℓ2: await y2=0                                m2: await y1=0
          ℓ3: y1:=1                                     m3: y2:=1
          ℓ4: critical                                  m4: critical
          ℓ5: y1:=0 ] ]                                 m5: y2:=0 ] ]
```

图 1.30 程序 TRY-MUX(互斥的推荐方法)

(1) 这是一种可接受的方法吗?请进行证明。

(2) 互换程序中的语句ℓ_2和ℓ_3,以及语句 m_2 和 m_3,回答(1)。

(3) 对于图 1.31 的程序 TURN,回答(1)。

```
local t: integer where t=1

P1:: [ ℓ0: loop forever do                 || P2:: [ m0: loop forever do
        [ ℓ1: noncritical                             [ m1: noncritical
          ℓ2: await t=1                                 m2: await t=2
          ℓ3: critical                                  m3: critical
          ℓ4: t1:=2 ] ]                                 m4: t:=1 ] ]
```

图 1.31 程序 TURN(轮流)

问题 1.5 区域语句的实现(41 页)。

通过共享变量语言的其他语句(包括信号量)展示如何实现区域语句。给每个资源引入一个整型变量 r,若有一个区域语句保护的语句正在执行,那么该变量的值是 0,否则是 1。

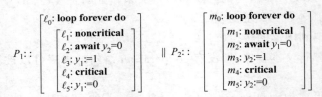

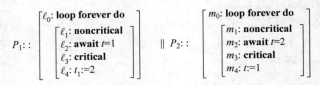

说明如何将语句 **region** r **when** c **do** S 转换成一个使用信号量或分组语句,但没有区域语句的语句。该转换程序应该保留区域语句的潜在含义,即没有由相同资源保护的两个语

句可以同时执行；当程序进入 S 时，c 必须为 true。

问题 1.6　记录上次通信的变量(45 页)。

对于消息传递程序来说，有状态变量的好处是确定上一个执行的转换是否是一个通信转换，并且确定通道和通信的值。假定增加状态变量：*ind*：范围在 *send*、*receive* 或 *none*，该变量确定上一个执行的转换是否是发送变量、接收变量或任何其他转换；*chan*：记录上个通信发生的通道的名字；*val*：记录上个通信值。

解释初始条件Θ和转换关系的定义所需的扩展。注意，和非通信语句相关的转换关系也应该被更改。

问题 1.7　异步通信中的延迟建模(47 页)。

考虑通过异步消息传递通信的两个进程。异步通信的标准语义赋给语句 ℓ：$\alpha \Leftarrow e$：$\hat{\ell}$ 的转换关系是 ρ_ℓ：$([\ell]\in\pi)\wedge(\pi'=\pi\dot{-}[\ell]+[\hat{\ell}])\wedge(\alpha'=\alpha\bullet e)$，赋给语句 m：$\alpha\Rightarrow y$：$\hat{m}$ 的转换关系是 ρ_m：$([m]\in\pi)\wedge(|\alpha|>0)\wedge(\pi'=\pi\dot{-}[m]+[\hat{m}])\wedge(y'=hd(\alpha))\wedge(\alpha'=tl(\alpha))$。该语义导致等待消息的接收语句在一个发送转换执行后立即变为使能的。例如，假设一个进程包含程序段…$\alpha\Leftarrow 1$；$\beta\Leftarrow 2$…且一个并行进程包含语句…m：$[[m_1$：$\alpha\Rightarrow x]$ **or** $[m_2$：$\beta\Rightarrow y]]$…，这些是唯一处理 α 或 β 的语句，那么转换 m_1 在 m_2 之前总是变为使能的。

在实际系统中可能有和通道 α 和通道 β 相关的不同延迟。因此，尽管 α 上的消息在 β 上的消息之前被发送，但 β-消息可以比 α-消息更早到达。

通过将标准语义中使用的单个缓冲 α 改为两个缓冲 α_S 和 α_R，可以得到一个更实际的延迟传递建模。与语句 ℓ：$\alpha\Leftarrow e$：$\hat{\ell}$ 和语句 m：$\alpha\Rightarrow y$：$\hat{m}$ 相关的转换分别为

ρ_ℓ^d：$([\ell]\in\pi)\wedge(\pi'=\pi\dot{-}[\ell]+[\hat{\ell}])\wedge(\alpha'_S=\alpha_S\bullet e)$

ρ_m^d：$([m]\in\pi)\wedge(|\alpha_R|>0)\wedge(\pi'=\pi\dot{-}[m]+[\hat{m}])\wedge(y'=hd(\alpha_R))\wedge(\alpha'_R=tl(\alpha_R))$

此外，有一个自发转换(即和任何语句都不相关)定义为 ρ_α^d：$(|\alpha_S|>0)\wedge(\alpha'_R=\alpha_R\bullet hd(\alpha_S))\wedge(\alpha'_S=tl(\alpha_S))$。该转换将 α_S 的第一个元素移出并将该元素加到 α_R 的末尾。

将这种转换称为延迟形式，并把使用这些转换的计算称为延迟计算。

(1) 考虑图 1.32 中的程序 OBS-ORD，它使用了问题 1.3 介绍的 otherwise 语句。

```
out   z : integer where z=0
local α, β: channel [1..] of integer

P :: [ ℓ0: α ⇐ 1 ]  ||  Q :: [ m0: β ⇒ z                ]
     [ ℓ1: β ⇐ 2 ]           [      [ m2: α ⇒ z   ]      ]
                             [ m1:  [   otherwise ]      ]
                             [      [ m3: skip    ]      ]
```

图 1.32　程序 OBS-ORD(观察到达顺序)

证明该程序有一个通向最后状态但不能通过标准计算得到的延迟计算。这意味着延迟计算模型行为不能通过标准语义得到。

*(2) 考虑一个不包含 otherwise 语句的程序 P。假设辅助变量 α、α_R、α_S 不可观测。证明可简化标准计算集合等于可简化延迟计算集合。这意味着没有 otherwise 语句时，一个程序无法区分标准语义和延迟语义。

问题 1.8 一个真正公平服务器(50 页)。

建议使用图 1.21 中的程序作为消息传递来模拟图 1.20 中使用共享变量的程序 FAIR-SERVER。从文本上解释,这两个程序不完全类似。共享变量程序保证一旦程序 $P[j]$请求一个服务,那么它将在下一次 $i=j$ 时被服务,即下一次 S 检查 $P[j]$的状态时。这在图 1.21 中的程序不为真,服务器 S 可以通过选择执行ℓ_3而不是ℓ_1来决定忽略请求 $P[j]$无限多次。

使用 otherwise 语句构造一个类似共享变量程序的消息传递程序,可以保证每个需求进程在下一次被 S 检查时得到服务,并解释为什么这样构造程序。

问题 1.9 使用 Petri 网的程序 PROD-CONS(54 页)。

图 1.27 中呈现的网和图 1.17 中的程序 PROD-CONS 主要有两个不同点。第一个不同点是它允许缓冲中内部值在运出或消费之前的积累,分别用位置 p_1 和位置 p_4 表示。第二个不同点是转换 t_2 和转换 t_3 都是在单个动作内从通道中读取和写入。构造一个更详细的网来更准确地表示图 1.17 中的程序 PROD-CONS。它应该允许最多一个已计算且未被发送的值,并且最多一个已读取或还没消费掉的值。它还应该通过两个不同的转换在两个通道中执行读取和写入。解释出现在网中的位置,其中一些位置可能被解释为保存值的缓冲,其他的位置可能被解释为程序中的位置,其中的令牌被解释为到达这些位置的控制。

文献注释

转换系统作为并发程序的通用模型由 Keller[1976]提出。Lamport[1983d]主张用转换图表示并发程序。Dijkstra[1965]首次使用了通过交错对并发进行建模的基本概念。Dijkstra[1971]还发明了术语“交错”。这些参考文献和 Dijkstra[1968a] 为本书所用的模型奠定了基础,强调了并发性和不确定性之间的相互作用。

在进程间通信的各种机制中,共享变量是 Dijkstra[1965]用于表述互斥问题的机制。Dijkstra[1968a]考虑了消息传递的几种变体,包括有界缓冲和无界缓冲,作者在同一篇论文中还引入了信号量同步。Kahn[1974]使用异步消息传递作为其并行数据流模型的基础。

Hoare[1978]首先提出了同步消息传递方式,即区分发送方和接收方。在这篇介绍 CSP 语言的文章中,Hoare 将这种通信机制定义为比缓冲消息传递更原始的机制,并且是最接近硬件层的机制,从而证明了选择这种通信机制的合理性。这种机制是在编程语言 OCCAM 中使用的。Milner[1980]在 CCS 语言中采用了更为抽象的机制,该机制主要关注由同步消息传递引起的同步。Milner[1989]进一步发展和完善了这些观点。

当关注作为同步(握手)机制的同步消息传递时,可能会忽略发送方和接收方之间的区别,并要求引用给定通道的所有进程(一般为两个以上)在引用该通道的抽象操作上同步。这是 Hoare[1984]采用的通信模式,其重点是对并发系统的说明和描述,而不是编程。实际上,多个并发进程在联合动作上同步的概念可以追溯到 Campbell 和 Habermann[1974],以及 Lauer、Shields 和 Best[1979]的进一步发展。

也可以追溯编程语言中其他语句的起源。信号量最初是由 Dijkstra[1968a]引入的,用于解决互斥等同步问题,该文还介绍了如何用二进制信号量模拟一般整数信号量。Dijkstra[1971]考虑了平行信号量。

Lamport[1976]介绍了region(区域)语句和await语句。cooperation语句允许一个顺序的进程在执行过程中生成多个并行的进程,它是模仿Dijkstra[1968a]的parbegin语句建模的。卫式命令的概念是图语言的基础,也是when语句的灵感来源,由Dijkstra[1975]首次提出,进一步的阐述见Dijkstra[1976]。

Dijkstra[1976](另见Gries[1981])的卫式命令语言的一个重要元素是不确定选择if语句。在本书中,该语句表示为selection语句,而when语句作为子语句。在共享变量模型中,这种构造很方便,但不是绝对必要的。它也可以通过while语句进行编程,该语句一次检查一个guard,并执行与第一个发现为真的guard相关联的语句。在消息传递模型中情况不同。在该模型中,如果没有保护性选择,就无法对在几个通道中等待输入的构造进行编程。这是由Hoare[1978]首先指出的,现在被认为是消息传递语言最重要的元素之一。

Petri网是Petri[1962]首次提出的一种广泛研究和应用于描述和分析并发系统的形式化工具。Reisig[1985]介绍了现代网论。更多介绍参见Peterson[1981]。

本章研究的并发程序语义方法是最简单的方法之一。通过该方法,程序可以被它的简化行为集唯一地标识。Lamport[1983d]找出了两种仅因哑步(stuttering)而不同的计算方法。由程序等价引出的语句同余的概念受Hennessy和Milner[1985]及Milner[1980]提出的程序语义的一般代数方法的启发。

还有许多通信和同步机制已经在文献中提出,这里不予考虑。原则上,所有这些机制都可以在转换系统模型中表示。Andrews和Schneider[1983]及Ben-Ari[1990]对同步机制及其表达能力进行了研究和比较。

这些机制包括Dijkstra[1971]提出的**秘书**(secretary)进程、Hoare[1974]提出的**管程**(monitor)、ADA实现的**远程调用**(remote call)、Shapiro[1989]开发的**并发逻辑编程**、Lynch和Tuttle[1987]提出的I/O自动机中使用的**广播**通信机制。Harel[1987]在状态图(statechart)中也使用了广播通信机制。

将本书中提出的并发程序表示方法与Chandy和Misra[1988]采用的Unity方法进行比较是很有趣的。虽然本书采用转换系统作为通用模型,但更倾向于使用更高层次的结构化编程语言来呈现程序。Unity语言可以在转换系统级别直接描述为编程,因为它更接近于本书的图语言,只有一种类型的可执行语句,即卫式赋值。

对于本章给出的主要例子,互斥问题首先由Dijkstra[1965]提出。Dtikstra还提出了一个被证明是安全的(即保持互斥)和无死锁的解决方案。Knuth[1966]观察到,这种解决方案并不能避免**个体饥饿**,并且提供了一种解决方案,即不存在个体饥饿问题,但允许一个进程无限次地超过它的竞争对手。de Bruijn[1967]提出了一种改进的解决方案。

Dijkstra[1968a]首次描述了克服这些问题的两个进程的解决方案,并将其归功于Dekker。Lamport[1974]首次提出了n个进程的正确的解决方案,称为bakery算法。它是安全的、无死锁的、无饥饿的、有界超越的,但它不是有限状态,因为它使用了无界计数器。Lamport[1976]提出了一种改进的形式,其中对语句的原子性问题进行了更仔细的研究。结果表明,当$n=2$时,算法可以达到有限状态。

Peterson[1983b]首次给出了n个进程的有限状态解,它确保了所有其他要求(即安全的、无死锁的、无饥饿的、有界超越的)。

生产者-消费者问题由Dijkstra[1968a]提出,并使用信号量解决。

第2章 真并发模型

采用交错表示并发性是本书使用的通用模型的一个基本要素。这意味着,根据形式化模型,两个并行进程永远不会在同一时刻执行它们的语句,而是轮流执行其原子转换。形式上,当其中一个进程执行原子转换时,另一个进程处于非活动状态。这种计算模型对于并发程序的形式化、分析和处理非常方便。

然而,实际的并发系统通常由几个独立的处理器组成,每个处理器都执行自己的程序(即进程)。在这样的系统中,不同处理器中的语句执行通常是重叠的,而不是交错的,将这种行为称为**重叠执行**(overlapped execution)。

如何协调模型中定义的交错计算的形式概念和实际系统上实现的重叠执行的概念是一个关键问题。要实现这种协调,必须解决以下两个问题。

1. 干扰

交错执行提供了比重叠执行更高程度的防干扰保护。这是因为交错执行要求当执行一个转换时,所有其他转换处于非活动状态,因此在该转换执行期间没有干扰是可能发生的。

例如语句 **when** $y=y$ **do** S。在交错计算中,条件 $y=y$ 在一个原子步骤内被测试,因此它的值总为 T。而该语句的重叠执行(在没有优化的自然执行下)将引用 y 两次。如果在两次引用之间,由并发进程执行的重叠语句改变了 y,则测试进程可能发现条件为假。

对干扰问题有两个可能的解决方法:接纳交错计算中的更多干扰;在重叠计算中要求更多的保护。2.1 节将进行讨论。

2. 独立推进

独立推进的问题在于,在重叠执行中每个进程的计算都在不断推进,因为每个处理器都独立地负责自己的进程。在交错计算中,唯一的要求是连续选择和执行使能的转换,没有办法禁止只选择从一个进程进行转换的计算。这样的计算确保了首选进程的推进,但是其他进程都停滞不前。

这个问题的解决方法是对基本模型施加更多的约束,保证交错计算中所有进程的推进。这样的约束将在 2.2 节～2.5 节中介绍。

2.1 交错和并发

本节将比较重叠执行和交错计算下的程序行为。

2.1.1　重叠执行

程序 $A1$ 如图 2.1 所示。在由两个独立处理器共享公共内存的系统中重叠执行该程序，y 的可能输出集为$\{0,1,2\}$。

$$\textbf{out}\ y\text{: }\textbf{integer where}\ y=1$$

$$P_1::[\ \ell_0\text{: } y:=y+1\text{: } \hat{\ell}_0]\ \ \|\ \ P_2::\ [m_0\text{: } y:=y-1\text{: } \hat{m}_0]$$

图 2.1　程序 A1

为了说明这一结果，首先分析赋值语句的执行，如 $y:=y+1$，通常包含以下 3 个步骤。

（1）取值：获取对应 y 的共享内存位置的值，将其存放在局部寄存器中。

（2）计算：随着寄存器的递增，结果值可能被存储到其他局部寄存器中。

（3）存储：结果寄存器中的值存放在对应 y 的共享内存位置。

将赋值语句的执行划分为这 3 步对其他语句来说也是常见的。更复杂的赋值可能有多个取值步骤，这依赖出现在赋值右侧变量的个数。

对于程序 $A1$，进程 P_1 和进程 P_2 赋值的执行都包括这 3 步。定义这些步骤中的 4 个事件作为临界事件，它们的相对顺序决定了执行的最终结果。它们是从对应 y 的共享内存位置取值和存入值的事件，可描述为：P_1 从 y 中取值 m，表示为 $r_1(m)$；P_1 将 m 的值存入 y，表示为 $w_1(m)$；P_2 从 y 取值 m，表示为 $r_2(m)$；P_2 将 m 的值存入 y，表示为 $w_2(m)$。

假设这些临界事件是原子的，在某种意义上它们不能重叠。对于简单数据类型，这通常由底层的硬件保证。当一个进程访问存储器的位置，那么其他任何进程都不能同时访问这个位置。

在程序 $A1$ 的重叠执行中，这些事件有若干个发生顺序，如 E_1：$r_1(1)$，$w_1(2)$，$r_2(2)$，$w_2(1)$，得到 $y=1$；E_2：$r_1(1)$，$r_2(1)$，$w_1(2)$，$w_2(0)$，得到 $y=0$；E_3：$r_1(1)$，$r_2(1)$，$w_2(0)$，$w_1(2)$，得到 $y=2$。

这表明该程序的重叠执行能产生 3 种可能的结果，即 0、1、2，这取决于执行临界事件的相对顺序。注意，并没有考虑计算步骤的临界性，这是因为它仅在内部寄存器操作，对其他进程来说是不可访问的。

这里阐述的是一般情形。在任何并发程序中，总是可以将程序执行中的某些事件确定为临界事件，这样它们的相对时间顺序唯一决定了执行的结果及可观察的行为，即观测变量假设的值序列。对于通过共享变量通信的程序来说，这些事件就是对共享变量的读和写。

需要注意的是，这里描述的行为集不是所考虑的唯一实现方式，即两个独立的处理器共享一个公共内存。在通过多道程序设计实现并发的单处理器环境中，也显示了完全相同的一组行为。在这样的系统中，单个处理器通过交错执行程序中并行进程对应的并行任务来模拟并发性。从一个任务切换到另一个任务的进程可能由计时器或者外部事件中断。例如，考虑调用 E_3 的临界事件序列。处理器在进程 P_1 执行事件 $r_1(1)$，然后被一个计时器中断并切换到进程 P_2，执行 $r_2(1)$ 和 $w_2(0)$，接着再次回到进程 P_1 完成挂起的 $w_1(2)$ 操作。

2.1.2　交错计算

下面计算程序 $A1$（见图 2.1）可能的结果。计算模型指派给程序 $A1$ 两个转换 ℓ_0 和 m_0（即转换 τ_{ℓ_0} 和 τ_{m_0} 的简写符号），分别对应 P_1 和 P_2 中的赋值语句。因此，在交错模型中，

程序 A1 唯一可能的计算为

$$<\{\ell_0, m_0\}, 1> \xrightarrow{\ell_0} <\{\hat{\ell}_0, m_0\}, 2> \xrightarrow{m_0} <\{\hat{\ell}_0, \hat{m}_0\}, 1> \cdots$$

$$<\{\ell_0, m_0\}, 1> \xrightarrow{m_0} <\{\ell_0, \hat{m}_0\}, 0> \xrightarrow{\ell_0} <\{\hat{\ell}_0, \hat{m}_0\}, 1> \cdots$$

在交错模型中只有一个可能的最终结果,即 $y=1$。

这似乎表明交错计算无法捕捉重叠执行表现出的全部行为。

然而,问题不在于交错模型本身,而在于将原子转换赋值给程序中的语句。根据给出的编程语言的规则,每个赋值语句代表一个原子转换。这种表示会产生不良的影响,如转换 ℓ_0(对应 $y:=y+1$)迫使两个事件 r_1 和 w_1 在一个步骤内发生,因此排除了临界事件 r_2 和 w_2 发生在 r_1 和 w_1 之间的可能性。这些可能性会导致输出为 0 和 2,这是交错计算没有产生的结果。

一种可能的解决方法是将程序 A1 中的赋值语句(如 $y:=y+1$)关联两个原子转换,如 τ'_{ℓ_0} 和 τ''_{ℓ_0}。第一个转换 τ'_{ℓ_0} 应执行取值步骤,而 τ''_{ℓ_0} 执行存储步骤。计算步骤由 τ'_{ℓ_0} 或者 τ''_{ℓ_0} 执行。

2.1.3 细粒度

对于交错计算与重叠执行之间的差异问题还有另一种解决方法,即修改程序 A1,使根据最初给出的规则生成的任何原子转换(即每个赋值语句对应一个转换)最多包含一个临界事件。修改后的程序 A2 如图 2.2 所示。

out y: **integer where** y=1

$$P_1 :: \begin{bmatrix} \textbf{local } t_1\textbf{: integer} \\ \ell_1: t_1: =y \\ \ell_1: y: =t_1+1: \hat{\ell}_1 \end{bmatrix} \quad \| \quad P_2 :: \begin{bmatrix} \textbf{local } t_2\textbf{: integer} \\ m_0: t_2: =y-1 \\ m_1: y: =t_2: \hat{m}_1 \end{bmatrix}$$

图 2.2　程序 A2(程序 A1 的精化形式)

程序 A1 的每个赋值语句被分解为程序 A2 中的两个连续的赋值语句。每个序列中的第一个赋值语句执行取值步骤,第二个赋值语句执行存储步骤。为了强调计算步骤中无须精确计时(只要在读取和存储之间即可),已将它包含在 P_1 的存储赋值语句和 P_2 的读取赋值语句中。注意,局部变量 t_1 和 t_2 代表两个独立处理器的内部寄存器。

程序 A2 的交错计算重新创建了 A2 的所有重叠执行,这些重叠执行又与程序 A1 的重叠执行相同。为了说明这一结果,将给出如下程序 A2 最终结果为 1、0、2 的三个计算,通过列出变量 π、y、t_1 和 t_2 的值来表示计算中出现的状态。

$\sigma_1: <\{\ell_0, m_0\}, 1, —, —> \xrightarrow{\ell_0} <\{\ell_1, m_0\}, 1, 1, —> \xrightarrow{\ell_1} <\{\hat{\ell}_1, m_0\}, 2, 1, —> \xrightarrow{m_0} <\{\hat{\ell}_1, m_1\}, 2, 1, 1> \xrightarrow{m_1} <\{\hat{\ell}_1, \hat{m}_1\}, 1, 1, 1> \cdots$,得到 $y=1$

$\sigma_2: <\{\ell_0, m_0\}, 1, —, —> \xrightarrow{\ell_0} <\{\ell_1, m_0\}, 1, 1, —> \xrightarrow{m_0} <\{\ell_1, m_1\}, 1, 1, 0> \xrightarrow{\ell_1} <\{\hat{\ell}_1, m_1\}, 2, 1, 0> \xrightarrow{m_1} <\{\hat{\ell}_1, \hat{m}_1\}, 0, 1, 0> \cdots$,得到 $y=0$

$\sigma_3: <\{\ell_0, m_0\}, 1, —, —> \xrightarrow{\ell_0} <\{\ell_1, m_0\}, 1, 1, —> \xrightarrow{m_0} <\{\ell_1, m_1\}, 1, 1, 0> \xrightarrow{m_1} <\{\ell_1,$

$\hat{m}_1\}, 0, 1, 0 > \xrightarrow{\ell_1} < \{\hat{\ell}_1, \hat{m}_1\}, 2, 1, 0 > \cdots$，得到 $y=2$

对于程序 $A1$，重叠执行和交错计算是不同的，而对于程序 $A2$，它们是一致的。两个程序的不同之处在于，在程序 $A2$ 中每个赋值至多包含一个共享变量的引用，并导致至多一个临界事件。

单个原子转换中包含的临界事件的数量决定了转换的粒度。转换中的临界事件越少，粒度就越细。根据将一个原子转换与每个赋值相关联的惯例，可以将程序 $A2$ 描述为程序 $A1$ 的精化，并将其描述为比 $A1$ 的原子粒度更细的程序。

2.2　限制临界引用

在前面的讨论中，将执行中的临界事件粗略地定义为对共享变量的读或写。下面给出程序中临界事件的更精确的定义。首先考虑没有信号量或区域语句的共享变量程序。

读引用和写引用的定义如下。

(1) **skip** 语句定义为既无读引用，又无写引用。

(2) 赋值语句 $(u_1, \cdots, u_k) := (e_1, \cdots, e_k)$ 规定变量 $u_1, \cdots, u_k$ 都有写引用，出现在 $e_1, \cdots, e_k$ 中的所有变量都有读引用。

(3) 语句 **await** c、**when** c **do** S、**if** c **then** S_1 **else** S_2 和 **while** c **do** S 规定出现在 c 中的所有变量均有读引用。

这个定义强调了被赋值给语句本身的读引用和写引用，区别于可以被赋值给语句的一个子语句的引用。例如，只将 c 求值时执行的读引用归因于语句 **when** c **do** S。任何 S 中出现的引用将归因于它出现的最小语句。

如果考虑一种允许下标表达式的扩展语言，那么应添加下标引用 $u[e]$，它指出现在 e 中的所有变量都有一个读引用，独立于出现下标引用的上下文，因此赋值语句 $u[v+1] := w[x]$ 包括 u 的一个写引用和 v、w、x 的读引用。

考虑图 2.3 中的程序 $A3$。它包含若干对变量 y_1 和 y_2 的读引用和写引用。然而仅认为 y_1 的引用是临界引用。为了证明一点，观察到 y_2 并没有被 P_1 引用，因此它实际上并不是一个共享变量。P_2 对 y_2 的引用为非临界的，它们相对于 P_1 行动的精确时间不会影响程序的行为。

out y_1, y_2: **integer where** $y_1=1$

$$P_1 :: \begin{bmatrix} \ell_0: y_1 := 2 \\ \ell_1: y_1 := y_1+1 \end{bmatrix} \quad \| \quad P_2 :: \begin{bmatrix} m_0: y_2 := y_1+1 \\ m_1: y_2 := y_1+y_2 \end{bmatrix}$$

图 2.3　程序 A3

在 ℓ_1 处 P_1 对 y_1 的读引用不必认为是临界引用。在该程序中 P_1 是唯一写入 y_1 的进程，因此不管在读事件和写事件之间有多少次 P_2 的干扰，P_1 从 y_1 中读取的值总是最后一次 P_1 写入的值。

2.2.1　临界引用

在以下两种情况下，对语句 S 中变量的引用是**临界**(critical)的。

(1) 它是一个对变量的写引用，且在并行于 S 的语句中存在对该变量的读引用或写引用。

(2) 它是一个对变量的读引用,且在并行于 S 的语句中存在对该变量的写引用。

给出临界引用的第一种等价定义。对于语句 S,定义一个变量:

(1) 如果没有并行于 S 的语句引用它,则它为 S 的**私有**变量。

(2) 如果 S 和与 S 并行的语句均引用它,则它为 S 的**公共**变量。

(3) 如果 S 是一个块语句并且在句首变量被声明为 local,则它为 S 的**局部**变量。

(4) 如果并行于 S 的语句中对变量的唯一引用为读引用,则它为 S **拥有**。

显然,S 的私有变量归 S 拥有,S 的局部变量归 S 私有。

例如,在程序 A3 中(见图 2.3),y_2 为语句 m_0、m_1 和进程 P_2 的私有变量。y_1 为程序中所有语句的公共变量,但属于 P_1 和它的子语句,因为它们是唯一能够修改 y_1 的语句。

通过这些术语,给出临界引用的第二种等价定义。一个语句 S 中对变量的引用称为临界引用,满足以下两个条件。

(1) 它是对不被 S 所私有的变量的写引用。

(2) 它是对不被 S 所拥有的变量的读引用。

2.2.2 语句的 LCR 约束

如果与语句 S 关联的每一个转换至多执行一次临界引用,则称 S 满足**限制临界引用**(Limited-Critical-Reference,LCR)约束。

这里 LCR 约束是限制与 S 关联的每一个转换的临界引用的个数,而不是 S 包含的临界引用的总数。例如,设 x、y 是公共变量,语句ℓ_0: **when** $x>0$ **do** ℓ_1: $y:=1$ 满足 LCR 约束。尽管它包含两个临界引用,但对 x 的引用归因于转换 τ_{ℓ_0},对 y 的引用归因于转换 τ_{ℓ_1}。从转换的角度来看,ℓ_0的完整执行包含两个转换 τ_{ℓ_0} 和 τ_{ℓ_1}。其中,每一个转换执行一个临界引用。

与语句关联的转换限制也可以表述为对语句本身的语法限制,具体如下。

(1) **skip** 语句总是满足 LCR 约束。

(2) 对于赋值语句 $\bar{u}:=\bar{e}$,LCR 约束是 $\bar{u}$ 和 $\bar{e}$ 至多包含一个临界引用。

(3) 对于语句 **await** c,**when** c **do** $\widetilde{S}$,**if** c **then** S_1 **else** S_2 和 **while** c **do** $\widetilde{S}$,LCR 约束是 c 至多包含一个临界引用。

(4) 对于 concateation 语句、selection 语句、cooperation 语句和 block 语句,由于这些语句没有自己特有的转换,因此永远满足 LCR 约束。

(5) 根据定义,任何组语句< S >都一定满足 LCR 约束。这是因为即使 S 包含不止一个临界引用,< S >的执行(包括重叠执行)必须是原子的,并且不允许其他临界事件在它完成前发生。

(6) 对同步语句 request、release 和 region(区域)没有显式约束,因为它们的内部保护机制阻止了干扰,因此都被认为有一个临界引用。

(7) 在消息传递程序中这种情况尤为简单。引用同一个变量的任何两个并行进程只能有对该变量的读引用,因此可认为该变量为这两个进程拥有。例如,输入变量可以被程序中的所有进程读取。在这类程序中,唯一能被临界引用的资源就是通道。因此,对于消息传递程序来说,即使是有条件的情况下,除了通信语句 send 和 receive 只有一个临界引用,所有的基本语句都没有任何临界引用。

若一个语句 S 的所有子语句都满足 LCR 约束，则称 S 是一个 LCR 语句。

2.2.3　LCR 程序

如果一个程序的所有语句均满足 LCR 约束，则称之为 LCR 程序。如果 P 是一个 LCR 程序，则程序 P 的交错计算和重叠执行产生相同的行为集合。

【例 2-1】（二项式系数）

考虑图 2.4 中的 BINOM 程序（见图 1.3）。变量 k 和 n 是输入变量，它们不被任何进程写入，因此属于 P_1 和 P_2。变量 y_2 为 P_2 的私有变量。变量 y_1 为公共变量但它属于 P_1，因为 P_1 是唯一能写入的进程。变量 b 为公共变量且不属于任何进程，因为它能被这两个进程修改。

```
int k, n        : integer where 0≤k≤n
local y1, y2,   : integer where y1 = n,  y2 = 1
out  b          : integer where  b = 1

P1 ::  ℓ0: while y1>(n−k) do
             [ℓ1: b: =b • y1
              ℓ2: y1: =y1−1]
||
P2 ::  m0: while y2≤k do
             [m1: await (y1+y2≤n)
              m2: b: =b div y2
              m3: y2: =y2+1]
```

图 2.4　程序 BINOM（二项式系数）

下列语句没有直接归因于它们的临界引用：

ℓ_0：**while** $y_1>(n-k)$ **do**…

m_0：**while** $y_2\leqslant k$ **do**…

m_3：$y_2:=y_2+1$

这是因为 y_1 属于 P_1，P_1 对 y_1 的引用是非临界的，k 和 n 均属于 P_1 和 P_2，且 y_2 为 P_2 的私有变量。

下列语句有一个单一的临界引用，临界引用为加框变量：

ℓ_2：$\boxed{y_1}:=y_1-1$

m_1：**await**$(\boxed{y_1}+y_2)\leqslant n$

这是因为 ℓ_2 中对 y_1 和 m_1 中对 y_2 的读引用是非临界的。

下列每条语句存在两个对 b 的临界引用：

ℓ_1：$\boxed{b}:=\boxed{b}\cdot y_1$

m_2：$\boxed{b}:=\boxed{b}$ **div** y_2

由于这些语句违背了 LCR 约束，因此这种形式的程序 BINOM 不是一个 LCR 程序。

如果必要的话，可以引入附加局部变量，重新定义违背语句为一系列更小的 LCR 语句，将非 LCR 程序转化为 LCR 程序。对图 2.4 中的程序 BINOM 使用这种转换，结果如图 2.5 所示。程序中的临界引用被加框表示。

```
in    k, n  : integer where 0≤k≤n
local y1, y2: integer where y1=n, y2=1
out   b     : integer where b=1

P1 ::  local t1: integer
       ℓ0: while y1>(n−k) do
             [ℓ1: t1 := [b]• y1
              ℓ2: [b] := t1
              ℓ3: [y1] :=y1−1]
||
P2 ::  local t2: integer
       m0: while y2≤k do
             [m1: await([y1] +  y2)≤n
              m2: t2 :=[b] div y2
              m3: [b] := t2
              m4: [y2] :=y2+1]
```

图 2.5　程序 BINOM（LCR 形式）

为了得到程序 BINOM 的 LCR 形式，将图 2.4 中的语句 $b:=b\cdot y_1$ 精化为 $t_1:=b\cdot y_1;b:=t_1$，将语句 $b:=b$ **div** y_2 精化为 $t_2:=b$ **div** $y_2;b:=t_2$。

图 2.5 中的程序现在是 LCR 程序。

2.2.4 需要额外保护

虽然图 2.5 中的程序 BINOM 从某种意义上讲是满足 LCR 程序要求的，但它是错误的，它不能保证在所有可能的执行中计算$\binom{n}{k}$。参见 1.8 节，当输入 $n=3, k=2$ 时，该程序的计算将产生一个错误的结果。该问题的解决方法是引入额外的保护措施，防止在ℓ_1和ℓ_2之间及 m_1 和 m_2 之间的并发进程产生干扰。具体做法是将$\{\ell_1, \ell_2\}$和$\{m_1, m_2\}$看作临界区域，把它们封闭在请求-释放信号量语句对中。得到的程序如图 2.6 所示，它是一个正确的程序并能正确计算$\binom{n}{k}$。

```
in    k, n      : integer where 0≤k≤n
local y1, y2, r: integer where y1=n, y2=1, r=1
out   b         : integer where b=1

P1 :: [ local t1: integer                      ]     P2 :: [ local t2: integer                   ]
      [ ℓ0: while y1>(n−k) do                  ]           [ m0: while y2≤k do                  ]
      [     [ ℓ1: request(r)          ]        ]  ||       [     [ m1: await(y1+y2)≤n    ]      ]
      [     [ [ ℓ2: t1 := b · y1 ]    ]        ]           [     [ m2: request(r)        ]      ]
      [     [ [ ℓ3: b := t1      ]    ]        ]           [     [ [ m3: t2 := b div y2 ] ]     ]
      [     [ ℓ4: release(r)          ]        ]           [     [ [ m4: b := t2        ] ]     ]
      [     [ ℓ5: y1 := y1−1          ]        ]           [     [ m5: release(r)        ]      ]
                                                           [     [ m6: y2 := y2+1        ]      ]
```

图 2.6 程序 BINOM(信号量)

2.2.5 每个程序都有一个 LCR 精化

对图 2.4 中的程序进行替换以获得它的精化(见图 2.5)。这种方法能够被推广来证明任何程序都有一个 LCR 精化。下面将给出替换的步骤。为简便起见，仅考虑没有分组语句的程序。

1. 对赋值语句限制临界引用

替换的第一个主要步骤是从除了赋值语句之外的所有语句中删除多个临界引用。对包含非 LCR 条件(即条件 c 包含多个临界引用)的所有语句实施如下替换，变量 t 是这些替换中出现的一个新的局部布尔变量。替换语句重复判定条件 c 并将结果存储在 t 中，直到检测到 $t=\mathrm{T}$ 为止。然后 while 语句终止，执行 S。将 S 作为 **skip** 语句，同样的替换也适用于 **await** c。

(1) 对于语句 **if** c **then** S_1 **else** S_2，c 不满足 LCR，可替换为[$t:=c$；**if** t **then** S_1 **else** S_2]。

(2) 对于语句 **while** c **do** S，c 不满足 LCR，可替换为[$t:=c$；**while** t **do** [S；$t:=c$]]。

(3) 对于语句 **when** c **do** S，c 不满足 LCR 且该语句不是某一个 selection 语句的子语句，可替换为[$t:=\mathrm{F}$；**while** $\neg t$ **do** [$t:=c$]；S]。若 when 语句是某一个 selection 语句的子语句，则不能实施上述替换，因为替换的第一个语句 $t:=\mathrm{F}$ 永远是使能的，将会做出一个条件永远不为真的选择。因此必须单独考虑 selection 语句子语句为 when 语句的情形。

（4）对于以下语句：

$$\begin{bmatrix} \textbf{when } c_1 \textbf{ do } S_1 \\ \textbf{or} \\ \vdots \\ \textbf{or} \\ \textbf{when } c_k \textbf{ do } S_k \end{bmatrix},$$

其中，$c_1,\cdots,c_k$ 均包含多个临界引用，可替换为

$$\begin{bmatrix} t_1 := \mathrm{F};\ \cdots;t_k := \mathrm{F} \\ \textbf{while} \neg(t_1 \vee \cdots \vee t_k)\textbf{do} \\ (t_1,\cdots,t_k) := (c_1,\cdots,c_k) \\ \begin{bmatrix} \textbf{when } t_1 \textbf{ do } S_1 \\ \textbf{or} \\ \vdots \\ \textbf{or} \\ \textbf{when } c_k \textbf{ do } S_k \end{bmatrix} \end{bmatrix}$$

变量 $t_1,\cdots,t_k$ 是新的局部布尔变量。

对于混合 selection 语句，其中一些子语句是 when（或 await）语句，而其他子语句不是，可将这些语句替换为 when 语句形式，因此形如[**when** c **do** S]**or** [$y:=e$]的语句可替换为[**when** c **do** S]**or**[**when** T **do** $y:=e$]。

2. 精化赋值

设$(u_1,\cdots,u_k):=(e_1,\cdots,e_k)$是一个多赋值语句($k=1$)，该语句包含多个临界引用。设 $\bar{v}=v_1,\cdots,v_m$ 是赋值语句中有临界读引用的变量列表。

该赋值语句可替换为

$$\begin{bmatrix} t_1 := v_1;\cdots;t_m := v_m \\ u_1 := e_1[\bar{t}/\bar{v}];\cdots;u_k := e_k[\bar{t}/\bar{v}] \end{bmatrix}$$

表达式 $e[\bar{t}/\bar{v}]$是用 t_i 替换 e 中 v_i 的每一次出现得到的，$i=1,2,\cdots,m$。这里，t_i 是与 v_i 类型相同的新的局部变量。

若 u_i 是形如 $u[e]$的下标变量，列表 $v_1,\cdots,v_m$ 仍是包含 e 中有临界引用的所有变量，且 e 必须由 $e[\bar{v}/\bar{t}]$代换。考虑语句 $u[i+1]:=x+y+2$，其中对 i、x 和 y 的引用均为临界引用，该语句可替换为

$$\begin{bmatrix} t_1 := i;t_2 := x;t_2 := y \\ u[t_1+1] := t_2+t_3+2 \end{bmatrix}$$

对两种描述替换的结果进行总结，可得：

对每一个程序 P，存在一个 LCR 精化 $\widetilde{P}$，使 $\widetilde{P}$ 的交错计算与 P、$\widetilde{P}$ 的重叠执行产生相同的行为集合。

2.2.6 每个程序都有一个 LCR 等价

与程序 BINOM 的情况一样，如果原始程序 P 不是 LCR 程序，则精化 $\widetilde{P}$ 不等价于 P。虽然在第一组转换中执行的所有替换都基于有效的一致性，但赋值的精化可能会导致语句的不一致。

为纠正这种情形，引入信号量语句以保护每个赋值语句的精化。从赋值$(u_1,\cdots,u_k):=(e_1,\cdots,e_k)$得到如下语句：

$$\begin{bmatrix} t_1:=v_1;\cdots;t_m:=v_m \\ u_1:=e_1[\bar{t}/\bar{v}];\cdots;u_k:=e_k[\bar{t}/\bar{v}] \end{bmatrix}$$

替换为如下语句：

$$\begin{bmatrix} \textbf{request}(r) \\ t_1:=v_1;\cdots;t_m:=v_m \\ u_1:=e_1[\bar{t}/\bar{v}];\cdots;u_k:=e_k[\bar{t}/\bar{v}] \\ \textbf{release}(r) \end{bmatrix}$$

这个转换使用一个公共信号量变量 r 来保护所有赋值语句的精化。在程序的开始，初始化 r 为 1。引用 r 的信号量语句能够确保执行完整序列时不会受到其他语句的干扰，这些语句可能引用原始赋值中临界引用的变量。

该转换的作用可总结为：对于每一个程序 P，存在一个与 P 等价的 LCR 程序 $\widetilde{P}$。

通过这些转换得到的程序并不是最有效的，实际上它有必要含有更严格的保护来防止被干扰。**问题 2.1** 将定义一个去除一些非必要保护并适用于包含组语句的程序的转换。

【例 2-2】 （具有两个列表的生产者-消费者问题）

在如图 2.7 所示的程序中，生产者进程通过两个共享列表与消费者进程通信。生产者

```
local b1, b2: list of integer where b1=b2=Λ
      s1, s2: where s1=s2=0

          ┌ local x: integer
          │ loop forever do
          │   ┌ ℓ0: compute x
Prod ::   │   │     ┌ ℓ2: when s1<N1 do[b1 :=b1 • x; s1 :=s1+1]
          │   │ ℓ1: │ or
          └   └     └ ℓ3: when s2<N2 do[b2 :=b2 • x; s2 :=s2+1]

     ||

          ┌ local y: integer
          │ loop forever do
          │   ┌     ┌┌ m1: when s1>0 do(y, b1) :=(hd(b1), tl(b1))
          │   │     ││       s1 :=s1−1
Cons ::   │   │ m0: │  or
          │   │     │┌ m2: when s2>0 do(y, b2) :=(hd(b2), tl(b2))
          │   │     └└       s2 :=s2−1
          └   └ m3: use y
```

图 2.7 程序 PROD-CONS（两个列表）

在列表 b_1 和 b_2 之间做出非确定选择。生成的值 x 将附加到选择列表中。共享变量 s_1 和 s_2 记录 b_1 和 b_2 当前的长度。生产者选择一个列表 b_i，$i=1,2$，当且仅当其列表的当前长度 s_i 小于界限 N_i 时。将 x 附加到 b_i，变量 s_i 加 1。

对应地，消费者选择一个长度非零的列表 b_i，即 $s_i>0$，移除选择列表的第一个元素并将其放入 y，然后将 s_i 减 1 并最终使用 y 的值。

图 2.8 是该程序的 LCR 转换。该图仅包含生产者的转换，消费者的转换很简单。

```
local b1, b2: list of integer where b1=b2=Λ
      s1, s2: where s1=s2=0
      r     : integer where r=1

Prod ::
  [ local x : integer
    local t1, t2: boolean
          t3, t4: integer
          t5, t6: list of integer
    loop forever do
      [ ℓ0: compute x
        t1 :=F; t2 :=F
        while ¬(t1 ∨ t2) do
            [t1 :=(s1<N1); t2 :=(s2<N2)]
        [ [ when t1 do
              [ request(r); t5 :=b1 • x; b1 :=t5; release(r)
                request(r); t3 :=s1+1; s1 :=t3; release(r) ] ]
            or
          [ when t2 do
              [ request(r); t6 :=b2 • x; b2 :=t6; release(r)
                request(r); t4 :=s2+1; s2 :=t4; release(r) ] ] ] ] ]
||
Cons :: ...
```

图 2.8　程序 PROD-CONS(LCR 形式)

2.2.7　语义临界引用

在图 2.6 中，程序 BONOM 通过信号量提供的保护，确保了当 P_1 执行语句序列 ℓ_2：$t_1:=b\cdot y_1$ 和 ℓ_3：$b:=t_1$ 时，P_2 不能访问 b。这是因为临界区 $m_{3,4}$ 包含所有 P_2 对 b 的访问，它不能与 $\ell_{2,3}$ 同时执行。在语句 ℓ_2 和 l_3 中对 b 的引用不认为是临界的，因为在它们之间没有并行语句会干扰引用 b。

再次考虑临界引用的定义。如果与 S 并行的语句 S' 中存在对变量 y 的一个特殊引用，则称 S 中对 y 的引用为临界引用。并行性是语法角度的概念，即 S 和 S' 是 cooperation 语句的两个不同子语句。

临界引用的概念是由干扰的可能性决定的，只有当并行语句 S' 包含的对同一变量的其他引用可以与 S 同时执行时，才应该将语句 S 中的引用视为临界引用。这表明可以从语义上解释并行关系来放宽这个定义(访问更少的临界引用)。

设 ℓ：S 和 ℓ'：S' 为程序 P 中的两个并行语句。如果 P 中存在一个可达状态 s 使 $[\ell]$ 和 $[\ell']$ 均包含于 $s[\pi]$ 中，则称 S 和 S' 是语义并行的。例如，图 2.9 中语句 ℓ_1 和语句 m_3 是语义

并行的，而语句ℓ_2和语句 m_3 不是。

```
in     k, n     : integer where 0≤k≤n
local  y1, y2, r: integer where y1=n, y2=1, r=1
out    b        : integer where b=1

        ┌ ℓ0: while y1>(n-k) do                    ┐
        │     ┌ ℓ1: request(r)   ┐                 │
P1 ::   │     │ ℓ2: b := b · y1  │                 │
        │     │ ℓ3: release(r)   │                 │
        └     └ ℓ4: y1 := y1-1   ┘                 ┘

   ||

        ┌ m0: while y2≤k do                        ┐
        │     ┌ m1: await(y1+y2)≤n  ┐              │
        │     │ m2: request(r)      │              │
P2 ::   │     │ m3: b := b div y2   │              │
        │     │ m4: release(r)      │              │
        └     └ m5: y2 := y2+1      ┘              ┘
```

图 2.9 程序 BINOM(重聚分配)

定义语句 S 中对一个变量的引用为语义临界引用，需要满足以下两个条件。

(1) 它是对变量的一个读引用，且在语义并行的语句 S'中存在对该变量的写引用。

(2) 它是对变量的一个写引用，且在语义并行的语句 S'中存在对该变量的读引用或写引用。

如果语句 S 的每一个子语句至多有一个语义临界引用归因于它，称 S(与程序 P 类似)满足限制语义临界引用约束。

因此，修改 LCR 程序(LCR 语句)涉及的语义(而不是语法临界引用定义)为：临界引用和 LCR 程序(LCR 语句)的概念分别被解释为语义临界引用和语义 LCR 程序(LCR 语句)。语义限制的 LCR 程序与语法限制的 LCR 程序有相同优点。它们的重叠执行和交错执行重合。

【例 2-3】

通过对 LCR 程序更自由地定义，可以重写图 2.6 中的程序 BINOM，在每个进程中把 b 的赋值序列重新结合为单个赋值。由于互斥，尽管 P_1 的语句$\{\ell_2, \ell_3\}$和 P_2 的语句$\{m_3, m_4\}$是语法并行的，但不是语义并行的。得到的 BINOM 程序如图 2.9 所示。

在程序 P 中，对于一个给定位置集合是否同时可达的问题是不可判定的。这意味着，虽然检测一个程序是否满足语法 LCR 程序约束是很简单的，但是检测程序是否满足语义 LCR 程序约束是不确定的。因此，在某些情形中，将使用更自由的定义。

2.2.8 合并语句

到目前为止，使用 LCR 需求是判断以原子形式表示的语句是否应该精化为更小的语句的标准。但是，它也可以作为将较小的语句合并为较大语句的理由，可以使用分组语句或执行反向转换进行精化。

可以将图 2.6 中的程序到图 2.9 中的程序的转换描述为一个合并转换。在这个转换中，合并图 2.6 中的语句ℓ_2和ℓ_3为图 2.9 中的单个语句ℓ_2，合并图 2.6 中的语句 m_3 和 m_4 为图 2.9 中的单个语句 m_3。

追求更粗粒度的目的是简化对程序行为的分析。显然，将较小语句合并导致了程序有更少的转换和控制位置。分析程序的复杂度将取决于转换和其关联的控制位置的个数，因此任何转换数量的减少都能够简化分析。

如果 S 是至多有一个临界引用的基本语句，则能够使用分组语句$<S>$替换 S 得到一个等价的程序。分组语句意味着整个语句在计算的一步内必须不断执行。

【例 2-4】（二项式系数）

通过对图 2.9 中的程序的一些语句进行分组可以得到如图 2.10 所示的程序 BINOM。

进行的分组包括以下内容。

（1）P_1 的 release 语句与赋值语句为一组，因为乘法不包含语义临界引用。

（2）P_2 的 request 语句与不包含语义临界引用的除法语句为一组。

（3）P_2 的 release 语句与 y_2 的增加语句为一组，y_2 是 P_2 的局部变量。

显然，图 2.10 的程序比图 2.9 的程序有更少的转换和控制位置，但二者是等价的。

```
in    k, n      : integer where 0≤k≤n
local y1, y2, r : integer where y1=n, y2=1, r=1
out   b         : integer where b=1

P1 :: [ ℓ0: while y1>(n−k) do
          [ ℓ1: request([r])
            ℓ2: ⟨ b := b · y1
                  release([r]) ⟩
            ℓ3: [y1] := y1−1 ] ]
||
P2 :: [ m0: while y2≤k do
          [ m1: await [y1]+y2≤n
            m2: ⟨ request([r])
                  b := b div y2 ⟩
            m3: ⟨ release([r])
                  y2 := y2+1 ⟩ ] ]
```

图 2.10　程序 BINOM（粗粒度）

2.2.9　with 语句

with 语句有助于 LCR 程序构造，其形式是 **with** x **do** S。其中 x 是变量，S 是对 x 唯一引用为读引用的语句。with 语句可看作 block 语句[**local** t；$t:=x$；$S[t/x]$]的简写。该语句包含对新的局部变量 t 的定义，将 x 赋值给 t，并将 S 中所有对 x 的引用替换为对 t 的引用。

with 语句的作用是将 S 中对 x 的所有读引用减少为一个。因此，如果 x 是一个公共变量，y 是一个私有变量，那么语句 $y:=\boxed{x}\cdot 2$；$y:=y+\boxed{x}$有两个临界引用，不能通过分组进行合并。语句 **with** $\boxed{x}$ **do**[$y:=x\cdot 2$；$y:=y+x$]仅包含一个临界引用，它能被分组以获得等价的语句。

问题 2.2 将证明一个非 LCR 程序 P 的精化能够产生一个不等价于 P 的程序，但是 LCR 程序的精化是一个等价变换。

2.3　弱公平性

下面通过引入各种**公平性**的概念来完成计算模型。这些概念对计算模型允许的计算施加了附加的限制。它们的主要目的是排除与真正并发系统的实际执行不一致的计算。

2.3.1　公平性需求

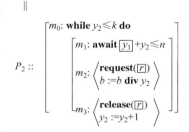

前面将程序的交错计算与其在重叠执行下的行为进行了比较。主要关注的是要证明交

错计算不会错过所研究的程序并发执行所表现出的任何行为。如果满足 LCR，则所有重叠行为都由交错模型表示。

下面将关注的是双重问题：是否存在与交错计算对应的行为，但永远不能通过并发执行来表现？

2.3.2　不公平计算

考虑如图 2.11 所示的程序 $A4$。

$$\begin{array}{l}\textbf{local } x\text{: }\textbf{boolean where } x=\mathrm{T}\\ \qquad\quad y\text{: }\textbf{integer where } y=0\end{array}$$

$$P_1 :: \left[\begin{array}{l}\ell_0\text{: }\textbf{while } x \textbf{ do}\\ \qquad \ell_1\text{; } y := y+1\\ :\hat{\ell}_0\end{array}\right] \quad \| \quad P_2 :: \quad [m_0\text{: } x := \mathrm{F} : \hat{m}_0]$$

图 2.11　程序 A4

该程序有以下 4 个勤勉转换，用它们关联的语句标记表示。

(1) ℓ_0^{T}：检测到 $x=\mathrm{T}$ 并从ℓ_0移到ℓ_1。

(2) ℓ_0^{F}：检测到 $x=\mathrm{F}$ 并从ℓ_0移到$\hat{\ell}_0$。

(3) ℓ_1：从ℓ_1移到ℓ_0并使 y 的值加 1。

(4) m_0：从 m_0 移到 $\hat{m}_0$ 并设置 x 为 F。

该程序中计算的状态可通过列出变量 π、x 和 y 的值表示。

交错模型允许该程序的发散(非终止)计算，通过仅执行 P_1 而完全忽略 P_2 的语句得到，具体如下：

$$\begin{array}{l}<\{\ell_0, m_0\}, \mathrm{T}, 0> \xrightarrow{\ell_0^{\mathrm{T}}} <\{\ell_1, m_0\}, \mathrm{T}, 0> \xrightarrow{\ell_1}\\ <\{\ell_0, m_0\}, \mathrm{T}, 1> \xrightarrow{\ell_0^{\mathrm{T}}} <\{\ell_1, m_0\}, \mathrm{T}, 1> \xrightarrow{\ell_1}\\ <\{\ell_0, m_0\}, \mathrm{T}, 2> \xrightarrow{\ell_0^{\mathrm{T}}} <\{\ell_1, m_0\}, \mathrm{T}, 2> \xrightarrow{\ell_1} \cdots\end{array}$$

如果该程序实际上在两个并行处理器上运行，则运行 P_2 的处理器将最终执行 m_0 并终止，导致另一个处理器在附加的两步之内终止。因此，并发执行不可能产生上面的发散计算，建议修改交错模型以排除这种计算。

显然，交错模型中缺少的元素明确了在一个真正的并发系统中，每个独立的处理器都保持执行自己的语句，而不受其他处理器执行的阻碍。因此，交错计算的基本模型必须受到限制，以确保没有一个进程始终被忽略，就像上面的发散计算中 P_2 的情况一样。称这个附加的约束为 justice，将上面的发散计算描述为对 P_2 不公平，永远不给它执行下一个语句的机会。在文献中，justice 也被称为弱公平性。

2.3.3　弱公平性

在交错表示中，弱公平性主要是为了确保进程的独立执行，正如多处理器系统中的重叠执行。假设存在进程 P_i 依赖单个转换 τ，考虑从某个点开始 τ 一直是使能的计算。在多处理器系统中，该转换最终被执行。如果试图在交错表示中捕捉这种行为，则必须要求持续使能的转换最终被执行。

考虑图 2.12 中的程序 $A4'$。

```
local x: boolean where x=T
      y: integer where y=0

P1 :: [ℓ0: while x do    ]  ||  P2 :: [m0: await even(y)]
      [ℓ1: y := y+1      ]            [m1: x := F       ]
```

图 2.12　程序 A4′

这里，P_2 的执行（和终止）依赖等待语句 m_0 的成功激活。然而，不同于程序 $A4$，在从 P_1 持续执行转换的计算中，m_0 关联的转换不再持续使能，它在所有 y 为奇数的状态下都是非使能的。那么，这样一个程序的重叠执行会如何表现？

await 语句通常不是机器上有效的基本语句。它通常由一个重复测试预期条件的小循环来实现。实际运行的程序将与图 2.13 类似。

```
local x: boolean where x=T
      y: integer where y=0

P1 :: [ℓ0: while x do    ]  ||  P2 :: [m0: while ¬ even(y) do skip]
      [ℓ1: y := y+1      ]            [m1: x := F                 ]
```

图 2.13　程序 A4″

程序 $A4'$中的语句 m_0 的无穷多个非使能的状态对应 $A4''$中的循环语句 m_0 的终止条件判定为假的无穷多个状态。虽然程序 $A4''$的很多重叠执行都会被终止，但也有很多重叠执行被执行，其中通过循环 m_0 对条件 $even(y)$的每次采样都落入 y 为奇数的状态，此类执行将不会终止。

这表明，如果程序 $A4'$中的一个转换（如 m_0）不是一直使能的，则弱公平性不要求最终激活该转换，也不需要包含该转换过程的进程。

可以将弱公平性看作是对程序中的进程给予最低程度的关注。它告知调度器建立一个计算，该计算不能永远忽略在某个点之外持续使能的转换。对一些进程给予更高级别的关注以确保程序的整体进展。

2.3.4　弱公平性需求

考虑一个无穷状态序列 σ：$s_0, s_1, \cdots s_k, \cdots$，有：

(1) 对于$\mathcal{T}$中的一个转换 τ，如果 τ 在 s_k 使能，则称 τ 在位置 k 是使能的。

(2) 对于$\mathcal{T}$中的一个转换 τ，如果 $s_{k+1} \in \tau(s_k)$，则称 τ 在位置 k 被执行。因此，如果对 s_k 应用 τ 能够获得 s_{k+1}，则 τ 在位置 k 被执行。注意，并没有声明 τ 是 σ 中这一点上实际被执行的转换，但它是能解释 s_k 到 s_{k+1} 变换的转换。有时若干转换 τ 被认为在同一位置 k 被执行。

如果不存在转换 τ 在位置 $k \geqslant 0$ 之后一直使能，且 k 之后没有被执行的情形，则称计算 σ 相对于转换 τ 是弱公平的。该定义的等价定义为：保证不会发生转换 τ 在某位置之后一直使能，但只有有限次被执行的情形。

通常，对于给定的转换系统 P，指定一组转换 $\mathcal{J}\subseteq\mathcal{T}$，并要求计算对于 $\tau\in\mathcal{J}$ 是弱公平的，称 $\mathcal{J}$ 为 P 的**弱公平性集**。

如果一个计算的每个转换 $\tau\in\mathcal{J}$ 都是弱公平的，则称该计算相对于 $\mathcal{J}$ 是**弱公平**的。

在大多数情形下，取 $\mathcal{J}=\mathcal{T}_D$，即计算对于程序的所有勤勉转换都是弱公平的。因此，只要不明确提到 $\mathcal{J}$，就意味着 $\mathcal{J}=\mathcal{T}_D$。如果一个计算相对于 $\mathcal{T}$ 是弱公平的，则称计算是弱公平的。对于该规则很少存在例外。

文献中通常会发现弱公平性需求形式的若干变体。本书将列出其中的一些变体，它们在逻辑上是等价的，具体如下。

(1) τ 无穷多次不使能或者无穷多次被执行。

(2) 如果从某一位置开始 τ 一直使能，则它无穷多次被执行。

考虑如图 2.14 所示的程序。

声明程序的以下计算是满足弱公平性的（列出 π、x 和 y 的值）：

$$<\ell_0,0,0>\xrightarrow{\tau_1}<\ell_1,1,0>\xrightarrow{\tau'_1}<\ell_0,1,0>\xrightarrow{\tau_1}$$

$$<\ell_1,2,0>\xrightarrow{\tau'_1}<\ell_0,2,0>\longrightarrow\cdots$$

尽管该计算始终执行 τ_1 和 τ'_1 转换，但它相对于 τ_2 是弱公平的。这是因为在任意位置之后，τ_2 不总是使能的。

注意，图 2.14 的程序不等价于图 2.15 的程序。在图 2.15 中，τ_1 和 τ_2 属于并发进程，以下仅执行 τ_1 和 τ'_1 的序列不是弱公平的：

$$<\ell_0,m_0,0,0>\xrightarrow{\tau_1}<\ell_1,m_0,1,0>\xrightarrow{\tau'_1}<\ell_0,m_0,1,0>\xrightarrow{\tau_1}\cdots$$

该序列相对于 τ_2 不是弱公平的。这是因为从开始 τ_2 总是使能的，但它从未被执行。

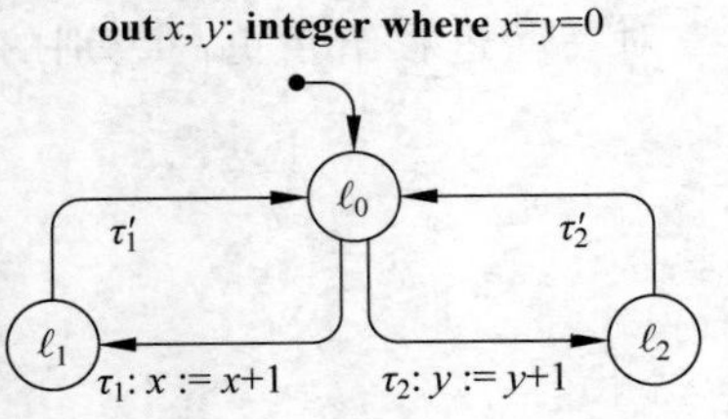

图 2.14　竞争转换

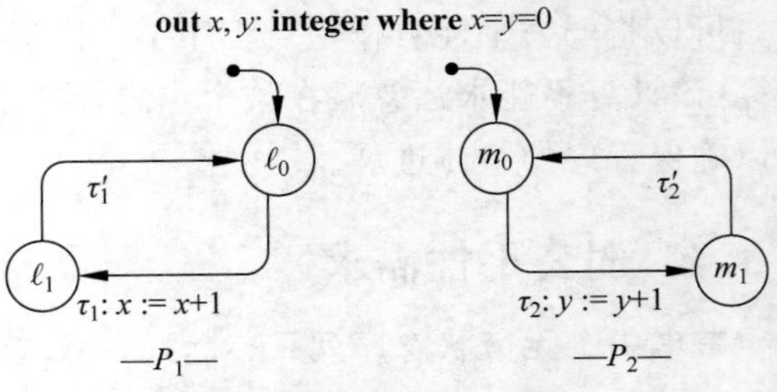

图 2.15　并行转换

这两个例子表明，一旦将弱公平性引入模型，并发性就不再完全等价于不确定性。在 τ_1 和 τ_2 属于同一进程（见图 2.14）及 τ_1 和 τ_2 是并发（见图 2.15）的情况下，弱公平性会加以区分。

问题 2.3 将考虑一种更简单的形式转换，遵循某些限制的弱公平需求，这个形式可描述为非自循环转换。

2.4　弱公平性需求的含义

一些弱公平性需求的含义不是很明确。下面进行讨论。

2.4.1　不能保证选择公平性

考虑图 2.16 中的程序 $A5$。该程序的所有计算都能终止吗？

关键问题是周期性计算 $<\{\ell_0, m_0\}, \mathrm{F}> \xrightarrow{m_0^{\mathrm{T}}} <\{\ell_0, m_1\}, \mathrm{F}> \xrightarrow{m_2} <\{\ell_0, m_0\}, \mathrm{F}> \xrightarrow{m_0^{\mathrm{T}}} \cdots$ 是否可接受。它是否适用于所有的转换？转换 ℓ_0 没有抱怨的理由，因为它一直不是使能的。类似地，m_0^{F} 也总是不使能的。转换 m_0^{T} 和 m_2 也不能抱怨，因为它们被重复地执行。

```
local x: boolean where x=F

P1 :: [ℓ0: await x]  ||  P2 :: [ m0: while (¬x) do
                                 m1: [ m2: skip
                                       or
                                       m3: x := T ] ]
```

图 2.16　程序 A5(选择不公平)

它对 m_3 是弱公平的吗？答案是肯定的。因为尽管 m_3 无穷多次使能，但在某个点之后不是一直使能的，所以上面的周期性计算是一个可接受的计算，这意味着图 2.16 的程序有一个发散的非终止计算。

弱公平性不能保证在竞争转换中的选择公平性。它允许一个进程(如 P_2)一直选择 m_2 而不是 m_3。

2.4.2　转换弱公平性与进程弱公平性

弱公平性需求仅在进程中存在某一特殊转换一直使能时，才能保证进程的最终进展性。它允许在任何状态下，进程的某些转换是使能的，但进程的任何转换从未被执行的计算。因此，进程的持续使能性不能保证它的最终进展性。

【例 2-5】

考虑图 2.17 中的程序 $A6$。根据 x 或 $\neg x$ 是否为真，语句 ℓ_0 在语句 ℓ_1 和 ℓ_2 之间做出选择。同时，P_2 保持 x 的真值交替。

```
local x, y: boolean where x=F, y=T

P1 :: [ ℓ0: [ ℓ1: when x do y :=F
               or
              ℓ2: when (¬x) do y :=F ] ]
||
P2 :: [ m0: while y do
            [m1: x :=¬x] ]
```

图 2.17　程序 A6(detained 程序)

考虑如下计算 σ(列出变量 π、x 和 y 的值)。在该计算中，没有 P_1 的转换被执行，并且语句 m_0^{T} 和 m_1 被周期性地重复执行，即

$$<\{\ell_0, m_0\}, \mathrm{F}, \mathrm{T}> \xrightarrow{m_0^{\mathrm{T}}} <\{\ell_0, m_1\}, \mathrm{F}, \mathrm{T}> \xrightarrow{m_1}$$

$$<\{\ell_0, m_0\}, \mathrm{T}, \mathrm{T}> \xrightarrow{m_0^{\mathrm{T}}} <\{\ell_0, m_1\}, \mathrm{T}, \mathrm{T}> \xrightarrow{m_1}$$

$$<\{\ell_0, m_0\}, \mathrm{F}, \mathrm{T}> \xrightarrow{m_0^{\mathrm{T}}} <\{\ell_0, m_1\}, \mathrm{F}, \mathrm{T}> \cdots$$

显然，在 σ 的任何状态下，ℓ_1 或 ℓ_2 都是使能的，这意味着 P_1 的某些转换总是使能的。

然而，由于 m_1 交错更改 x 的值为 T 和 F，因此存在无穷多个 ℓ_1 不使能和无穷多个 ℓ_2 不使能的状态。当存在 P_1 的转换总是使能时，ℓ_1 和 ℓ_2 都不是一直使能的。

因此，根据定义，给出的无穷计算是弱公平的，它是可接受的。

一些研究人员提出了不同的弱公平性概念，称为**进程弱公平性**。

设 P 是转换图或文本程序中的一个进程。如果存在 P 的转换在位置 $j \geqslant 0$ 是使能的，则称 P 在该位置使能。如果对于 $j \geqslant k$，存在 P 的转换在位置 j 使能，则 P 在位置 k 之后是持续使能的。P 的不同转换在不同的 j-位置使能。如果存在 P 的转换在位置 j 被执行，则认为进程 P 在 j 被执行或被激活。

如果不会发生进程 P 在某一位置 $k \geqslant 0$ 之后一直使能，且进程在该位置之后没有转换被执行的情形，则称进程 P 满足进程弱公平性。

根据这个定义，图 2.17 中程序 $A6$ 的计算 σ 不满足进程弱公平性，因为在计算的任意状态，ℓ_1 和 ℓ_2 都是使能的，所以 P_1 一直使能。但是，没有 P_1 的转换被执行。由此可见，程序 $A6$ 没有无穷多个计算，并且总是终止。

进程弱公平性比前面提出的弱公平性限制更强，为了便于比较，称之为转换弱公平性。它是一些特定环境中可用的可行假设。本书主要介绍转换弱公平性，原因为：when 语句在大多数机器上通常不是一个可用的原始指令。即使有多个 when 语句也是同样的。图 2.17 给出进程 P_1 中语句 ℓ_0 的一个典型实现方式，具体如下：

$$\hat{\ell}_0:\left[\begin{array}{l}\textbf{local}\ done:\textbf{boolean where}\ done=\mathrm{F}\\ \textbf{while}(\neg\, done)\,\textbf{do}\\ \left[\begin{array}{l}\ell_1:\textbf{if}\ x\ \ \textbf{then}[y:=\mathrm{F};done:=\mathrm{T}]\\ \quad\textbf{else}\\ \ell_2:\textbf{if}(\neg\, x)\,\textbf{then}[y:=\mathrm{F};done:=\mathrm{T}]\end{array}\right]\end{array}\right]$$

该执行交错对 x 和 $\neg x$ 取样，并通过其真值执行 ℓ_1 或 ℓ_2 的语句体。如果用程序 $A6$ 中的 ℓ_0 替换这个语句，从弱公平性需求的角度看，结果程序将有一个发散计算。

由于将 $\hat{\ell}_0$ 看作 ℓ_0 的可接受执行，因此必须允许最初的程序 $A6$ 有发散计算。这是由转换弱公平性而不是进程弱公平性支撑的。

根据转换弱公平性，从某一点开始，一个进程一直保持使能并不能保证它最终被执行。只有这个进程的一个特殊转换保持使能，弱公平性才能保证该进程最终被执行。

2.4.3　弱公平性调度

考虑一个虚构的调度，它在当前使能的转换中确定下一步将执行的转换。在多程序处理系统中，这通常由操作系统的一个组件（即调度器）来执行。

假设调度器的目标是构造一个满足弱公平性的计算。那么，它该使用何种策略保证这个目的？如果调度器观察到存在转换，如图 2.15 的程序中的计算 τ_2，在最后若干步一直使能但未被执行，则最终 τ_2 一定被调度。因为如果这样的情形永远被忽略，将会产生非弱公平计算。

因此，任何确保弱公平性的有效措施都不能永久等待，以验证转换 τ 在所有位置都是一直使能的。必须在只观察计算的有穷前缀基础上采取行动，如果它保持足够长时间使能，这样的措施将激活一个转换。实际中的措施在解释“足够长”的意义上可能有所不同。

$$\begin{array}{l}\textbf{local}\ q\text{: }\textbf{list of transition where}\ q=(\tau_I,\tau_1,\cdots,\tau_k)\\ \qquad \tau\text{: }\textbf{transition}\\ \quad\ \textbf{loop forever do}\\ \qquad\quad\left[\begin{array}{l}(\tau,q):=(hd(q),tl(q))\\ \textbf{if}\ enabled(\tau)\ \textbf{then}\ taken(t)\\ q:=q\bullet\tau\end{array}\right]\end{array}$$

图 2.18　算法 J-SCHED（弱公平性调度）

下面给出一个具体的例子，考虑如图 2.18 所示的算法 J-SCHED。为了执行任务调度，通过加入新

的数据类型 **transition**、操作符 $enabled(\tau)$和 $taken(\tau)$来扩充程序语言，分别测试转换 τ 是否使能和被激活。

假设所考虑程序的弱公平性集为$\mathcal{J}=\{\tau_1,\cdots,\tau_k\}$。该抽象算法使用变量 τ 存放单一转换，使用列表 q 存放等待执行的转换队列。初始时，q 装满了程序中的所有弱公平性转换和 τ_I。在每一轮中，调度器队列头部的转换赋值给变量 τ 并将其移出队列。然后检测该转换的使能性，如果它是使能的，则启动它。在任何情况下，转换都会被重新放回队列尾部。

这个调度算法不能保证产生一个给定程序的所有可能的弱公平性计算，但它只产生弱公平性计算。

2.4.4 不能检测弱公平性

考虑图 2.19 中的程序。

out y, z: **integer where** $y=0, z=0$

$$P_1 :: \begin{bmatrix} \ell_0\text{: } \mathbf{loop\ forever\ do} \\ \ell_1\text{: } y := y+1 \end{bmatrix} \quad \| \quad P_2 :: \begin{bmatrix} m_0\text{: } \mathbf{loop\ forever\ do} \\ m_1\text{: } z := z+1 \end{bmatrix}$$

图 2.19 两个计数器

该程序有下列计算(给出变量 π、y、z 值的变化)：

$<\{\ell_0,m_0\},0,0>\xrightarrow{\ell_0,\ell_1}$

$<\{\ell_0,m_0\},1,0>\xrightarrow{\ell_0,\ell_1}$

$<\{\ell_0,m_0\},2,0>\xrightarrow{\ell_0,\ell_1}$

$<\{\ell_0,m_0\},3,0>\xrightarrow{m_0,m_1}$

$<\{\ell_0,m_0\},3,1>\xrightarrow{\ell_0,\ell 1}<\{\ell_0,m_1\},4,1>\xrightarrow{\ell_0,\ell_1}<\{\ell_0,m_0\},5,1>\xrightarrow{\ell_0,\ell_1}$

$<\{\ell_0,m_0\},6,1>\xrightarrow{m_0,m_1}$

$<\{\ell_0,m_0\},3,1>\xrightarrow{\ell_0,\ell_1}<\{\ell_0,m_1\},4,1>\xrightarrow{\ell_0,\ell_1}<\{\ell_0,m_0\},5,1>\xrightarrow{\ell_0,\ell_1}$

$<\{\ell_0,m_0\},6,1>\xrightarrow{m_0,m_1}$

$<\{\ell_0,m_0\},6,2>\longrightarrow<\cdots$

即使 P_2 一直受到歧视，每执行 3 次 P_1 才允许执行一次 P_2，该计算仍是弱公平的。

注意，当进行到与 **loop forever** 语句相关的转换时，直接将ℓ_0^{T}写作ℓ_0。这是因为另一个转换ℓ_0^{F}总是非使能的。

因此，弱公平性与衡量公平性的任何量化标准均无关。可以设想一种调度，它更加歧视 P_2，开始每执行一次 P_1 之后执行一次 P_2，接着每执行 10 次 P_1 之后才执行一次 P_2，再接着每执行 100 次 P_1 之后才执行一次 P_2……。按照定义，该调度产生一个弱公平性计算。

这说明弱公平性是一种十分弱的需求，它并不能对不同处理器的速度比进行假设。因此，前面提出的调度相当于处理器 P_1 会随着计算的进行逐渐快于 P_2。

对弱公平做尽可能弱的假设有利于验证过程，因为一个在更通用模型上已经被验证正确的程序会在实现上表现得更加正确。因此，如果模型中施加更弱的限制和更多的通用性，就会提升验证结果的鲁棒性。

也许会有人质疑弱公平性能否得到全面实现。其实,任意公平结构的实现都比这里采用的弱定义具有更强的公平性。例如,对两个方案进行公平性选择,通常在转换到另一个方案之前,对选择的第一个方案有时间上的限制。

然而,弱公平性和之后讨论的公平性需求都被当作是一种有用的抽象,它们都能够泛化很多实际实现,而不是对通用性和弱点的目标进行实现。实数的概念与之类似,虽然它永远不能被有限的程序完整地实现,但是可以为程序推理进行有效的抽象。

2.4.5 非公平转换

所有的勤勉转换都需要是弱公平的,即$\mathcal{J}=\mathcal{T}_D$。这里给出一个例外,这个转换并不需要弱公平性。

程序 MUX-SEM 通过信号量来确保相互排斥,如图 2.20(或图 1.9)所示。

local r: **integer where** r=1

$$P_1 :: \left[\begin{array}{l}\ell_0\text{: }\mathbf{loop\ forever\ do}\\ \left[\begin{array}{l}\ell_1\text{: }\mathbf{noncritical}\\ \ell_2\text{: }\mathbf{request}(r)\\ \ell_3\text{: }\mathbf{critical}\\ \ell_4\text{: }\mathbf{release}(r)\end{array}\right]\end{array}\right] \quad \| \quad P_2 :: \left[\begin{array}{l}m_0\text{: }\mathbf{loop\ forever\ do}\\ \left[\begin{array}{l}m_1\text{: }\mathbf{noncritical}\\ m_2\text{: }\mathbf{request}(r)\\ m_3\text{: }\mathbf{critical}\\ m_4\text{: }\mathbf{release}(r)\end{array}\right]\end{array}\right]$$

图 2.20 程序 MUX-SEM(信号量互斥)

该程序包含非临界区和临界区。这些语句分别代表可以被描述为非临界部分和临界部分的任意代码段。这些代码段可能包含其他活动,它们的内部细节和互斥协调问题无关。在第 1 章的介绍中,这些语句并没有和转换相关联。以下是关于临界区和非临界区行为的三个假设,作为对临界和非临界的转换语义的解释。

(1) 代码段的执行不能修改互斥协议的同步变量的值,即图 2.20 中的变量 r。

(2) 临界区总是终止。

(3) 非临界区不需要终止。

假设(3)表示,从某一点开始,进程不再需要访问临界区。

原则上,可以将 **critical** 语句和 **noncritical** 语句视为两个新语句,并将转换与它们关联,也可以选择其他语句代替它们。**critical** 语句可以用 **skip** 语句代替,它不能干预协议变量和程序终止。**noncritical** 语句可以用 **idle** 语句代替,不要与空闲转换 τ_I 混淆,语句ℓ: **idle**: $\hat{\ell}$将 τ_ℓ^{T} 和 τ_ℓ^{F} 关联在一起,转换关系 ρ_ℓ^{T} 和 ρ_ℓ^{F} 如下所示:

$$\rho_\ell^{\mathrm{T}}: ([\ell] \in \pi) \wedge (\pi' = \pi \dot{-} [\ell] + [\hat{\ell}])$$

$$\rho_\ell^{\mathrm{F}}: ([\ell] \in \pi) \wedge (\pi' = \pi)$$

τ_ℓ^{F} 对应在转换ℓ停留一会儿,τ_ℓ^{T} 对应 **idle** 语句的结束。这两个转换都不包含在弱公平性集$\mathcal{J}$中。例如,图 2.21 中的程序将图 2.20 中的 **noncritical** 语句和 **critical** 语句替换为 **idle** 语句和 **skip** 语句。弱公平性集$\mathcal{J}$与该程序相联系,包含除ℓ_1^{T}、ℓ_1^{F}、m_1^{T}、m_1^{F}(它们与 **idle** 语句相关)外的所有转换。考虑下列最终周期计算(列出了 π 和 r 的值):

$$\cdots <\{\ell_1, m_1\}, 1> \xrightarrow{m_1, m_2, \ell_1^{\mathrm{T}}} <\{\ell_2, m_3\}, 0> \longrightarrow \cdots$$

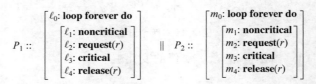

$$\langle\{\ell_2,m_1\},1\rangle \longrightarrow \cdots \langle\{\ell_3,m_1\},0\rangle \longrightarrow \cdots \langle\{\ell_2,m_1\},1\rangle \longrightarrow \cdots$$

即使从某一点开始，m_1^{T} 一直使能且从未被执行，该计算也是弱公平的（相对于 $\mathcal{J}$）。这是因为 $m_1^{\mathrm{T}} \notin \mathcal{J}$。该计算表示从某一点开始，$P_2$ 没有进入临界区。

$$\textbf{local } r\text{: } \textbf{integer where } r=1$$

$$P_1 :: \left[\begin{array}{l}\ell_0\text{: }\textbf{loop forever do}\\ \left[\begin{array}{l}\ell_1\text{: }\textbf{idle}\\ \ell_2\text{: }\textbf{request}(r)\\ \ell_3\text{: }\textbf{skip}\\ \ell_4\text{: }\textbf{release}(r)\end{array}\right]\end{array}\right] \quad \| \quad P_2 :: \left[\begin{array}{l}m_0\text{: }\textbf{loop forever do}\\ \left[\begin{array}{l}m_1\text{: }\textbf{idle}\\ m_2\text{: }\textbf{request}(r)\\ m_3\text{: }\textbf{skip}\\ m_4\text{: }\textbf{release}(r)\end{array}\right]\end{array}\right]$$

图 2.21　通过 idle 和 skip 表示程序段

引入 **idle** 语句对这种现象建模并非绝对必要。可以使用下面的语句：

$$\left[\begin{array}{l}\textbf{local } t:\textbf{boolean where } t=\mathrm{T}\\ \qquad\textbf{while } t \textbf{ do} \left[\begin{array}{c} t:=\mathrm{F}\\ \textbf{or}\\ \textbf{skip}\end{array}\right]\end{array}\right]$$

该语句表示一个循环，它可以不确定性地选择停留在原地或终止。实际上，只要该语句不放在 selection 语句的前面，那么该语句与 **idle** 语句是一致的。但是，**idle** 语句有明显的优点，它仅使用两个转换表示相同的行为。值得注意的是，该语句提供了 **idle** 语句的另一种可能的建模，具体如下：

$$\textbf{skip or } \left[\textbf{skip};\ \textbf{await } \mathrm{F}\right]$$

这条语句做出了一个不确定的选择，要么终止，要么永远停留在一个等待位置。

问题 2.4 将证明这些说法的合理性。

2.5　强公平性

虽然弱公平性需求足以确保不包含同步语句或通信语句的进程，但它们不足以描述需要与其他进程紧密协调的同步语句和通信语句的预期行为。下面将考虑一个更强的公平性概念，它与语言的协调语句相关联。使用互斥的标准例子比较在相关公平性条件下不同协调语句的表达能力。

2.5.1　弱公平性的不足

下面使用信号量互斥的标准解决方案说明弱公平性的不足。图 2.20 中的程序 MUX-SEM 表示这种解决方案。该程序有下列周期性计算，其中每个状态列出了变量 π 和 r 的值：

$$\begin{aligned}\sigma:&\langle\{\ell_0,m_0\},1\rangle \longrightarrow \cdots \longrightarrow \langle\{\ell_2,m_2\},1\rangle \xrightarrow{\ell_2}\\ &\langle\{\ell_3,m_2\},0\rangle \xrightarrow{\ell_3} \langle\{\ell_4,m_2\},0\rangle \xrightarrow{\ell_4} \langle\{\ell_0,m_2\},1\rangle \xrightarrow{\ell_0}\\ &\langle\{\ell_1,m_2\},1\rangle \xrightarrow{\ell_1} \langle\{\ell_2,m_2\},1\rangle \xrightarrow{\ell_2} \langle\{\ell_3,m_2\},0\rangle \longrightarrow \cdots\end{aligned}$$

计算 σ 表示即使进程 P_2 一直在 m_2 处等待，请求进入其临界区，但从未被允许。但是计算

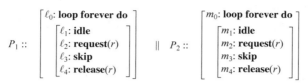

σ 还是弱公平的，即满足所有弱公平性需求，尤其是对于 m_2。例如，在状态$<\{\ell_3, m_2\}, 0>$的所有出现中，因为 m_2 无限多次地不使能，所以 m_2 从未被执行。

解决互斥问题的一种方法是确保 P_1 和 P_2 最终都被允许进入它们的临界区。类似于 σ 这样的计算不应该被接受。一种信号量的合理实现是确保 request 语句间的公平性。因为这种公平性并不能被弱公平性充分地体现，所以需要一种类型更强的公平性。

结论是对于某些转换 τ，尤其是与同步结构（如信号量语句）相对应的转换，不仅 τ 在某一点之后一直使能需要激活，而且如果 τ 无限多次使能也需要激活，就像程序 MUX-SEM 中的 request 语句。

2.5.2 强公平性需求

一个无穷多次使能的在同步语句中被暂停的进程最终会继续运行。

如果出现 τ 并不是无限使能，且在某些位置 $k \geqslant 0$ 不执行的情况，则称计算 σ: $s_0, s_1, \cdots$ 关于转换 τ 是强公平的。该定义等同于 τ 不能无限多次使能，只能在有限多的位置可执行。

注意弱公平性需求和强公平性需求之间的区别，即用"无限多次使能"代替"在某些位置上一直使能"。

总之，给出一个转换系统 P，规定转换集合 $\mathcal{C} \subseteq \mathcal{T}$，并且要求对于每个 $\tau \in \mathcal{C}$ 来说计算是强公平性的。称 $\mathcal{C}$ 为 P 的强公平性集。如果 P 的计算对于 P 的强公平性集 $\mathcal{C}$ 的每个转移来说都是强公平的，则称 P 的计算是强公平的。

对于 τ 的强公平性需求，两个等价的表示方式是：

(1) τ 要么只能有限次使能，要么只能无限次使能。

(2) 如果 τ 无限次使能，那么就能无限多次执行。

之后将在不同模型中，识别与不同协调语句相关联的强公平性需求。

下面解释弱公平性和强公平性的含义。可以把调度一个转换看作是对频繁使能的奖励。非使能可以被视为一种越界，一些需求可通过不调度该转换来惩罚它。

只有在超过某一点后，它停止越界，弱公平性才承诺调度一个转换，且该转换一直是使能的。强公平性完全忽视了非使能的状态。只要转换无限使能，就会承诺调度它。

2.5.3 强公平性调度

可以使用弱公平性调度的需求来比较强公平性调度的需求。为了确保弱公平性的调度，有必要确保每个弱公平性转换都能被考虑。如果被考虑的转换是不使能的，那就太糟糕了，但也没有必要刻意避免这种情况。

对于调度一个强公平性转换来说，这种方法是不能接受的。这会使强公平性转换 τ 一直无限使能但从未被执行，因为每次轮到它时都恰好变得不使能。因此，为了确保强公平性的调度，需要更多地关注转换的使能状态。

假设程序的强公平性集$\mathcal{C}=\{\tau_1, \cdots, \tau_k\}$。如图 2.22 所示的抽象算法 C-SCHED 是强公平性调度器的一个具体示例。为简单起见，假设弱公平性集为空。

每一轮调度器都会从顶部开始查看挂起转换的队列，寻找接近队列头部的使能转换。由于 τ_I 总是在队列中，因此这样的转换一定会被找到。一旦找到，转换就会被激活，并从队列移除，放在尾部。将转换重新引入队列时，会被赋予最低的优先性。

```
local q     : list of transitions where q=(τ_l, τ_1, …, τ_k)
      τ     : transition
      i     : integer
      done: boolean
      loop forever do
          ⎡ i := 1; done := F
          ⎢ while ¬ done do
          ⎢     ⎡ if enabled(q[i]) then
          ⎢     ⎢     ⎡ τ := q[i]
          ⎢     ⎢     ⎢ take(τ)
          ⎢     ⎢     ⎢ q := q−{τ}
          ⎢     ⎢     ⎢ q := q • τ
          ⎢     ⎢     ⎣ done := T
          ⎣     ⎣ i := i+1
```

图 2.22　算法 C-SCHED(强公平性调度)

与弱公平性调度相似,该算法不会产生所有的强公平性计算,但是它产生的每个计算都是强公平性的。这是因为每当转换 τ 是使能的且不被执行时,它会更靠近队列的头部。如果它无限多次使能,就一定会被重复执行。

问题 2.5 将构建一个算法,生成勤勉序列、弱公平序列和强公平序列,即计算。

2.6　同步语句

在共享变量文本程序模型中,将 request 语句、release 语句、region(区域)语句归类为同步语句,与同步语句相关联的转换称为同步转换。对于一个共享变量程序 P,强公平性集合 $\mathcal{C}$是 P 中所有同步转换的集合。例如,图 2.20 中的程序 MUX-SEM 的强公平性集合是$\{\ell_2, \ell_4, m_2, m_4\}$。这个程序强公平性排除了违规计算 σ:同步转换 m_2 从未被激活。这个计算会被排除的原因是 m_2 能无限多次使能,但从未被执行。

1. 信号量互斥

当观察到强公平性时,图 2.20 中的程序会提供一个直接的符合要求的方案来解决互斥问题。强公平性能充分保证每个进程的可访问性。也就是说,每个希望进入临界区的进程 $P_i(i=1,2)$保证最后一定能进入。

假设进程 P_1 在ℓ_2等待以获得临界区ℓ_3的进入权限,ℓ_2中的 **request**(r)语句在 $r>0$ 时使能,则有:

(1) 如果超过一个程序的特定点,r 就会一直为正,按照弱公平性对ℓ_2的要求,P_1 一定会到达ℓ_3。

(2) 如果 r 在某些位置之后没有一直为正,那么 r 一定会在某时为 0,只有其他进程在 m_2 上执行 **request**(r) 才有可能。但是,P_2 最终一定会在 m_4 执行 **release**(r)(由于临界区一定会终止)。**release**(r)的每次执行都会使 r 再次变为正。因此在这种情况下,r 无穷多次为正。由于ℓ_2上的强公平性,可以得出 P_1 最终必须前进并且执行ℓ_3。

2. 区域语句互斥

使用区域语句解决如图 2.23 所示的互斥问题与信号量方案类似。它只使用这些语句的一部分,可以通过不包含 when 部分来辨别。至于区域语句保证可访问性的强公平性这一观点，与这里列出的信号量情况是等同的。

```
local r: resource

P1 :: [ ℓ0: loop forever do                ||   P2 :: [ m0: loop forever do
          [ ℓ1: noncritical   ]                          [ m1: noncritical   ]
          [ ℓ2: region r do   ]                          [ m2: region r do   ]
          [ ℓ3: critical      ] ]                        [ m3: critical      ] ]
```

图 2.23　通过区域语句解决互斥问题

2.7　通信语句

消息传递模型使用通信语句进行传递和接收，而不是同步语句。因此，为了得到等同于共享变量的表达能力，将强公平性需求与通信语句相关联。

假设 S 是一个通信语句，一般形式为 $\alpha \Leftarrow e$ **provided** c 或者 $\alpha \Rightarrow u$ **provided** c。假设 $trans(S)$ 中的 τ 是与语句 S 关联的一个转换。在同步情况下，可能有多个与 S 关联的转换，这取决于与 S 并行的匹配通信语句的数量。称 τ 为**通信转换**(communication transition)。

对于消息传递程序 P，强公平性子集$\mathcal{C}$是 P 中所有通信转换的子集。下面研究强公平性需求对同步通信系统的影响。

【例 2-6】

如图 2.24 所示的程序 $A7$ 包含两个进程。进程 P_1 包含语句ℓ_2和ℓ_3之间的非确定性选择。如果选择ℓ_2，P_1 会对同步通道 α 发送 F，并且将 x 设置为 F。如果选择ℓ_3，则没有通信发生，x 保持它的初始值 T。进程 P_2 也有一个循环，它试图在这个循环中从 α 中读取一个值到 y 中。如果 P_1 选择了ℓ_2，那么 x 和 y 都会得到值 F，并且程序会终止。需要探讨的问题是程序是否总是会终止。

```
local α: channel of boolean

P1 :: [ local x: boolean                    ||   P2 :: [ local y: boolean
              where x=T                                        where x=T
        ℓ0: while x do                                   m0: while x do
                  [ ℓ2: α⇐ F; x :=F ]                    m1: α⇒y          ]
             ℓ1:  [     or          ]
                  [ ℓ3: skip        ] ]
```

图 2.24　程序 A7(共同终止)

不难看出，该程序唯一可能的非终止计算是如下的周期计算：

$$\cdots <\{\ell_1, m_1\}, \mathrm{T}, \mathrm{T}> \xrightarrow{\ell_3} <\{\ell_0, m_1\}, \mathrm{T}, \mathrm{T}> \xrightarrow{\ell_0} <\{\ell_1, m_1\}, \mathrm{T}, \mathrm{T}> \cdots$$

该计算对于通信转换 $\tau_{<\ell_2, m_1>}$ 来说不是强公平性的，它总是无限使能但从未被执行。因此，所有可接受的计算都会终止。

作为比较，考虑如图 2.25 所示的程序 $A8$。在程序 $A7$ 中，除非发生通信，否则进程 P_2 不能超过 m_1，而在程序 $A8$ 中，P_2 有一个通信的替换方案，由 m_3 语句 **skip** 表示。

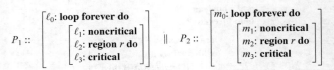

```
local α: channel of boolean

P1 :: [ local x: boolean                      ] || P2 :: [ local y: boolean               ]
      [        where x=T                      ]          [        where y=T               ]
      [ ℓ0: while x do                        ]          [ m0: while y do                 ]
      [       [ ℓ2: α⇐ F; x :=F ]             ]          [       [ m2: [α⇒y] ]            ]
      [   ℓ1: [    or           ]             ]          [   m1: [    or     ]            ]
      [       [ ℓ3: skip        ]             ]          [       [ m3: skip  ]            ]
```

图 2.25　程序 A8(发散的可能性)

程序 $A8$ 有下列非终止计算：

$$\sigma: <\{\ell_0, m_0\}, \mathrm{T}, \mathrm{T}> \xrightarrow{\ell_0} <\{\ell_1, m_0\}, \mathrm{T}, \mathrm{T}> \xrightarrow{\ell_3} <\{\ell_0, m_0\}, \mathrm{T}, \mathrm{T}>$$

$$\xrightarrow{m_0} <\{\ell_0, m_1\}, \mathrm{T}, \mathrm{T}> \xrightarrow{m_3} <\{\ell_0, m_0\}, \mathrm{T}, \mathrm{T}> \longrightarrow \cdots$$

该计算既具有弱公平性,又具有强公平性。强公平性遵循仅有的通信转换 $\tau_{<\ell_2, m_2>}$ 在 α 上从未使能。

两个程序都包含一对匹配的通信语句,P_1 中有一条 send 语句,P_2 中有一条 receive 语句,在任何非终止的计算中,这些语句都会被访问无穷多次。两个程序的比较表明,在这种情况下,只有在参与通信的进程中有一个进程没有其他替换的情况下,通信转换才会被保证最终进行。在程序 $A7$ 中,进程 P_2 没有 m_1 的替换方案,所以转换 $\tau_{<\ell_2, m_2>}$ 最终一定是执行的。在程序 $A8$ 中,两个进程都有一个通信的替换方案,所以计算是允许的,其中的转换 $\tau_{<\ell_2, m_2>}$ 是不需要的。

问题 2.6 将考虑另一种公平性,称为集合公平性需求。

2.7.1　同步通信互斥

为了证明与同步通信模型相关的强公平性需求赋予同步通信模型与公平共享变量模型类似的能力,图 2.26 给出了一个使用同步通信解决互斥问题的方案。

```
local α1, α2: channel of boolean

P1 :: [ ℓ0: loop forever do          ]
      [       [ ℓ1: noncritical ]    ]
      [       [ ℓ2: α1⇐ T       ]    ]
      [       [ ℓ3: critical    ]    ]
      [       [ ℓ4: α1⇐ F       ]    ]

||

A ::  [ local y: boolean                           ]
      [ k0: loop forever do                        ]
      [       [ [k2: α1⇒y; k3: α1⇒y] ]             ]
      [   k1: [    or                ]             ]
      [       [ [k4: α2⇒y; k5: α2⇒y] ]             ]

||

P2 :: [ m0: loop forever do          ]
      [       [ m1: noncritical ]    ]
      [       [ m2: α2⇐ T       ]    ]
      [       [ m3: critical    ]    ]
      [       [ m4: α2⇐ F       ]    ]
```

图 2.26　程序 MUX-SYNCH(同步通信互斥)

在这个程序中，和大多数基于消息传递的解决方案一样，需要引入一个特殊的进程 A，其作用是在进程 P_1 和进程 P_2 中进行仲裁。进程 P_1 和进程 P_2 分别使用通道 α_1 和通道 α_2，仅与仲裁者进程 A 直接通信。P_i 向 A 发送消息 T，表示 P_i 请求并被允许进入临界区。通过通道 α_i 传递的消息 F 表示进程 P_i 释放该权限。注意，由于同步通信在发送端和接收端同时执行，因此每条消息都带有即时确认。

每个竞争进程 $P_i(i=1,2)$ 都试图通过通道 α_i 发送 T。如果成功，则进入临界区。当临界区终止时，P_i 就会通过 α_i 发送 F。仲裁器 A 的执行周期开始于从通道 α_1 或通道 α_2 接收之间的选择。如果选择了通道 α_i，仲裁器允许 P_i 进入它的临界区，然后仲裁器 A 等待来自 P_i 的释放信号，这是通过 α_i 发送的另一个消息 F。

在这个协议中，已发送消息的实际值是不重要的。重要的是通信已经发生，这意味着参与进程之间的同步。发送 T 来得到权限或者发送 F 来获取释放的选择是任意的。

为了证明该解决方案能确保每个进程的可访问性，可以看到由于 $\tau_{<\ell_2,k_2>}$ 的强公平性，尽管 A 访问 k_1（包含 k_2）无限多次，P_1 一直在 ℓ_2 上等待是不可能的。而对 P_2 来说，也有相似的变量确保可访问性。

2.7.2 异步通信互斥

下面考虑异步消息传递的通信情况。需要对每个与异步通信语句相关的转换施加强公平性，形式为 $\alpha \Leftarrow e$ **provided** c 或 $\alpha \Rightarrow u$ **provided** c。

如图 2.27 所示的程序 MUX-ASYNCH 给出了使用异步通信解决互斥问题的方法。

```
local α1, α2, β1, β2: channel [1..] of boolean

        ┌ local x1: boolean
        │ ℓ0: loop forever do
        │    ┌ ℓ1: noncritical ┐
P1 ::   │    │ ℓ2: α1 ⇐ T      │
        │    │ ℓ3: β1 ⇒ x1     │
        │    │ ℓ4: critical    │
        └    └ ℓ5: α1 ⇐ F      ┘
   ||
        ┌ local y: boolean
        │ k0: loop forever do
A ::    │        ┌ [k2: α1 ⇒ y; k3: β1 ⇐ T; k4: α1 ⇐ y] ┐
        │    k1: │   or                                  │
        └        └ [k5: α2 ⇒ y; k6: β2 ⇐ T; k7: α2 ⇒ y] ┘
   ||
        ┌ local x2: boolean
        │ m0: loop forever do
        │    ┌ m1: noncritical ┐
P2 ::   │    │ m2: α2 ⇐ T      │
        │    │ m3: β2 ⇒ x2     │
        │    │ m4: critical    │
        └    └ m5: α2 ⇐ F      ┘
```

图 2.27　程序 MUX-ASYNCH（异步通信互斥）

该程序类似于如图 2.26 所示的通过同步通信实现互斥的程序 MUX-SYNCH。主要的区别在于,异步消息不携带自己的应答,因此必须显式编程。图 2.26 中的单个 send 语句在图 2.27 中被拆分为ℓ_2的 send 语句和ℓ_3的 recieve 语句,ℓ_3读取了 A 发送的应答 $\beta_1 \Leftarrow \mathrm{T}$。$m_2$ 的语句也做了类似的替换。

问题 2.7 将研究问题 2.6 中定义的集合公平性概念对异步通信程序行为的影响。

2.8　总结:公平转换系统

之前考虑了两种类型的公平性需求,这两种需求似乎有用、可取,且可以实现,下面概括这两种需求的一般定义。

基本转换系统$<\Pi,\Sigma,\mathcal{T},\Theta>$包含以下 4 个部分。

(1) Π:状态变量的有穷集合。

(2) Σ:状态集合。

(3) $\mathcal{T}$:转换的有穷集合。

(4) Θ:初始条件。

通过添加以下两个部分来扩充基本转换系统。

(1) $\mathcal{J}\subseteq\mathcal{T}$:转换的弱公平性集合。

(2) $\mathcal{C}\subseteq\mathcal{T}$:转换的强公平性集合。

包含这两个扩充部分的基本系统称为**公平转换系统**(fair transition system)。

给出公平转换系统 $P=<\Pi,\Sigma,\mathcal{T},\Theta,\mathcal{J},\mathcal{C}>$,将 P 的计算定义为无穷状态序列σ:$s_0,s_1,s_2,\cdots$。它满足下列 5 个条件。

(1) 初始条件:$s_0 \models \Theta$,即首状态 s_0 是初始条件。

(2) 连续性:对每对σ中的连续状态s_i 和s_{i+1},存在转换τ,使得 $s_{i+1}\in\tau(s_i)$。也就是说,s_{i+1} 是 s_i 的τ-后继。

(3) 勤勉性:这个序列要么包含无限多的勤勉步骤(即对于 $\tau\neq\tau_1$ 有 τ-步骤),要么对于所有的 $\tau\neq\tau_1$ 有终止状态,即 $\tau(s)=\varnothing$。

(4) 弱公平性:对于每个$\mathcal{J}$中的 τ,τ 不会在σ 的某些位置一直使能,而是有限多次执行。

(5) 强公平性:对于每个$\mathcal{C}$中的 τ,τ 不会在σ 上无限多次使能,而是有限多次执行。

将满足上述 5 个条件的序列称为 P 的**计算**;将满足前两个条件的序列称为 P 的**运行**,并且将满足勤勉性需求的运行称为**勤勉运行**。

将初始条件和连续性的需求称为有穷性需求,因为它们只限制了计算的有穷前缀。将勤勉性、弱公平性和强公平性的需求称为无穷性或者公平性需求。这些需求对整个计算进行了限制。两者之间的区别解释如下。

如果无穷状态序列违反了一个有限需求,那么在序列的有穷前缀中就会检测到这个违规。而初始要求的违规能在 s_0 上查到。违反连续性需求总是通过 s_i 和 s_{i+1} 来进行检查,即对于任意$\tau\in\mathcal{T}$,使 s_{i+1} 不是 s_i 的τ-后继。因此,有穷前缀 $s_0,\cdots,s_i,s_{i+1}$ 是错误的,并且它的扩展不能是计算。无穷(公平)需求的违规永远无法在有限前缀中检查。每个满足有限需求的有穷序列都能扩充到无穷序列中,并且能够满足上述 5 个条件,因此,它是一种计算。

问题 2.8～2.12 比较公平性的各种概念，并研究特定转换上有效性的作用。

2.9 Petri 网公平性

尽管在某些方面，如数据结构的丰富性，Petri 网模型比其他模型简单得多，但它包含了更丰富的同步可能性。下面将从简单的情况逐步过渡到更复杂的情况，同时引入与网相关的不同的公平概念。

2.9.1 弱公平性

对于网中的每个转换 t，都有 t 的弱公平性需求。这个需求排除了以下计算：t 在计算的某个位置之外一直是使能的，但不能在该位置之外被执行。

2.9.2 非一元网-转换的强公平性

在之前的模型中，遇到的最复杂的情况是通信转换属于两个不相交的进程。在 Petri 网中，可构建来自 n 个不同库所的转换以表示 n 种同步。

按照供给库所的数目对网-转换进行分类。如果它由一个库所供给，即 $|\cdot t|=1$，则称网-转换 t 是一元的；否则称其为非一元的。将非一元网-转换解释为对网中并行组件的协作。因此，将强公平性需求与下面所有的非一元网-转换联系在一起。

对于每个非一元网-转换 t，都有 t 的强公平性需求，这个需求排除了如下计算：t 能无限多次使能，但只能有限多次执行。

问题 2.13 将考虑关于非一元网-转换的另一种集合公平性概念。

2.9.3 互斥

图 2.28 给出了互斥问题的 Petri 网解决方案。竞争进程由子网 P_1 和 P_2 表示，临界区用子网 C_1 和 C_2 表示，非临界区用子网 N_1 和 N_2 表示。

这个方案代表了这样一种可能性，即任何一个竞争进程都可以选择从某一点开始继续留在它的非临界区。这个可能性通过转换 t_1、t_1'、r_1 和 r_1' 来建模，它们表示非临界区的内部运行。

节点 k 作为一个信号量，通过 t_3 与 P_1 通信或通过 r_3 与 P_2 通信。所有转换的弱公平性假设及非一元转换的强公平性保证了公平性，即每个有兴趣进入临界区的进程最终都会进入。考虑 P_1 在 ℓ_1 上一直等待的情况，即 y_{ℓ_1}（在位置 ℓ_1 上描述标记的状态变量）等于 1。如果 $y_k=1$ 一直成立，则转换 t_3 一直使能，并且按照弱公平性，t_3 最终一定会被激活。P_1 在 ℓ_1 上成立，而不能到达 ℓ_2 的情况是：在忽视 t_3 的条件下，k 不断与 P_2 通信。这样的计算会无限多次使能 t_3，尽管 t_3 从未被执行。因此它违背了关于二元转换 t_3 的强公平性需求，并且不被允许。任何可接受的计算最终都会激活 t_3，使 P_1 前进到 ℓ_2。

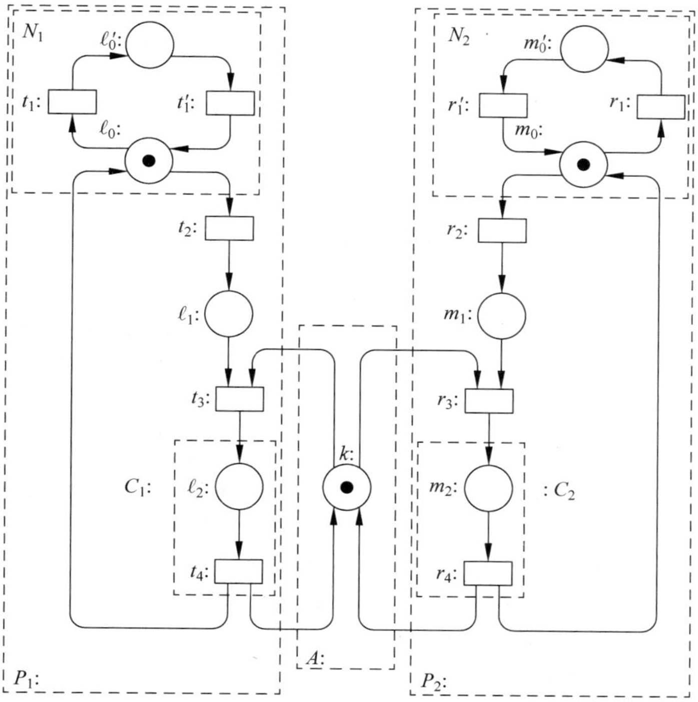

图 2.28 Petri 网的互斥

2.10 公平性语义

2.10.1 公平性防止有限区分

本书定义程序 P 语义的主要方法是将 P 解释为一个转换系统并考虑它的计算。1.6 节指出这种语义过于挑剔，并对希望认为等价的程序进行了区分。因此，在 1.6 节中提出了一个更抽象的语义，它由程序(转换系统)P 生成的简化行为集$\mathcal{R}(P)$组成无穷的序列。

在程序语义的经典处理中，有一种不愿意处理无穷对象集的倾向。人们强烈主张用可能是无穷的有限近似集来表示这些对象。此建议导致语义域为有限(可有限表示的)对象的可能无穷的集合。

因此，如果两个程序具有不同的语义，即不等价，则它们之间必定有一个不同的有限对象，该对象属于其中一个程序的语义，而不属于另一个程序的语义。将该属性称为**有限可区分性**(finite distinguishability)。所有为顺序程序提出的合理语义都具有此属性。

在无穷序列的情况下，有限近似的概念是有限前缀的概念。对于无穷序列 σ: $s_0, s_1, \cdots$，将有限序列 $\hat{\sigma}$: $s_0, \cdots, s_k$ 称为 σ 的**前缀**，并且用 $\hat{\sigma} \prec \sigma$ 来表示。

对于程序 P，$\mathcal{F}(P)$表示了$\mathcal{R}(P)$序列中的所有前缀集合，即 P 简化行为的前缀集合。将$\mathcal{R}(P)$称为 P 的无穷语义，将$\mathcal{F}(P)$称为 P 的有穷语义。例如，如图 2.29 所示的程序 $B1$(即它的无穷语义$\mathcal{R}(B1)$)的简化行为集合包含如下序列，假设 y 是为一个可观测到的变量。

$$\sigma_n: <0>, <1>, \cdots, <n>, <n>, <n>, \cdots$$

其中 $n\geqslant 0$。简化行为 σ_n 对应的计算为：当 $y=n$ 时，P_2 将 x 设置为 F，同时 P_1 会发现 x 被设置为假。

利用这些序列的前缀，得到有限语义 $\mathcal{F}(B1)$ 的一组有限序列：对于每个 $k\geqslant 0$ 和 $\ell\geqslant 1$，$\hat{\sigma}_{k,\ell}$：$<0>,<1>,\cdots,\underbrace{<k>,<k>,\cdots,<k>}_{\ell}$。

下面考虑如图 2.30 所示的程序 $B2$。程序 $B2$ 与程序 $B1$ 的不同之处在于，程序 $B2$ 的进程 $P2$ 在设置 x 为 F 或不修改 x 而终止之间有一个不确定的选择。因此，当程序 $B1$ 的所有计算都终止时，程序 $B2$ 仍有一些不终止的计算(这里假设 x 为自然数)。

```
out   y: integer where y=0
local x: boolean where x=T

P1 :: [ while x do      ]  ||  P2 ::  [y := F]
      [     y := y+1    ]
```

图 2.29 程序 **B1**(总是会终止)

```
out   y: integer where y=0
local x: boolean where x=T

                                  [ x := F ]
P1 :: [ while x do      ]  ||  P2 :: [ or     ]
      [     y := y+1    ]         [ skip   ]
```

图 2.30 程序 **B2**(有时会终止)

在构建无穷语义 $\mathcal{R}(B2)$ 时，除了序列 σ_n 之外，对于每个 $n\geqslant 0$，$\mathcal{R}(B2)$ 包含序列 σ_ω：$<0>,<1>,\cdots,<n>,<n+1>,\cdots$。这个简化行为对应一个非确定计算，它遵循 $\mathcal{R}(B1)\subset\mathcal{R}(B2)$，表示程序 $B1$ 和程序 $B2$ 并不等价。

在计算有限语义 $\mathcal{F}(B2)$ 时，发现 $\mathcal{F}(B2)=\mathcal{F}(B1)$。这是因为 σ_ω 只能为 $\mathcal{F}(B2)$ 添加前缀 $\hat{\sigma}_{k,1}$：$<0>,<1>,\cdots,<k-1>,<k>$，它们也是 σ_k 的前缀。

公平转换系统的语义并不具备有限区分的属性。程序 $B1$ 和程序 $B2$ 并不是等价的，可以由它们无限的语义来区分，即 σ_ω 是程序 $B2$ 的简化行为而不是程序 $B1$ 的简化行为。这两个程序并不能通过有限语义区分，如 $\mathcal{F}(B2)=\mathcal{F}(B1)$。公平性容易确定是造成这种现象的因素。

如果一个转移系统的转移集合是有限的，并且对于每个状态 s 和转换 τ，它的后继集合 $\tau(s)$ 是有限的，则称该转移系统为**有限分支**(finitely branching)的。到目前为止考虑的所有转换系统都是有限分支的。

以下声明认为公平性会导致有限区分属性丢失：假设 P_1 和 P_2 是两个有限分支的转换系统，并且它们的强公平性集合和弱公平性集合为空，即 $\mathcal{J}=\mathcal{C}=\varnothing$，那么 $\mathcal{R}(P_1)=\mathcal{R}(P_2)$ 当且仅当 $\mathcal{F}(P_1)=\mathcal{F}(P_2)$。该声明表示有限分支的转换系统如果不带有公平性需求，那么它就具有有限区分属性。

2.10.2 公平性和随机选择

只要满足以下两个条件，就可以确保有限区分属性。

(1) 没有公平性需求。

(2) 模型是有限分支的。

首先引入简单的无限分支转换。考虑选择语句 ℓ：**choose**(z)：$\hat{\ell}$，其中 z 是一个整型变量，含义是对变量 z 赋予随机的正整型值。这里并没有对 z 赋值的概率分布进行假设。这是一个非确定语句。转换关系 ρ_ℓ 通过语句 ρ_ℓ：$([\ell]\in\pi)\wedge(\pi'=\pi\dot{-}[\ell]+[\hat{\ell}])\wedge(z'>0)$ 与上述选择语句联系在一起。ρ_ℓ 比目前为止考虑的转换系统的标准形式更通用。在标准形式中，质数变量仅以等价语句的变量出现，如 $z'=e$。这个语句还包含了与 $z'>0$ 的合取，它允许 z 在下一个状态中假设为任意的正整型变量。

下面说明使用随机选择扩展程序语言或者交错地引入弱公平性具有相同的表达能力。

1. 弱公平性模拟随机分配

考虑如图 2.31 所示的程序 $B3$。

这个程序的简化行为集（列出 z 的值）由序列 $<0>,<n>,<n>,\cdots$ 组成，其中 $n>0$。

以下是程序的简化行为集：

$$B_3'::\begin{bmatrix}\textbf{out}\ z:\ \textbf{integer where}\ z=0\\ \textbf{choose}(z)\end{bmatrix}$$

这说明程序 $B3$ 模拟了程序 $B3'$，并且在它的完整形式中包含了任意选择 **choose**(z)，即程序 $B3$ 等价于 $B3'$。

```
out   z: integer where z=0
local x: boolean where x=T
      y: integer where y=1

P1 :: [ [ while x do      ]      ]   ||   P2 :: [x := F]
      [ [     y := y+1    ]      ]
      [ z := y                   ]
```

图 2.31　程序 **B3**（模拟随机选择）

2. 随机选择模拟弱公平性

下面演示如何模拟如图 2.32 所示的程序 $B4$。程序 $B5$ 给出了程序 $B4$ 的模拟，如图 2.33 所示。

```
out   y: integer where y=0
local x: boolean where x=T

P1 :: [ while x do   ]   ||   P2 :: [x := F]
      [     y := y+1 ]
```

图 2.32　程序 **B4**

```
out   y: integer where y=0
local u: integer

P1 :: [ choose(u)              ]
      [ while u>1 do           ]
      [     [ y := y+1 ]       ]
      [     [ u := u-1 ]       ]
```

图 2.33　程序 **B5**（模拟程序 **B4**）

对于每个 $n\geqslant 0$，程序 $B4$ 和程序 $B5$ 都产生了包含序列 $<0>,<1>,\cdots,<n-1>,<n>,<n>,<n>,\cdots$ 的简单集合，因此它们是等价的。

经常会有笼统性语句声明公平性并没有实现。其实，它们的真正意思是公平性并没有完全地实现，即没有被模拟。也就是说，在不使用公平性假设的前提下，不能构建 P_1 产生的所有计算的程序 P_2。如果仅考虑有限分支的程序，情况就确实如此。为了模拟弱公平性和其他类型的公平性，需要无限分支的程序，如允许随机分配。

3. 弱公平性的完全调度

为了说明随机选择的公平性可以被完全模拟，图 2.34 给出了弱公平性的完全调度。与弱公平性的调度不同，图 2.18 中的算法 J-SCHED 只是声明了每个产生的序列都是弱公平的。图 2.34 中的调度算法 FJ-SCHED 被证明是完备的，也就是说，每个弱公平序列都可以由算法 FJ-SCHED 产生。

```
local pr  : array [1..k] of integer
      z, i : integer
for i := 1 to k do
      [choose(z); pr[i] :=z]
loop forever do
    [ let i be such that                 ]
    [     pr[i] = min{pr[1], ···, pr[k]} ]
    [ if enabled(τi) then take(τi)       ]
    [ choose(z)                          ]
    [ pr[i] := pr[i]+z                   ]
```

图 2.34　算法 FJ-SCHED（弱公平性的完全调度）

为了简化这种表示，假设 $\mathcal{C}=\varnothing$，$\mathcal{J}=\mathcal{T}=\{\tau_1,\cdots,\tau_k\}$。该算法使用 $pr[1..k]$ 数组来保持各种转换的优先级，数字越小表示优先级越高。算法先为所有转换分配随机优先级。在循环中，算法选择 i 使 $pr[i]$ 是最小的。如果存在多个最小数，则随机选择其中一个。如果 τ_i 是使能的，那么它就被执行。τ_i 的优先级的升高和降低是由随机数 $z(z>0)$ 控制的。该算法产生的每个序列都是弱公平的。下面给出完备性的论据。

假设 σ：$s_0, s_1, \cdots$是一个弱公平序列。基于 σ，可以构建一个弱公平序列 J：$\tau_1^0, \tau_2^0, \cdots, \tau_{m_0}^0, \tau_1^1, \cdots, \tau_{m_1}^1 \cdots$，其中 $\tau_1^0, \cdots, \tau_{m_0-1}^0$ 是所有 s_0 上非使能的转换；$\tau_{m_0}^0$ 是从 s_0 到 s_1 的转换；$\tau_1^1, \cdots, \tau_{m_1-1}^1$ 是 s_1 上非使能的转换；$\tau_{m_1}^1$ 是从 s_1 到 s_2 的转换，以此类推。

假设 $i \in \{1, \cdots, k\}$。由于 σ 是弱公平的，因此 τ_i 必须在 J 中出现无限多次。假设 j_1，j_2，…是出现在 J 中 τ_i 的位置序列。以计算值的形式随机选择对 $pr[i]$的赋值，这样 $pr[i]$就可以相继地被赋以 $j_1, j_2, \cdots$。如果是这种情况，那么算法 FJ-SCHED 将会根据转换在 J 中的出现，精确地检测它们并产生序列 σ。

问题 2.14 将构建一个完全调度，需要确保勤勉性、弱公平性和强公平性。

问题

问题 2.1 高效的 LCR 转换(68 页)。

在 2.2 节中给出的转换将任意程序转换为等价的 LCR 程序，使用单个信号量变量 r 来保护通过分解非 LCR 赋值得到的所有序列。在某些情况下引入了不必要的保护。例如，转换后的程序可能在并行过程中包含以下两段：

$$\textbf{request}(r); \quad t_1 := x;\ u := t_1; \quad \textbf{release}(r)$$

$$\textbf{request}(r); \quad t_2 := y;\ w := t_2; \quad \textbf{release}(r)$$

公共信号量 r 保证以上两段程序永远不会同时执行，以防止两段程序之间的干扰。然而，由于两段程序引用的变量集是不相交的，因此没有保护，段之间也不会相互干扰，在这种情况下保护是不必要的。而这种不必要的保护的代价是其中一段程序的执行可能会因为另一段程序正在执行而延迟。

请定义一个更精细的转换以避免这种不必要的锁定和延迟。在定义转换时，考虑包含分组语句的程序。生成的程序不应包含任何分组状态变量，但可以使用信号量。

* **问题 2.2** 语句精化的鲁棒性(71 页)。

假设程序 P_1 包含语句：$\ell: z := x + y$，程序 P_2 通过替换语句ℓ从 P_1 得到且包含：$\tilde{\ell}: [t := x;\ z := t + y]$，其中 t 是一个没有在 P_1 中出现的新变量。在比较 P_1 和 P_2 时，假设 t 是不可观测的。

(1) 证明如果 P_1 是 LCR 程序，那么 P_2 和 P_1 是等价的。

(2) 给出一个非 LCR 程序 P_1 的例子，使 P_2 与 P_1 不等价。给出其中一个程序的简化行为，它不能由另一个程序生成。

基于上述情况考虑程序 P_3 和 P_4。程序 P_3 包含语句ℓ: **if** $x \vee y$ **then** S_1 **else** S_2，程序 P_4 将ℓ替换为语句$\tilde{\ell}$：**if** x **then** S_1 **else**(**if** y **then** S_1 **else** S_2)。

(3) 当 P_3 是 LCR 程序时，P_3 和 P_4 等价吗？当 P_3 是非 LCR 程序时，P_3 和 P_4 等价吗？如果认为是等价的，请证明；如果认为是不等价的，请给出例子。

问题 2.3 非自循环转换的弱公平性(74 页)。

如果 τ 在执行的任意状态上是不使能的，那么转换 τ 是非自循环的，即如果 $s' \in \tau(s)$，

那么 τ 在 s' 上是不使能的。

（1）对于非自循环转换 τ，说明程序 P 的勤勉运行 σ 是弱公平的，当且仅当 τ 在 σ 的无限多个状态上是不使能的。

（2）自循环转换通常会出现在图示程序和 Petri 网中。例如，图 2.35 中的 τ_0 的转换是自循环的。

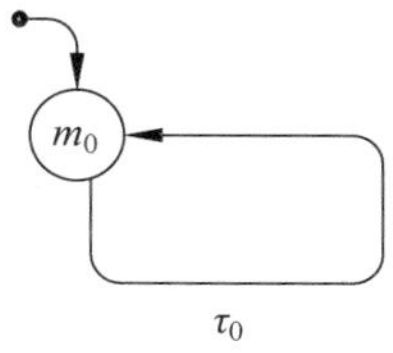

图 2.35　自循环转换 τ_0

说明对于自循环转换 τ，弱公平性需求和要求 τ 无限多次不使能是不同的。可以通过计算说明它满足其中一个需求，但不满足其他需求。

问题 2.4　conditional 语句、while 语句和 **idle** 语句的不同变体（79 页）。

下面分别引入 conditional 语句、while 语句和 **idle** 语句的不同变体，并且将它们与标准形式进行比较。

（1）考虑以下语句：

$$\ell\text{：}\mathbf{IF}\ c\ \mathbf{THEN}\ \ell_1 : S_1\ \mathbf{ELSE}\ \ell_2 : S_2$$

该语句与弱公平性转换 τ_ℓ 相关联，其转换关系 ρ_ℓ 由下面公式给出：

$$\rho_\ell\text{：}([\ell]\in\pi)\wedge[(c\wedge\pi'=\pi\dot{-}[\ell]+[\ell_1])\vee(\neg c\wedge\pi'=\pi\dot{-}[\ell]+[\ell_2])]$$

请说明一般形式下，IF-THEN-ELSE 语句和标准的 **if-then-else** 语句不一致。证明程序 $P[S]$ 和语句 IF c THEN S_1 ELSE S_2 满足 P [IF c THEN S_1 ELSE S_2]$\not\sim$P[**if** c **then** S_1 **else** S_2]。

（2）考虑以下语句：

$$\ell\text{：}[\text{WHILE}\ c\ \text{DO}\ [\tilde{\ell}\text{：}\tilde{S}]]\text{：}\hat{\ell}$$

该语句和弱公平性转换 τ_ℓ 相关联，其转换关系 ρ_ℓ 由下面公式给出：

$$\rho_\ell\text{：}([\ell]\in\pi)\wedge[(c\wedge\pi'=\pi\dot{-}[\ell]+[\tilde{\ell}])\vee(\neg c\wedge\pi'=\pi\dot{-}[\ell]+[\tilde{\ell}])]$$

请说明在一般形式下，WHILE 语句和标准的 while 语句并不一致。

（3）考虑以下语句：

$$\ell\text{：IDLE：}\hat{\ell}$$

这条语句和弱公平性转换 τ_ℓ 相关联，其转换关系 ρ_ℓ 由下列公式给出：

$$\rho_\ell\text{：}([\ell]\in\pi)\wedge[(\pi'=\pi\dot{-}[\ell]+[\hat{\ell}])\vee(\pi'=\pi)]$$

请说明 IDLE 语句和 **idle** 语句是一致的。

（4）如果[**skip**;S_1]$\approx$[**skip**;S_2]，则将语句 S_1 和 S_2 称为确定一致的。S_1 和 S_2 在特殊情况下可能是确定一致的，但是将它们加入 selection 语句可能导致非等价的语句，即[S_1 **or** S]$\not\approx$[S_2 **or** S]。

证明 **idle** 语句与下列语句是确定一致的：

$$\begin{bmatrix}\textbf{local}\ t:\textbf{boolean}\\ t:=\text{T}\\ \textbf{while}\ t\ \textbf{do}[\textbf{skip}\ \textbf{or}\ t:=\text{F}]\end{bmatrix}$$

且与语句 **skip or** [**skip**;**await** F] 也是一致的，但与语句 **skip or await** F 是不一致的。

(5) (4)中的哪一条语句与 **idle** 语句是一致的而不是确定一致的？请证明。

问题 2.5 弱公平性和强公平性的调度(81 页)。

算法 J-SCHED(见图 2.18)保证生成弱公平序列，而算法 C-SCHED(见图 2.22)保证生成强公平序列。然而，两种算法都完全忽略了其他公平性需求。请提出一种算法，要求生成勤勉序列、弱公平序列和强公平序列。假设转换集$\mathcal{T}$被分割成三个不相交的子集$\mathcal{J}$、$\mathcal{C}$、$\mathcal{R}$，其中$\mathcal{R}$表示既不具有弱公平性也不具有强公平性的转换集。可以假设空转换 τ_I 属于$\mathcal{R}$。

问题 2.6 集合公平性(83 页)。

描述公平性的另一种方法是基于集合公平性的概念。集合公平性需求包含一对(E，T)，其中 E 和 T 是转换集合，$E\subseteq T\subseteq\mathcal{T}$。对于($E$，$T$)，如果 T 只能有限多次执行，且 E 并非在一些位置上一直使能，则定义计算为弱公平的。如果转换 $\tau\in E$ 在 k 位置上使能，那么 E 也在 $k\geqslant 0$ 上使能。如果转换 $\tau\in T$ 在 k 上可执行，那么 T 在 k 上可有限多次执行。

对于(E，T)，如果当 T 只能有限多次可取，且 E 并不会无限多次使能，则定义计算为强公平的。($\{\tau\}$，$\{\tau\}$)中一种类型的公平性需求与转换 τ 弱公平性或强公平性的标准需求是等价的。

除了 Π、Σ、$\mathcal{T}$和 Θ，集合公平转换 $P^{S}=\{\Pi,\Sigma,\mathcal{T},\Theta,\mathcal{T}^{S},\mathcal{C}^{S}\}$包含了$\mathcal{T}^{S}$和$\mathcal{C}^{S}$。它们中的任意一个都是集合公平需求集合。除了初始条件、连续性及勤勉性，如果序列 σ 对于每个(E，T)$\in\mathcal{T}^{S}$都是弱公平的，对于每个(E，T)$\in\mathcal{C}^{S}$都是强公平性的，那么序列 σ 就被定义为 P^{S} 的计算。

给出一个文本程序，它与下列的集合公平性需求相关联：

对于每个与 **skip** 语句、assignment 语句、await 语句及 cooperation 语句相关联的转换 τ，包含集合弱公平性需求($\{\tau\}$，$\{\tau\}$)。因此对于这些转换来说，集合公平性需求与标准公平性需求是一致的。

对于每个语句ℓ：S(其中 S 是 conditional 语句或者 while 语句)，包含弱公平性需求，($\{\ell^{\mathrm{T}},\ell^{\mathrm{F}}\}$，$\{\ell^{\mathrm{T}},\ell^{\mathrm{F}}\}$)。

对于每个同步语句或通信语句 S，即 request 语句、release 语句、region(区域)语句、send 语句或者 receive 语句，包含强公平性需求($trans(S)$，$trans(Comp(S))$)。其中 $trans(s)$ 是转换集合，它与 S 相联系(对除通信语句之外的所有语句来说，它是单条转换)，并且 $trans(Comp(S))$是与 S 竞争的语句相关联的一系列转换。

例如考虑图 2.26 中的程序 MUX-SYNCH。转换 $\tau_{<\ell_2,k_2>}$加入了下列强公平性需求：

$$(\{\tau_{<\ell_2,k_2>},\tau_{<\ell_2,k_3>}\},\{\tau_{<\ell_2,k_2>},\tau_{<\ell_2,k_3>}\})$$

$$(\{\tau_{<\ell_2,k_2>},\tau_{<\ell_4,k_2>}\},\{\tau_{<\ell_2,k_2>},\tau_{<\ell_4,k_2>},\tau_{<m_2,k_4>},\tau_{<m_4,k_4>}\})$$

$$(\{\tau_{<m_2,k_4>},\tau_{<m_4,k_4>}\},\{\tau_{<m_2,k_4>},\tau_{<m_4,k_4>},\tau_{<\ell_2,k_2>},\tau_{<\ell_4,k_2>}\})$$

它通过考虑ℓ_2、k_2 和 k_4 得到。

(1) 考虑如图 2.36 所示的程序 $B3$。

- 说明在标准公平性需求下，该程序具有非终止性计算能力。
- 说明在假设集合公平性下，该程序的所有计算都会终止。

local x, y; **boolean where** x=F, y=T

ℓ_0: [**if** x **then** ℓ_1: y := F **else** ℓ_2: y :=F] : ℓ_3

‖

m_0: [**while** y **do** m_1: x :=¬x] : m_2

图 2.36 程序 *B*3(不确定条件)

（2）考虑如图 2.25 所示的程序 $A8$。

- 说明在标准公平性下，该程序总会终止。
- 说明在集合公平性下，该程序总会终止。

（3）考虑如图 2.37 所示的程序。

```
local α: channel of boolean

P1 :: [ local x: boolean
              where x=T
        ℓ: while x do
            ℓ1: [ ℓ2: α⇐F; x :=F
                  or
                  ℓ3: α⇐T ] ]
||
P2 :: [ local y: boolean
              where y=T
        m0: while y do
            m1: α⇒y ]
```

图 2.37　公平通信

- 说明在标准公平性下，该程序会终止。
- 说明在集合公平性下，该程序有非终止的计算。

问题 2.7　集合公平性对公平性选择的影响（85 页）。

考虑如图 2.27 所示的程序 MUX-ASYNCH。

（1）说明在标准公平性下，该程序能保证所有进程的可访问性，即 P_1 不会一直停留在 ℓ_3 上，并且 P_2 不会永远停留在 m_3 上。

（2）说明在集合公平性下，所有进程的可访问性不能被保证。

这说明在标准公平性选择中，将某种程度的公平性和通信语句联系在一起，而集合公平性并非如此。程序 MUX-ASYNCH 体现了集合公平性的缺陷。

问题 2.8　间歇接受服务（86 页）。

如图 2.38 所示的程序 SYNCH-BUF 包含发送进程 S（S 始终保持产生消息）、接收进程 R（R 的作用是在读消息和跳过行为之间做选择）及缓冲进程 B_β。

```
local α, β: channel of integer

S :: [ local x: integer
       ℓ0: loop forever do
           [ ℓ1: compute(x)
             ℓ2: α⇐x ] ]
||
Bβ :: [ local b: list of integer where b=Λ
              y: integer
        m0: loop forever do
            m1: [ m2: α⇒y; m3: b :=b • y
                  or
                  m4: β⇐hd(b) provided |b|>0; m5: b :=tl(b) ] ]
||
R :: [ local z: integer
       k0: loop forever do
           k1: [ k2: β⇒z; k3: use(z)
                 or
                 k4: skip ] ]
```

图 2.38　程序 SYNCH-BUF（通过同步通信实现缓冲）

(1) 说明在没有消息传输时,程序在通道 β 上有一个计算。

(2) 考虑下列程序 IMP-BUF:

$$\textbf{local}\ \alpha,\beta,\gamma\ \textbf{: channel of integer}$$
$$S \parallel B_\gamma \parallel Serv \parallel R$$

其中 S 和 R 与图 2.38 中的表示一样,B_γ 是进程 B_β 用 γ 替换通道 β,进程 $Serv$ 如下所示:

$$Serv :: \left[\begin{array}{l} \quad\textbf{local}\ t:\ \textbf{integer} \\ n_0:\ \textbf{loop forever do} \\ \left[n_l: \gamma \Rightarrow t;\ n_2: \beta \Rightarrow t\right] \end{array}\right]$$

说明程序 IMP-BUF 的所有计算在通道 β 上传输有限多个消息。可以说组合 $B_\gamma \parallel Serv$ 是更好的缓冲区,因为它确保 S 发送的所有消息最终由 R 接收。

** **问题 2.9** 空间转换下的鲁棒性(86 页)。

(1) 考虑没有同步通信语句的程序,对于每个语句 S,给出等价关系 $S \approx [S;\ \textbf{skip}]$。

(2) 把同步通信和标准公平性联系在一起会破坏鲁棒性。考虑如图 2.39 所示的程序 CONTIG:

- 在标准公平性下,说明这个程序总是会终止。
- 通过对程序 CONTIG 替换语句 $\ell_1: \alpha \Leftarrow \mathrm{T}$ 为 ℓ_1: $[\alpha \Leftarrow \mathrm{T};\ \textbf{skip}]$ 得到程序 NCONTIG,说明 NCONTIG 有非终止的计算。
- 说明在集合公平性下,程序 CONTIG 和程序 NCONTIG 都有非终止的计算。

(3) 说明在集合公平性下,语句 S 和 $[S;\ \textbf{skip}]$ 是等价的,即使包含同步通信的程序。

$$\textbf{local}\ x, y, z\textbf{: boolean where}\ x=\mathrm{T}, y=\mathrm{T}$$
$$\alpha, \beta\textbf{: channel of boolean}$$

$$P_1 :: \left[\begin{array}{l} \ell_0\textbf{: while}\ x\ \textbf{do} \\ \quad\left[\ell_1: \alpha \Leftarrow \mathrm{T};\ \ell_2: \left[\begin{array}{l} \ell_3: \beta \Rightarrow x;\ \ell_4: \alpha \Leftarrow \mathrm{F} \\ \quad\textbf{or} \\ \ell_5\textbf{: skip} \end{array}\right]\right] \\ :\ell_6 \end{array}\right]$$

$$\parallel$$

$$P_2 :: \left[\begin{array}{l} m_0\textbf{: while}\ y\ \textbf{do} \\ \quad\left[m_1: \alpha \Rightarrow y;\ m_2: \left[\begin{array}{l} m_3: \beta \Leftarrow \mathrm{F};\ m_4: \alpha \Rightarrow y \\ \quad\textbf{or} \\ m_5\textbf{: skip} \end{array}\right]\right] \\ : m_6 \end{array}\right]$$

图 2.39 程序 CONTIG(连续通信)

问题 2.10 广义公平性(86 页)。

广义公平性的概念提供了各种公平性需求的统一方式。假设对于每个 $\tau \in \mathcal{T}$,一阶语言 $\mathcal{L}$ 包含 $enabled(\tau)$ 和 $taken(\tau)$ 两种谓词。将 $\mathcal{L}$ 公式称为局部公式。给出局部公式 φ,在计算 σ 时可以很容易计算 φ 的布尔值。如果 τ 在位置 i 是使能的,那么 $enabled(\tau)$ 在这个位置为真;如果 τ 在位置 i 是可以被执行的,那么 $taken(\tau)$ 在这个位置为真。

广义公平性需求是局部公式 φ 和 ψ 构成的一对 (φ,ψ)。如果状态序列 σ: $s_0, s_1, \cdots$ 不包含无限多个 φ-位置,仅有有限多个 ψ-位置,那么 σ 就称为满足需求 (φ,ψ)。这个需求的等

效形式描述为：σ 要么包含有限多个 φ-位置，要么包含无限多个 ψ-位置。对于任意 φ 和 ψ，平凡公平性需求(φ,T)和(F,ψ)被每个状态序列满足。

为了确保广义公平性需求不会导致系统与空集的计算，对公平性需求进行了限制。假设 P 是一个基本转换系统。如果每个 P 的前缀 $s_0,\cdots,s_k$ 使 φ 在位置 k 上成立，存在一个转换 τ 和状态 $s_{k+1}\in\tau(s_k)$，使 ψ 在计算前缀 $s_0,\cdots,s_k,s_{k+1}$ 上成立，那么就将广义公平性需求(φ,ψ)定义为可行的。这个定义确保了可以在一个计算步骤内从任意 P 可达的 φ-状态得到 ψ-状态。通过对这个扩展的重复应用，可以证明总是存在一个计算满足可行的公平性需求(φ,ψ)。

(1) 假设$(\varphi_1,\psi_1),\cdots,(\varphi_m,\psi_m)$是对于进程 P 可行的广义公平性需求的有限集合，$s_0,\cdots,s_k$ 是程序 P 的一个计算片段。可以证明该片段 $s_0,\cdots,s_k$ 能被扩展成满足所有广义公平性需求的 P 的运行。这里考虑的所有公平性需求都可以表示为广义公平性需求。例如，考虑非自循环转换 τ 的弱公平性需求。这个需求是 τ 必须在有限多个位置上不使能，它可以表示为广义公平性需求(T,$\neg\, enabled(\tau)$)。

(2) 将勤勉性表示为广义公平性需求，证明它是可行的。

(3) 将关于转换 τ(可能是自循环的)的弱公平性需求表示为广义公平性需求，证明它是可行的。

(4) 将关于 τ 的强公平性需求表示为广义公平性需求，证明它是可行的。

** **问题 2.11**　弱公平性本身不会促进程序的终止(86 页)。

P 是一个程序，它的进程通过同步消息通信，但不共享变量。假设 P 没有其他声明。P 的勤勉运行是一个状态序列，它满足初始化需求、连续性需求和勤勉性需求，但不要求弱公平性和强公平性。P 的弱公平性运行是一个勤勉性运行，它满足弱公平性需求。

说明 P 的所有勤勉性运行都会终止，当且仅当所有 P 的弱公平性运行终止。结果解释为没有强公平性需求，弱公平性不会改善同步通信程序的终止属性。

问题 2.12　公平选择(86 页)。

在某些情况下，需要一个 selection 语句，对其使能的子句进行公平选择。

对于 $k\geqslant 2$，公平选择语句 S 有下列形式：

$$S::[S_1\ \textbf{fair-or}\ S_2\ \textbf{fair-or}\ \cdots\textbf{fair-or}\ S_k]$$

在语法上，S 要求没有竞争性语句。

就转换和结构而言，在行为上，公平选择语句和 selection 语句(如谓语 at_S)是等价的。将特定的公平性需求关联时，公平选择语句和 selection 语句有区别，将这种公平性称为选择公平性。

对于与语句 S 关联的转换 τ，即 $\tau\in trans(S)$，如果 at_S 在 s 上成立，则称在语法上，τ 在状态 s 是使能的。

转换 τ 的选择公平性需求不要求满足 τ 在语法上无限多次使能；超过某一点后，τ 在语法上使能的所有位置都是使能的；τ 只能有限多次使能。

可以将选择公平性看作相对的弱公平性，其中 τ 的连续使能性被 τ 在语法使能的所有状态上的使能性取代。

对于每个公平选择语句 $S::[S_1$ **fair-or**$\cdots$**fair-or** $S_k]$和每个 $trans(S_i)$的转换 $\tau,i=1,\cdots,k$，要求关于 τ 的选择公平。这个要求排除的计算为：S_i(相当于 S)被访问无限多次，但从

τ 的一个特定点开始，S_i 在每个访问的点上使能，但 τ 只能有限多次被执行。

(1) 考虑图 2.40 和图 2.41 中的程序。证明图 2.40 中程序的所有计算都能够被终止，而图 2.41 中的程序有非终止计算。

local x: **boolean where** x=T

$$\ell_0\text{: while } x \text{ do } \ell_1\text{: }\begin{bmatrix}\ell_2\text{: skip}\\ \textbf{fair-or}\\ \ell_3\text{: } x\text{=F}\end{bmatrix}$$

图 2.40 公平选择(终止性程序)

local x, y: **boolean where** x=T, y=T

$$\ell_0\text{: while } x \text{ do } \ell_1\text{: }\begin{bmatrix}\ell_2\text{: } y := \neg y\\ \textbf{fair-or}\\ \ell_3\text{: when } y \text{ do } x := \text{F}\end{bmatrix}$$

图 2.41 公平选择(非终止性程序)

(2) 当使用集合公平性代替标准公平性时，图 2.27 中的程序 MUX-ASYNCH 不能保证对所有程序的可访问性。考虑这个程序的修改版本。语句 k_1 替换为

$$k_1: \begin{bmatrix}k_2: [\alpha_1 \Rightarrow y; \beta_1 \Leftarrow \text{T}; \alpha_1 \Rightarrow y]\\ \textbf{fair-or}\\ k_3: [\alpha_2 \Rightarrow y; \beta_2 \Leftarrow \text{T}; \alpha_2 \Rightarrow y]\end{bmatrix}$$

证明在集合公平性下，它能保证所有程序的可访问性。

(3) 将公平性选择作为一种广义公平性需求，证明它是可行的。

(4) 使用随机选择语句 **choose**(z)，构建一个程序模拟下列程序：

$$\begin{bmatrix}\textbf{out } x, y: \textbf{integer where } x=0, y=0\\ \textbf{loop forever do} \begin{bmatrix}x := x+1\\ \textbf{fair-or}\\ y := y+1\end{bmatrix}\end{bmatrix}$$

问题 2.13 Petri 网的集合公平性(86 页)。

问题 2.9 表明，集合公平性对于用[S; **skip**]替换语句 S 的转换具有鲁棒性。这意味着，如果程序 P' 是通过该替换从 P 得到的，那么在集合公平性下，P 和 P' 是等价的。在标准公平性下，情况并非如此。

考虑 Petri 网时，相关转换是库所精化的，如图 2.42 所示。

为 Petri 网定义下列集合公平性需求。

对于每个网转换 t，包含弱公平性需求($\{t\}$，$\{t\}$)。因此，集合弱公平性需求与标准弱公平性需求一致。

假设 t 是一个关于库所 $p_1, \cdots, p_n$ ($n>0$)的网转换，即 $p_1, \cdots, p_n$ 都是库所 p，满足 $t \in p^{\bullet}$。对于每个子集 $P \subseteq \{p_1, \cdots, p_n\}$(规模为 $n-1$)，包含强公平性需求$\left(\{t\}, \bigcup_{p \in P} p^{\bullet}\right)$。因此如果 t 可以无限多次使能，那么 P 中的库所转换需要无限多次被执行。例如，对于来自库所 p_1 和 p_2 的 t，包含强公平性需求($\{t\}$，$p_1^{\bullet}$)和($\{t\}$，$p_2^{\bullet}$)。

(1) 来自库所 $p_1, \cdots, p_n$ 的网转换 t 的更简单的强公平性需求是$\left(\{t\}, \bigcup_{i=1}^{n} p_i^{\bullet}\right)$。将这种需求称为非标准的集合公平性需求。

标准的集合公平性与非标准的集合公平性的区分如图 2.43 所示。

- 证明在集合公平性下，该网的所有计算都会终止。
- 证明在非标准集合公平性下，该网有一个不终止的计算。

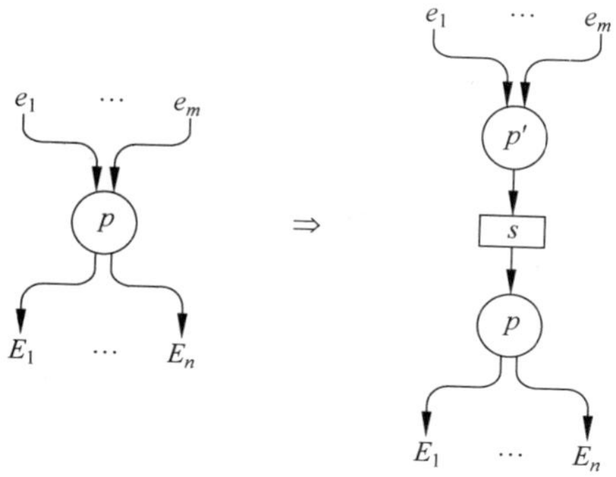

图 2.42 库所精化

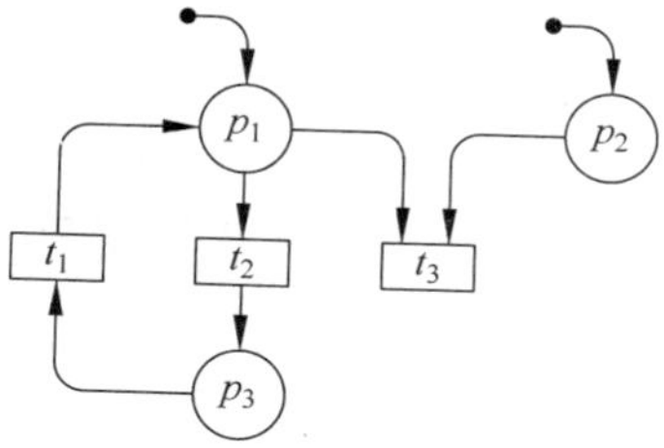

图 2.43 区分标准集合公平性与非标准集合公平性

（2）考虑如图 2.44 所示的网 N 和如图 2.45 所示的网 N'。N'是通过对 p_2 和 p_3 进行库所精化而从 N 中得到的。

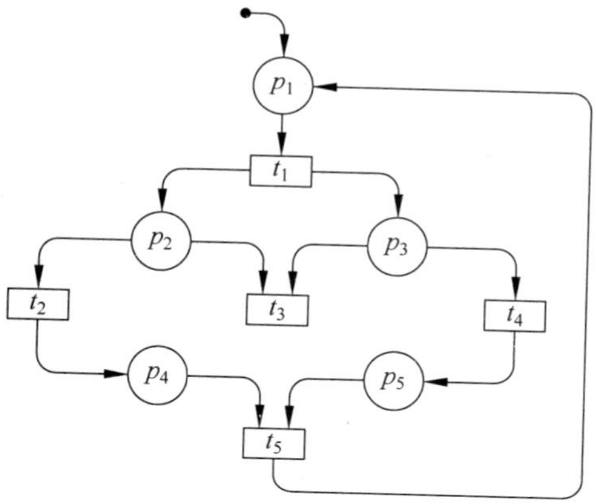

图 2.44 网 **N**

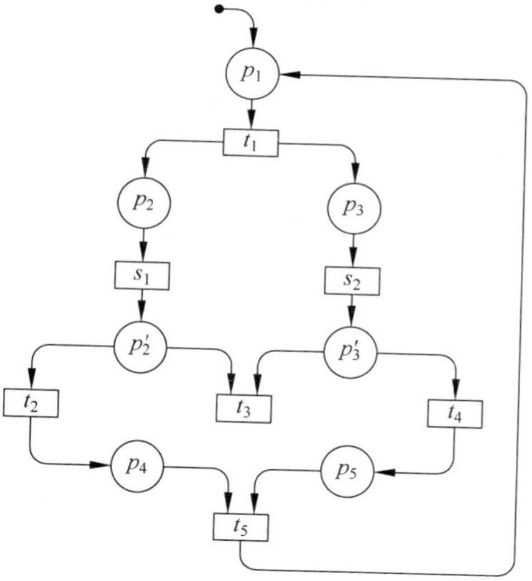

图 2.45 网 **N′**

- 证明在标准公平性下，N 的所有计算都触发 t_3，而 N' 的计算从不触发 t_3。
- 证明在集合公平性下，N 和 N'都有从不触发 t_3 的计算。

（3）假设 N 是一个网，其中 N 的一些库所是可观测的。假设 N'是通过在 N 中定义一些不可观测的库所得到的网。证明在集合公平性下，N'和 N 的简化行为集合是等价的。这说明集合公平性关于库所精化具有鲁棒性。

问题 2.14 公平性的完全调度(90 页)。

如图 2.34 所示的算法 FJ-SCHED 使用随机选择的方法给出了弱公平性的完全调度。构建一个随机选择算法完成对计算的完全调度，即由算法产生的任意序列都是勤勉的、弱公平的和强公平的。而任何勤勉的、弱公平的和强公平的序列都能由算法完全产生。证明构建的算法是可靠且完备的。

文献注释

本章讨论了两个核心主题：语句的原子性和可能的干扰，以及各种公平性的概念。

Dijkstra[1965]提出引用共享变量语句中原子性的必要性。Lamport[1976]讨论了Courtois、Heymans 和 Parnas[1971]提出的读者-作者问题(使用信号量解决)，提出了采用区域和等待结构的解决方案，并在分布式系统的共享内存上采用队列和原子操作的方法实现了这些结构。与**面包房**(bakery)算法类似，即使最初的问题是有限状态，这些实现也可能导致无限多的状态。队列的思想可以追溯到 Knuth[1966]。

对导致 LCR 约束的交错计算的分析是基于对共享变量模型中语句相互干扰机制的识别的。有关干扰问题的研究文献主要是为了确定语句之间完全不相互干扰的情况。Bernstein[1966]给出了无干扰的充分语法条件。Best 和 Lengauer[1989]提出了扩展语法规则的语义规则。Reynolds[1978,1989]给出了确保无干扰的语法规则。Owicki 和 Gries[1976a]描述了非干涉的证明理论概念。

最简单的公平性概念称为弱公平性，是 Dijkstra 假设的交错模型的两个前提的必然逻辑结论：

(1) 对于 N 台计算机的相对速度，无法做出任何假设，甚至可能不认为它们的速度在时间上是恒定的(见 Dijkstra[1965])。

(2) 一个进程一旦启动，终将会完成(见 Dijkstra[1968a])。

Park[1980]首先认识到公平性对于并发的抽象表示至关重要，它使程序的数学语义变得复杂，并且需要使用单调算子，而不是 Scott 的论文倡导使用的连续算子。他在数据流语言的背景下研究了公平性，重点关注作为公平性主要实现者的公平合并过程。他的工作还指出了公平性与**最大不动点**之间的联系，而顺序程序理论主要适用于**最小不动点**(见 Park[1981a,1983])。Stomp、de Roever 和 Gerth[1989]进一步阐述了公平性与不动点的关系。

在共享变量程序和更通用的转换系统的背景下，Lehmann、Pnueli 和 Stavi[1981]提出了三个层次的公平性，其中包括强公平性与弱公平性。Best[1984]将这些概念扩展到无限层次。

Apt 和 Olderog[1983]发现了公平性和无限不确定性之间的联系，提出了从一个公平程序到一个程序的转换，该程序不假设公平性，但包含一个类似于 **choose**(x)语句的对自然数的不确定性选择。Harel[1986]给出了公平并发性到无界不确定性的更一般的转换。Apt 和 Plotkin[1986]讲解了无界不确定性。

Queille 和 Sifakis[1983]考虑了通用转换系统的公平性。Costa 和 Stirling[1984]考虑了 CCS 的公平性，Darondeau[1985]将其扩展为 CCS 的异步变体。Petri 网的公平性首先由 Best[1984]研究，由 Kwiatkowska[1989]做了进一步分析。Vardi[1985]及 Priese、Rehrmann 和 Willecke-Klemme[1987]研究了自动机框架中的几个公平性概念。

Francez[1986]对各种公平性概念进行了全面综述。Apt、Francez 和 Katz[1988]论述

了采用各种公平性概念的有效性和实用性。它有助于最终决定在公平转换系统定义中采用的公平性概念。

Vardi[1985]及 Pnueli[1983]、Pnueli 和 Zuck[1986b]研究了公平性在概率系统定性方面的应用。

比较 Unity(见 Chandy 和 Misra[1988])中采用的公平性概念与弱公平性需求是很有趣的。根据定义,Unity 任务总是使能的,在这种情况下,弱公平性的需求可以简化为要求每个任务执行无限多次。这确实是 Unity 要求的标准公平性概念。

第Ⅱ部分

规　　约

第3章 时序逻辑

前两章介绍了公平转换系统的概念，作为表示反应式系统的模型。按照一般定义，介绍了并发系统的几种具体语言，并阐述了它们如何在转换系统的通用框架中进行转换。

反应式系统的适当语义一定具有动态**行为**(behavioral)，即它必须讨论系统正在进行的行为。基于此，用一组计算来表示反应式系统的语义行为。

本章引入时序逻辑语言作为反应式系统的规约工具。**规约**(specification)是指对系统所需行为或操作的描述，同时避免涉及其实现的方法或细节。

将程序看作是一组计算的生成器，期望程序的规约能为程序生成的一组计算提供另一种描述，并希望这种描述具有更强的描述性和更少的操作性。

时序逻辑语言定义的谓词是基于无限状态序列的。为简明起见，将状态序列简称为**序列**(sequence)。每个时序逻辑公式通常会被某些序列满足，而不被其他序列满足。对计算进行解释时，用这样的公式来表示计算的某种属性。

例如，假设一个程序 P 实现了两个互斥进程 P_1、P_2，用时序逻辑表示 P 的计算属性，具体如下。

(1) p_0：对于计算的所有状态，不会出现 P_1、P_2 在同一状态占有临界区的情形。

(2) p_1：如果一个计算 σ 在位置 $j \geqslant 0$ 处包含一个在 P_1 等待进入临界区的状态，则 σ 也包含一个在位置 $k \geqslant j$ 处的状态，P_1 在临界区内，即无论何时 P_1 希望进入临界区，它最终一定能够实现。

(3) p_2：与 p_1 的需求一样，但适用于进程 P_2。

这些属性在一些序列上为真，而在另一些序列上为假。

如果一个属性 p 在一个程序 P 产生的所有计算上均为真，则称 p 是 P 的一个**有效属性**(valid property)。因此，如果 p_0、p_1 和 p_2 是程序 P 的有效属性，那么 P 被认为是互斥问题的一个可接受解。这也意味着属性集 p_0、p_1 和 p_2 可视为互斥问题的规约。

因为语言中有合取算子 $\wedge$，所以可将属性结合在一起，如 p_0、p_1 和 p_2 可表示为单一属性 $p_0 \wedge p_1 \wedge p_2$。显然，一个序列满足合取当且仅当它满足每个属性。

将一个属性或属性集作为程序的规约，可以描述所有计算都满足或具有该属性的任何程序。这表明规约很少描述单个程序。一个程序和其规约之间的蕴涵或满足关系可视为一种包含关系。设 $Sat(p)$ 是满足属性 p 的所有序列集合，$\mathcal{C}(P)$ 是 P 的计算的所有序列的集合。如果 $\mathcal{C}(P) \subseteq Sat(p)$，则称 P **实现了其规约** p，或 P **满足其规约** p。

通过属性列表给出规约的方法具有易扩充的优点。也就是说，如果在开发一个规约之后，意识到该规约是不完备的，则可以在合取式后面添加一个或多个遗漏的属性来纠正这种情况。

3.1 状态公式

时序逻辑语言由状态语言构建，用于构造状态公式及一组逻辑和时序算子，通过将逻辑和时序算子应用到状态公式上可以得到通用的时序公式。

状态公式可在序列的某一位置 $j \geqslant 0$ 求值，表示状态 s_j 在该位置的属性。这里引入的状态语言足以对考虑的具体编程语言进行推理。其他允许附加结构的语言可能需要对状态语言进行一些扩展。

3.1.1 状态语言

状态语言是 1.1 节介绍的基本语言的扩展，用于编程语言的语法定义和转换关系的表示。

1. 词汇表

状态语言的词汇表$\mathcal{V}$由类型变量的可数集构成。其中，一些变量称为**数值变量**，其取值范围在编程语言中已给出，如布尔型、整型、列表和集合；其余变量称为**控制变量**，假定其取值为程序中的位置。变量的类型表明变量的取值范围。通常将布尔变量称为**命题**。

如 1.1 节所述，变量分为**严格变量**和**灵活变量**。严格变量在计算的所有状态上的值不变，而灵活变量在计算的不同状态上的值可以不同。转换系统的状态变量必须是灵活的，而严格数值变量主要用于规约，即它们并不出现在程序中，而是用于关联序列中不同状态的值。例如，为了说明灵活变量 y 在状态 s'中的值比它在状态 s 中的值大 1，当 s 和 s'出现在同一序列中，可以使用严格变量 u 表示。如果在状态 s 中，则 $y=u$；如果在状态 s'中，则 $y=u+1$。

2. 其他符号

除词汇表$\mathcal{V}$的变量之外，还包括常量、函数和谓词。可将常量视为 0 阶函数。常量、函数和谓词是各自定义域上具体的独立元素、具体的函数和具体的谓词。如布尔常量 F、T；整数 0,1,2,…；空列表Λ；空集$\varnothing$；布尔算子$\vee$、$\wedge$；整数运算$+$、$-$；$\cdot$（加一个元素到列表的前面）；$*$（连接两个列表）；hd（取非空列表的表头）；tl（取非空列表的表尾）；集合$\cup$、$\cap$；整数谓词符号$>$、$<$；$null$（测试列表是否为空）；集合$\subseteq$、$\in$。

相等符号$=$用于比较两个相同类型的元素。

下面令 $V \subseteq \mathcal{V}$作为词汇表的子集。使用 V 中的变量和相应域上的常量、函数和谓词，可以构造 V 上的表达式和公式。

3. V 上的表达式

表达式构造如下：

(1) 变量 $x \in V$ 是 V 上的表达式。

(2) 如果 $e_1, e_2, \cdots, e_m$ 是 V 上的表达式，f 是 m 阶函数($m \geqslant 0$)，则 $f(e_1, e_2, \cdots, e_m)$ 是 V 上的表达式。当 $m=0$ 时，所有常量都是表达式。

$x+3y$、$hd(u)\cdot tl(v)$和 $A\cup B$ 都是表达式的例子。

4. V 上的原子公式

原子公式构造如下。

(1) 命题 $x\in V$(即布尔变量 x)是 V 上的原子公式。

(2) 如果 P 是 m 阶谓词($m>0$),$e_1,e_2,\cdots,e_m$ 是与 P 的参数类型相容的 V 上的表达式,则 $P(e_1,e_2,\cdots,e_m)$是 V 上的原子公式。特别地,对于 V 上的相同类型的表达式 e_1 和 e_2,$e_1=e_2$ 是 V 上的原子公式。

$x>y+1$、$null(u)$和 $x\in A\cup B$ 都是原子公式的例子。

5. V 上的布尔公式

布尔公式构造如下。

(1) V 上的每一个原子公式都是布尔公式。

(2) 如果 p、q 是 V 上的布尔公式,则 $\neg p$、$p\vee q$、$p\wedge q$、$p\rightarrow q$、$p\leftrightarrow q$ 也是布尔公式。

$\neg(x>y)\wedge null(v)$是布尔公式的例子。

6. V 上的状态公式(断言)

状态公式构造如下。

(1) V 上的每一个布尔公式都是 V 上的状态公式。

(2) 如果 p 是 V 上的状态公式,则对于 $u\in V$ 及量词$\exists$(存在)和 $\forall$(全称),$\exists u: p$、$\forall u: p$ 也是 V 上的状态公式。

(3) 如果 p、q 是 V 上的状态公式,则 $\neg p$、$p\vee q$、$p\wedge q$、$p\rightarrow q$、$p\leftrightarrow q$ 也是 V 上的状态公式。

没有量词、仅有布尔变量(命题)的状态公式称为**命题状态公式**。例如,$\forall x\forall y: (x>y+1)\rightarrow\exists v: null(v)$是状态公式,而$(p\leftrightarrow q)\rightarrow r$ 是命题状态公式。

如果变量 u 不在 u 的量词范围内,则称 u 的出现是**自由的**。如果变量 u 在公式 p 中的所有出现均是自由的,则称 u 是**自由的**。

3.1.2 状态公式语义

下面考虑不同结构的语义,说明如何在状态上对它们进行求值。

1. V 上的模型

将 V 上的状态 s 定义为解释,它为变量 $u\in V$ 赋予相应定义域上的值,用 $s[u]$表示。V 上的模型 σ 是一个无穷序列,即 $\sigma: s_0,s_1,s_2,\cdots$,其中 s_i 是 V 上的状态。一个模型必须永远满足**严格性**的要求,即如果 u 是一个严格变量,s_i 和 s_j 是同一个序列的两个状态,则 $s_i[u]=s_j[u]$。

2. 表达式求值

设 s 是 V 上的状态,e 是 V 上的表达式。归纳定义 e 在 s 上的值 $s[e]$,具体如下。

(1) 变量 $x\in V$(可为布尔量)的值为 $s[x]$。

(2) 对于表达式 $f(e_1,\cdots,e_m)$,定义 $s[f(e_1,\cdots,e_m)]=f(s[e_1],\cdots,s[e_m])$。即函数 f 在状态 s 的值是通过 $e_1,\cdots,e_m$ 在状态 s 的值来表示的。

3. 布尔公式求值

布尔公式 ϕ 在状态 s 的值 $s[\phi]$ 定义如下。

(1) 对于原子公式 $P(e_1,\cdots,e_m)$，定义 $s[P(e_1,\cdots,e_m)]=P(s[e_1],\cdots,s[e_m])$。

(2) 定义如下由布尔算子构成的布尔公式：

$$
\begin{aligned}
s[\neg p] &= \neg s[p]\\
s[p \vee q] &= s[p] \vee s[q]\\
s[p \wedge q] &= s[p] \wedge s[q]\\
s[p \rightarrow q] &= s[p] \rightarrow s[q]\\
s[p \leftrightarrow q] &= s[p] \leftrightarrow s[q]
\end{aligned}
$$

例如，考虑 $V=\{x,y,z\}$ 上的一个状态 s，$s=<x:0,y:1,z:2>$。由前面的定义可以得到布尔公式 $(x+z=2\cdot y)\rightarrow(y>z)$ 的值为：

$$
\begin{aligned}
s[(x+z=2\cdot y)\rightarrow(y>z)] &= (s[x]+s[z]=2\cdot s[y])\rightarrow(s[y]>s[z])\\
&= ((0+2=2\cdot 1)\rightarrow(1>2)) = (\mathrm{T}\rightarrow\mathrm{F}) = \mathrm{F}
\end{aligned}
$$

4. 状态公式求值

设 s 和 s' 是 V 上的两个状态，$x\in V$ 是变量。如果对于每个 $y\in V-\{x\}$，有 $s'[y]=s[y]$，则称 s' 是 s 的 x-**变体**，即 s' 和 s 仅对变量 x 作出不同的解释。

给定 V 上的状态 s 和状态公式 p，用 $s\Vdash p$ 表示 p 在 s 上**成立**(holding)，定义如下。

(1) 对于布尔公式 p，$s\Vdash p$ 当且仅当 $s[p]=\mathrm{T}$。

(2) 对于量化变量 u，有：

- $s\Vdash\exists u:p$，当且仅当存在 s 的一个 u-变体 s'，且 $s'\Vdash p$。
- $s\Vdash\forall u:p$，当且仅当对于所有 s 的 u-变体 s'，有 $s'\Vdash p$。

(3) 对于带布尔算子的状态公式 p，有：

- $s\Vdash\neg p$ 当且仅当 $s\nVdash p$。即 $\neg p$ 在 s 上成立，当且仅当 p 在 s 上不成立。
- $s\Vdash p\vee q$ 当且仅当 $s\Vdash p$ 或 $s\Vdash q$。即 $p\vee q$ 在 s 上成立，当且仅当 p 在 s 上成立或者 q 在 s 上成立。

因为其他布尔算子 $\wedge$、$\rightarrow$、$\leftrightarrow$ 可由 $\neg$ 和 $\vee$ 表示，故相关定义可由 $\neg$、$\vee$ 推出。

如果 $s\Vdash p$，则称 s 满足 p 或 s 是 p-**状态**。如果 s 满足 p，则定义 $s[p]=\mathrm{T}$，否则 $s[p]=\mathrm{F}$。例如，考虑词汇表 $V=\{x,y\}$ 上的一个状态 s，其解释为 $<x:0,y:1>$。s 满足状态公式 $(x=0)\vee(y=0)$，但不满足公式 $(x=0)\wedge(y=0)$。此外，它满足公式 $\exists y:[(x=0)\wedge(y=0)]$，因为状态 s 的一个 y-变体 s'：$<x:0,y:0>$ 满足公式 $(x=0)\wedge(y=0)$。

对于状态公式 p，如果存在状态 $s\Vdash p$，则称 p 是**状态可满足的**。如果对于所有状态 s，$s\Vdash p$，则称 p 是**状态有效的**。在这些定义中，只需要考虑词汇表 V 上的状态，该词汇表 V 只包含 p 中出现的变量。例如，设 x 为整型变量，则公式 $0<x<2$ 是状态可满足的，因为存在一个状态 s：$<x:1>$ 使 $s\Vdash 0<x<2$。公式 $\neg(0<x<1)$ 是状态有效的，因为 $0<x<1$ 在所有状态下都是假的。

如果对于每一个状态 s，$s\Vdash p$ 当且仅当 $s\Vdash q$，则称状态公式 p、q 是**状态等价的**。也就是说公式 $p\leftrightarrow q$ 是状态有效的。因此，若假定 x 是整型变量，则公式 $0<x<2$ 与公式 $x=1$ 是状态等价的。

状态可满足的、状态有效的、状态等价的概念与状态的受限集合有关。设$\mathcal{C}$是一个序列的集合，如果存在序列 $\sigma\in\mathcal{C},\sigma=s_0,s_1,\cdots,s_j,\cdots$ 和位置 $j\geqslant 0$，使 $s=s_j$，即 s 出现在 σ 的位置 j 上，则称状态 s 是$\mathcal{C}$-可访问的。相应地，对于状态公式 p、q，有：

(1) 如果存在一些$\mathcal{C}$-可访问的状态 s，$s\Vdash p$，则称 p 是$\mathcal{C}$-状态可满足的。

(2) 如果对于所有$\mathcal{C}$-可访问的状态 s，$s\Vdash p$，则称 p 是$\mathcal{C}$-状态有效的。

(3) 如果对于所有$\mathcal{C}$-可访问的状态 s，$s\Vdash p$ 当且仅当 $s\Vdash q$，则称 p 和 q 是$\mathcal{C}$-状态等价的。

3.2　时序公式：将来算子

时序公式是将时序算子、布尔算子和量词应用到状态公式上构成的。时序算子分为将来算子和过去算子。首先考虑将来算子。

对于每一个允许出现在时序公式中的算子和子公式，给出在给定模型上的解释定义。该定义基于如下概念：公式 p 在序列 σ 的位置 $j(j\geqslant 0)$ 成立，记为 $(\sigma,j)\vDash p$。其中$\vDash$表示在序列上成立，$\Vdash$表示在状态上成立。

1. 状态公式

对于状态公式 p，$(\sigma,j)\vDash p$ 当且仅当 $s_j\Vdash p$，其中 σ：$s_0,s_1,\cdots s_j,\cdots$。

例如，在图 3.1 中，通过在单独的行上列出词汇表 $V=\{x,y\}$上的序列来表示位置 $j=0,1,\cdots$，x 在状态 s_j 的解释，y 在状态 s_j 的解释，以及状态公式 $x=y$ 在状态 s_j 的解释。

由此可以得出 $x=y$ 在该序列的位置 2 成立，即 $(\sigma,2)\vDash(x=y)$，但在其他任何位置均不成立。

2. 布尔算子

(1) 对于 $\neg p$，定义 $(\sigma,j)\vDash\neg p$ 当且仅当 $(\sigma,j)\nvDash p$。即 $\neg p$ 在位置 j 成立当且仅当 p 在位置 j 上不成立。

(2) 对于 $p\vee q$，定义 $(\sigma,j)\vDash p\vee q$ 当且仅当 $(\sigma,j)\vDash p$ 或 $(\sigma,j)\vDash q$。即 $p\vee q$ 在位置 j 上成立当且仅当 p 在位置 j 上成立或者 q 在位置 j 上成立。

图 3.2 给出公式的一些布尔组合的值。

j	0	1	2	3	…
x	1	2	3	4	…
y	5	4	3	2	…
$x=y$	F	F	T	F	…

图 3.1　状态公式示意图

j	0	1	2	3	…
x	1	2	3	4	…
y	5	4	3	2	…
$x=y$	F	F	T	F	…
$\neg(x=y)$	T	T	F	T	…
$x<y$	T	T	F	F	…
$\neg(x=y)\vee x<y$	T	T	F	T	…

图 3.2　布尔算子示意图

因为其他布尔算子 $\wedge$、$\rightarrow$、$\leftrightarrow$可由 $\neg$、$\vee$ 表示，故相关定义很容易由 $\neg$、$\vee$ 推出。

3. next 算子$\bigcirc$

如果 p 是时序公式，则$\bigcirc p$ 也是时序公式，读作**下一时刻** p。其语义定义为：$(\sigma,j)\vDash$

$\bigcirc p$ 当且仅当$(\sigma,j+1)\models p$。即$\bigcirc p$ 在位置j 成立当且仅当 p 在位置$j+1$ 成立。图 3.3 给出了公式$(x=0)\wedge\bigcirc(x=1)$的求值,它在所有位置 j 成立:在位置 j 处 $x=0$,且在下一位置 $j+1$ 处 $x=1$。假定考查的序列是周期性的。

j	0	1	2	3	4	5	6	…
x	0	0	1	1	0	0	1	…
$x=0$	T	T	F	F	T	T	F	…
$x=1$	F	F	T	T	F	F	T	…
$\bigcirc(x=1)$	F	T	T	F	F	T	T	…
$(x=0)\wedge\bigcirc(x=1)$	F	T	F	F	F	T	F	…

图 3.3 将来算子$\bigcirc$示意图

4. henceforth 算子$\Box$

如果 p 是时序公式,则$\Box p$ 也是时序公式,读作**今后** p 或**永远** p。其语义定义为:$(\sigma,j)\models\Box p$ 当且仅当对所有 $k\geqslant j$,有$(\sigma,k)\models p$。即$\Box p$ 在位置j 成立当且仅当 p 在位置j 及"从现在起"的所有位置均成立。图 3.4 给出了公式$\Box(x>3)$的求值。

j	0	1	2	3	4	5	6	…
x	1	3	2	4	3	5	4	…
$x>3$	F	F	F	T	F	T	T	…
$\Box(x>3)$	F	F	F	F	F	T	T	…

图 3.4 将来算子$\Box$示意图

在序列中,满足$\Box p$ 的位置集是**向上封闭**的。即如果$\Box p$ 在位置 j 成立,则它也在任何位置 $k(k\geqslant j)$成立。

5. eventually 算子$\Diamond$

如果 p 是时序公式,则$\Diamond p$ 也是时序公式,读作**最终** p。其语义定义为:$(\sigma,j)\models\Diamond p$ 当且仅当对一些位置 $k(k\geqslant j)$,有$(\sigma,k)\models p$。即$\Diamond p$ 在位置 j 成立当且仅当 p 在一些位置 $k(k\geqslant j)$成立。图 3.5 给出了公式 $\Diamond(x=4)$的求值。

j	0	1	2	3	4	5	…
x	1	2	3	4	5	6	…
$x=4$	F	F	F	T	F	F	…
$\Diamond(x=4)$	T	T	T	T	F	F	…

图 3.5 将来算子$\Diamond$示意图

eventually **算子**是 henceforth **算子**的对偶。即$\Diamond p$ 在位置 j 成立当且仅当$\Box\neg p$ 在位置 j 不成立。序列中满足$\Diamond p$ 的位置集是**向下封闭**的。即如果$\Diamond p$ 在位置 j 成立,则它也在任何位置 $k(0\leqslant k\leqslant j)$成立。

6. until 算子$\mathcal{U}$

公式$\Diamond q$ 预测 q 最终发生,而$\Box p$ 表明 p 从现在起一直成立。公式 $p\,\mathcal{U}q$(读作 p **直到** q)结合了 q 最终会发生及直到 q 首次发生之前 p 一直持续成立的特点。其形式化定义为 $(\sigma,j)\models p\,\mathcal{U}q$,当且仅当存在一个 $k\geqslant j$ 使$(\sigma,k)\models q$,且对于所有 $i(j\leqslant i<k)$有$(\sigma,i)\models p$。

图 3.6 给出了公式$(3\leqslant x\leqslant 5)\mathcal{U}(x=6)$的求值。

j	0	1	2	3	4	5	6	…
x	1	2	3	4	5	6	7	…
$3\leqslant x\leqslant 5$	F	F	T	T	T	F	F	…
$x=6$	F	F	F	F	F	T	F	…
$(3\leqslant x\leqslant 5)\mathcal{U}(x=6)$	F	F	T	T	T	T	F	…

图 3.6　将来算子$\mathcal{U}$示意图

注意，如果位置j满足公式q，那么对于任意p(甚至包括 F)，它也满足公式$p\ \mathcal{U}q$。当定义中$k=j$时，要求p在所有位置$i(j\leqslant i<k=j)$都成立是没有意义的。如果公式$p\ \mathcal{U}q$在位置j成立，则$\Diamond q$在位置j也成立。

7. unless(waiting-for)算子$\mathcal{W}$

公式$p\ \mathcal{U}q$保证q最终将发生。在某些情况下，需要一个比$\mathcal{U}$更弱的属性，即p从现在起直到q下一次发生时持续成立，或者p在整个序列上均成立。可用公式$p\ \mathcal{W}q$表示，它读作p **除非**q或p **等待**q，其形式定义为：$(\sigma,j)\models p\ \mathcal{W}q$当且仅当$(\sigma,j)\models p\ \mathcal{U}q$或者$(\sigma,j)\models\Box p$。图 3.7 给出了公式$[(3\leqslant x\leqslant 5)\vee(x\geqslant 8)]\mathcal{W}(x=6)$的求值。

j	0	1	2	3	4	5	6	7	8	…
x	1	2	3	4	5	6	7	8	9	…
$(3\leqslant x\leqslant 5)\wedge(x\geqslant 8)$	F	F	T	T	T	F	F	T	T	…
$x=6$	F	F	F	F	F	T	F	F	F	…
$[(3\leqslant x\leqslant 5)\wedge(x\geqslant 8)]\mathcal{W}(x=6)$	F	F	T	T	T	T	F	T	T	…

图 3.7　将来算子$\mathcal{W}$示意图

注意，因为$x=6$最终在位置 5 出现，所以 unless 公式在区间[2,…,5]是有效的。同理，即使$x=6$不再出现，但由于$x\geqslant 8$在无穷区间[7,8,…]的所有位置均成立，所以 unless 公式在该无穷区间成立。

8. 量词

设σ：$s_0,s_1,\cdots$和σ'：$s'_0,s'_1,\cdots$是V上的两个模型，$x\in V$是变量。如果对于每个$j\geqslant 0$，s'_j是s_j的x-变体，即s'_j与s_j的区别最多是对x的解释不同，则称σ'是σ的x-变体。

(1) 对于存在量词公式，$(\sigma,j)\models\exists u:p$当且仅当对于$\sigma$的一些$u$-变体$\sigma'$，有$(\sigma',j)\models p$。

(2) 对于全称量词公式，$(\sigma,j)\models\forall u:p$当且仅当对于$\sigma$的所有$u$-变体$\sigma'$，$(\sigma',j)\models p$。

为了便于说明，使用y-变体σ'：$s'_0,s'_1,\cdots$给出存在量词公式$\exists y:\Box(y=x^2)$在模型σ：$s_0,s_1,\cdots$上的值，如图 3.8 所示。

j	0	1	2	3	…
$s_j[x]$	1	2	3	4	…
$s_j[y]$	2	3	4	5	…
$s'_j[x]$	1	2	3	4	…
$s'_j[y]$	1	4	9	16	…
$s'_j[y=x^2]$	T	T	T	T	…
$s'_j[\Box(y=x^2)]$	T	T	T	T	…
$s'_j[\exists y:\Box(y=x^2)]$	T	T	T	T	…

图 3.8　量词公式示意图

上述定义可以应用到严格变量和灵活变量的量化上。如果u是严格变量，则σ的任何u-变体都必须在所有状态对u赋予相同的值。例如有以下模型，这里x和y是灵活的，u是严格的，σ：$<x:1,y:2,u:0>$，$<x:2,y:3,u:0>$，$<x:3,y:4,$

$u:0>,\cdots$。

公式$\exists y:\square(y=x^2)$在σ的位置0上成立,这是因为在σ的y-变体$\sigma':<x:1,y:1,u:0>,<x:2,y:4,u:0>,<x:3,y:9,u:0>,\cdots$中,$\square(y=x^2)$在位置0成立。但是,不存在$\sigma$的$u$-变体,使$u$在整个序列中被赋予相同的值,并且$\square(u=x^2)$在位置0成立。因此,$(\sigma,0)\vDash\exists y:\square(y=x^2)$ 成立,但$(\sigma,0)\vDash\exists u:\square(u=x^2)$ 不成立。

9. 可满足性

如果$(\sigma,j)\vDash p$,则称模型σ在位置j上满足p,并称j为p-位置。如果公式p在模型σ的位置0成立,即$(\sigma,0)\vDash p$,则记为$\sigma\vDash p$,并称模型σ满足公式p。

下面给出8个常用的公式及其**文字解释**。文字解释描述了模型σ的特征,即$\sigma\vDash\varphi$表示φ在σ的位置0成立。假定下面出现的子公式p和q是状态公式。

1. $p\rightarrow\Diamond q$

该公式表示如果模型σ满足p,则它也满足$\Diamond q$。如果p在s_0为真,则模型σ满足p。如果对于一些位置$j\geqslant0$,q在s_j成立,则它模型σ也满足$\Diamond q$。因此,该公式说明了模型σ的属性,即如果开始p成立,那么最终q成立。

2. $\square(p\rightarrow\Diamond q)$

公式$p\rightarrow\Diamond q$说明当$j=0$时,如果p在位置j成立,则q在一些不小于j的位置成立。在公式$p\rightarrow\Diamond q$前面添加$\square$算子,可以说明这个属性在所有$j\geqslant0$的位置上均成立。因此,该公式说明了σ的属性,即每个p-位置与q-位置一致或者后面跟着q-位置。

3. $\square\Diamond q$

该公式通过忽略公式$\square(p\rightarrow\Diamond q)$的$p$条件得到(即设$p=T$)。因而得到如下属性:序列中的每一个位置都与$q$-位置一致或者后面跟着$q$-位置。该公式表示序列$\sigma$包含无穷多个$q$-位置。

4. $\Diamond\square q$

存在一个位置$j\geqslant0$满足$\square q$,即存在一个位置使q在其后的所有位置上成立。该属性可以描述为q最终永久成立或序列σ仅包含有穷多个$\neg q$-位置。

5. $(\neg q)\mathcal{W}p$

该公式表示要么$\neg q$永远成立,要么在p发生前一直成立。也就是说,q-位置的第一次出现必须与p-位置保持一致,或者q-位置优先于p-位置成立。注意,这里蕴涵的优先顺序是不严格的,即q的第一次出现与p的出现可以是同时的。为了严格地表述优先顺序,可以使用公式$(\neg q)\mathcal{W}(p\wedge\neg q)$。

6. $\square(p\rightarrow\bigcirc p)$

该公式表示子公式$(p\rightarrow\bigcirc p)$在所有位置都成立。子公式在位置i成立的条件为p为假或p在i和$i+1$均为真。因此,该公式表示每个p-状态的后继是另一个p-状态。

7. $\square(p\rightarrow\square p)$

该公式表示如果p在位置i成立,则它也在每个$j\geqslant i$的位置成立。因此,该公式说明一旦p成立,则p永远成立。

8. $\square\exists u:((x=u)\wedge\bigcirc(x=u+1))$

该公式涉及严格变量 u 和灵活变量 x，说明在每个位置 j 存在 u 的一个值，使在位置 j 有 $x=u$，并且在下一个位置 $j+1$ 有 $x=u+1$，亦即 $s_{j+1}[x]=s_j[x]+1$。可以描述为对于所有状态来说，当它到下一个状态时，x 都会增加 1。

问题 3.1 将写出一些公式来证明灵活量词的表达能力。

3.3　时序公式：过去算子

过去算子与将来算子对应。将来公式能够描述给定模型后缀成立的属性，即当前位置的右侧；而过去公式能够描述模型的前缀，即当前位置的左侧。也就是说，一个将来公式在位置 j 描述了位置 $j,j+1,\cdots$ 的属性，过去公式在位置 j 描述了位置 $j,j-1,\cdots,0$ 的属性。

1. previous 算子 $\ominus$

如果 p 是时序公式，则 $\ominus p$ 也是时序公式，读作**上一时刻** p。其语义定义为 $(\sigma,j)\vDash\ominus p$ 当且仅当 $(j>0)\wedge(\sigma,j-1)\vDash p$。因此，$\ominus p$ 在位置 j 成立当且仅当 j 不是序列 σ 的第一个位置，并且 p 在位置 $j-1$ 成立。特别地，$\ominus p$ 在位置 0 是不成立的。图 3.9 给出了公式 $x=1\wedge\ominus(x=0)$ 的求值，该公式适用于 x 刚刚上升的所有位置，如在位置 j，$x=1$；在位置 $j-1$，$x=0$。为了作比较，也列出了公式 $x=0\wedge\bigcirc(x=1)$ 的取值，x 从 0 变化到 1 有相似的表现。当 x 取值为 0 时，使用 $\bigcirc$ 算子的公式会提前一个位置观察到 x 值的增加。

j	0	1	2	3	4	5	6	$\cdots$
x	1	1	0	0	1	1	0	$\cdots$
$(x=1)\wedge\ominus(x=0)$	F	F	F	F	T	F	F	$\cdots$
$(x=0)\wedge\bigcirc(x=1)$	F	F	F	T	F	F	F	$\cdots$

图 3.9　过去算子 $\ominus$ 示意图

2. has-always-been 算子 $\boxminus$

如果 p 是时序公式，则 $\boxminus p$ 也是时序公式，读作**过去总是** p。其语义定义为 $(\sigma,j)\vDash\boxminus p$ 当且仅当 $\forall k,(\sigma,k)\vDash p\ (0\leqslant k\leqslant j)$。因此，$\boxminus p$ 在位置 j 成立当且仅当 p 在 j 和 j 之前的所有位置都成立。图 3.10 给出了公式 $\boxminus(x\leqslant 3)$ 的求值。

满足 $\boxminus p$ 的位置集所在的序列是向下闭合的，即如果 $\boxminus p$ 在位置 j 成立，那么它也在任意位置 k 成立，其中 $0\leqslant k\leqslant j$。

3. once 算子 $\diamondminus$

如果 p 是时序公式，那么 $\diamondminus p$ 也是也是时序公式，读作**过去某一时刻** p。其语义定义为 $(\sigma,j)\vDash\diamondminus p$ 当且仅当 $\exists k,(\sigma,k)\vDash p\ (0\leqslant k\leqslant j)$。因此，$\diamondminus p$ 在位置 j 成立当且仅当 p 在 j 或者 j 之前的一些位置上成立。图 3.11 给出了公式 $\diamondminus(x=4)$ 的求值。

j	0	1	2	3	4	5	$\cdots$
x	1	2	3	4	5	6	$\cdots$
$\boxminus(x\leqslant 3)$	T	T	T	F	F	F	$\cdots$

图 3.10　过去算子 $\boxminus$ 示意图

j	0	1	2	3	4	5	$\cdots$
x	1	2	3	4	5	6	$\cdots$
$\diamondminus(x=4)$	F	F	F	T	T	T	$\cdots$

图 3.11　过去算子 $\diamondminus$ 示意图

$\diamondminus$算子和$\boxminus$算子是对偶关系。这意味着$\diamondminus p$ 在位置 j 成立当且仅当$\boxminus \neg p$ 在位置 j 不成立。$\diamondminus p$ 成立的位置集所在的序列是向上闭合的。也就是说,如果$\diamondminus p$ 在位置 j 成立,那么它也在任意位置 $k \geqslant j$ 成立。

4. since 算子$\mathcal{S}$

since 公式 $p\ \mathcal{S}q$(读作 p **自从** q)表示 q 在过去曾发生并且从位置 q 的后面位置到当前位置 q 一直成立,其形式化定义为$(\sigma,j) \models p\ \mathcal{S}q$ 当且仅当 $\exists k,(\sigma,k) \models q(0 \leqslant k \leqslant j) \wedge \forall i,(\sigma,i) \models p(k \leqslant i \leqslant j)$。

图 3.12 给出了公式$(x \leqslant 6)\mathcal{S}(x=3)$的取值。

j	0	1	2	3	4	5	6	…
x	1	2	3	4	5	6	7	…
$x \leqslant 6$	T	T	T	T	T	T	F	…
$x=3$	F	F	T	F	F	F	F	…
$(x \leqslant 6)\mathcal{S}(x=3)$	F	F	T	T	T	T	F	…

图 3.12 过去算子$\mathcal{S}$示意图

注意,如果位置 j 满足公式 q,那么对于任意的位置 p,它也满足 $p\ \mathcal{S}q$。这是因为取 $k=j$,使 i 在 $k<i \leqslant j$ 的取值范围内满足 p。任意满足 $p\ \mathcal{S}q$ 的位置也满足$\diamondminus q$。

5. back-to 算子$\mathcal{B}$

unless 算子$\mathcal{W}$提供了$\mathcal{U}$算子的一种较弱形式,与之类似,back-to 算子$\mathcal{B}$也作为$\mathcal{S}$算子的一种较弱形式。公式 $p\ \mathcal{B}q$(读作 p **退回** q)说明当前位置始终成立,除非位置 q 或位置 0 出现。其形式化定义为:$(\sigma,j) \models p\ \mathcal{B}q$ 当且仅当$(\sigma,j) \models p\ \mathcal{S}q \vee (\sigma,j) \models \boxminus p$。该定义确保 p 在所有位置 $i(0 \leqslant i \leqslant j)$一直成立,或者存在一个位置 $k(0 \leqslant k \leqslant j)$,对于所有的位置 $i(k< i \leqslant j)$有$(\sigma,k) \models q$ 并且$(\sigma,i) \models p$。

图 3.13 给出了公式$(x \neq 4)\mathcal{B}(x=6)$的求值。

j	0	1	2	3	4	5	6	7	8	…
x	1	2	3	4	5	6	7	8	9	…
$x \neq 4$	T	T	T	F	T	T	T	T	T	…
$x=6$	F	F	F	F	F	T	F	F	F	…
$(x \neq 4)\mathcal{B}(x=6)$	T	T	T	F	F	T	T	T	T	…

图 3.13 过去算子$\mathcal{B}$示意图

注意,$(x \neq 4)\mathcal{B}(x=6)$在位置 8 成立,因为在位置 5 的时候 $x=6$,并且在位置 6 和位置 8 之间 $x \neq 4$。除此之外,$(x \neq 4)\mathcal{B}(x=6)$在位置 2 成立,因为 $x \neq 4$ 在计算的开始时就一直成立。

3.3.1 简单例子

1. $\square(q \rightarrow \diamondminus p)$

该公式说明对于位置 j,如果 q 在位置 j 成立,那么必定存在一个比 j 更早的位置 $k(k \leqslant j)$满足 p。即每个 q-位置与 p-位置保持一致,或者 q-位置在 p-位置之前。

2. $\neg \ominus \mathrm{T}$

该公式说明不存在前一个位置满足 T。由于该模型中的所有位置都满足 T，因此等价于不存在前一个位置。注意，这个公式总是在每个模型的初始位置成立，而在其他地方不成立。将该公式称为 $first$。

3. $\Box \diamondminus first$

该公式说明每个位置都与满足 $first = \neg \ominus \mathrm{T}$ 的位置保持一致，或者在该位置之前。等价于所有位置都与初始位置保持一致或者在初始位置之前。该公式在每个模型的所有位置都成立。

3.3.2 可满足性和有效性

将可满足的定义扩展到可能包含过去算子的时序公式 p 的情况。对于公式 p 和模型 σ，如果 $(\sigma,0) \models p$，则记作 $\sigma \models p$，称模型 σ **满足**公式 p。

引入下列定义：

(1) 如果对于某些模型 σ，$\sigma \models p$，则称公式 p 是可满足的。

(2) 如果对于所有模型 σ，$\sigma \models p$，则称公式 p 是有效的。

这些定义与特定的模型集合 $\mathcal{C}$ 有关，如针对一个特定程序计算的模型集合。在这种情况下：

(1) 如果至少存在一个模型 $\sigma \in \mathcal{C}$，有 $\sigma \models p$，则称公式 p 是 $\mathcal{C}$-可满足的。

(2) 如果对于任意模型 $\sigma \in \mathcal{C}$，都有 $\sigma \models p$，则称公式 p 是 $\mathcal{C}$-有效的。

如果公式 p 含有一个自由变量 u，则有以下定义：

(1) p 是可满足的当且仅当 $\exists u$：p 是可满足的。

(2) p 是有效的当且仅当 $\forall u$：p 是有效的。此定义用于规约程序属性中的有效属性，而不用于对自由变量进行明确地量化。

3.3.3 等价性、一致性和蕴涵性

如果 $p \leftrightarrow q$ 是有效公式，则称 p 和 q 是**等价**(equivalent)的，表示为 $p \sim q$。即 p 和 q 在每个模型的第一个位置都有相同的真值。如果 $\Box(p \leftrightarrow q)$ 是有效公式，则称 p 和 q 是**一致**(congruent)或**全等**的，表示为 $p \approx q$。即 p 和 q 在每个模型的所有位置上都有相同的真值。

例如，$\mathrm{T} \sim \neg \ominus \mathrm{T}$，因为 p 和 q 在所有模型中的第一个位置都为 T。$\mathrm{T} \not\approx \neg \ominus \mathrm{T}$，因为 T 在每个模型的所有位置都成立，而 $\neg \ominus \mathrm{T}$ 只在第一个位置成立。一致性的例子是 $\Box p \approx \neg \Diamond(\neg p)$。相关公式的缩写为：$p \Rightarrow q$ 对应 $\Box(p \rightarrow q)$，$p \Leftrightarrow q$ 对应 $\Box(p \leftrightarrow q)$。

如果 $p \rightarrow q$ 在 σ 的所有位置都成立，则公式 $p \Rightarrow q$ 在 σ 上成立。注意，作为比较，公式 $p \rightarrow q$ 仅说明了在 σ 的第一个位置上 p 蕴涵 q。$p \Rightarrow q$ 是 $\rightarrow$ 的加强类型，在模态逻辑中称为**蕴涵性**(entailment)。如果 $p \leftrightarrow q$ 在 σ 的所有位置都成立，则公式 $p \Leftrightarrow q$ 在 σ 上成立。显然，$p \Leftrightarrow q$ 是有效的当且仅当 $p \approx q$。

将一致性和蕴涵性看作位置集合之间的关系是有意义的。对于给定的公式 p 和模型 σ，定义 $Sat_\sigma(p)$ 是 $j \geqslant 0$ 的位置集合，使 $(\sigma,j) \models p$，即 $Sat_\sigma(p) = \{j \mid (\sigma,j) \models p\}$。显然有：

(1) σ 满足 $p \Rightarrow q$ 当且仅当 $Sat_\sigma(p) \subseteq Sat_\sigma(q)$。

(2) σ 满足 $p \Leftrightarrow q$ 当且仅当 $Sat_{\sigma}(p)=Sat_{\sigma}(q)$。

3.3.4 可替换性

等价性和一致性都意味着某些**可替换性**的概念,即在一个公式中用等式替换等式,并获得具有相同含义的公式。但是,必须对所替换的公式施加一些限制。

设 $\varphi(u)$是一个含有句子符号 u 的公式,它具有以下两个替换性。

1. 状态替换性

对于状态公式 $\varphi(u)$及两个公式 p 和q,如果 $p \sim q$,那么 $\varphi(p) \sim \varphi(q)$。其中,$\varphi(p)$和$\varphi(q)$表示用 p 和 q 替换所有 u 得到的公式。例如,由于 $\mathrm{T} \sim \neg \ominus \mathrm{T}$,因此在 $\varphi(u)=(r \wedge u)$ 的条件下,$(r \wedge \mathrm{T}) \sim (r \wedge \neg \ominus \mathrm{T})$。

注意,要本 $\varphi(u)$是状态公式是必要的。这里给出反例进行说明,假设 $\varphi(u)$: $\Box u$,$\Box \mathrm{T} \not\sim \Box(\neg \ominus \mathrm{T})$。由于$\Box \mathrm{T}$ 是有效的,而$\Box(\neg \ominus \mathrm{T})$在任意模型中取值都为假,因此两边并不等价。

2. 时序替换性

对于一个非限制的时序公式 $\varphi(u)$,如果 $p \approx q$,那么 $\varphi(p) \approx \varphi(q)$。例如,假设 $\varphi(u)=(q\,\mathcal{U} u)$,根据$\Box p \approx \neg \Diamond \neg p$,可以得到 $q\,\mathcal{U}(\Box p) \approx q\,\mathcal{U}(\neg \Diamond \neg p)$。

3.3.5 过去公式和将来公式

前面已经给出定义,**状态公式**是不含任何时序算子的公式。在此基础上给出下列定义:

(1) 不包含将来算子的公式称为**过去公式**。

(2) 不包含过去算子的公式称为**将来公式**。

因此,$\Box(p \rightarrow \Diamond q)$是将来公式,而 $p \rightarrow \diamondminus q$ 是过去公式。注意,状态公式既是将来公式也是过去公式。

3.3.6 $\ominus$的较弱形式

$\mathcal{U}$算子和$\mathcal{S}$算子都具有较弱的形式,分别为$\mathcal{W}$算子和$\mathcal{B}$算子。类似地,也可以为$\ominus$算子定义一个较弱的形式,即$\widetilde{\ominus}$算子。该弱算子可定义为强算子的对偶,如$\ominus$的弱算子为$\widetilde{\ominus} p=\neg \ominus \neg p$。

下面给出一个直接的语义定义,说明包含弱算子的公式在序列中的位置,即$(\sigma, j) \vDash \widetilde{\ominus} p$ 当且仅当$j=0 \vee (j=0 \wedge (\sigma, j-1) \vDash p)$。因此,强算子和弱算子之间的区别在于:对于任意模型和任意公式 p,$\widetilde{\ominus} p$ 在第一个位置总是真的,$\ominus p$ 在第一个位置总是假的。在其他所有位置,$\ominus p$ 成立当且仅当$\widetilde{\ominus} p$ 成立。

弱算子$\widetilde{\ominus}$为特殊谓词 $first$ 提供了一个可替换性的定义。其中,$first$ 代表了在模型中的第一个位置,定义为 $first=\widetilde{\ominus} \mathrm{F}$。将$\bigcirc$、$\ominus$和$\widetilde{\ominus}$称为即时算子,将其他算子称为非即时算子。

3.3.7　算子的基本集合

虽然为每个时序算子都定义了独立的语义，但它们并不是完全独立的。这意味着它们中的一部分能用其他时序算子表示。因此，有必要挑选出算子的子集，即基本算子集，并证明其余算子可以用基本算子集表示。这样分离的优点在于，当要确定所有算子都满足某个属性时，只需表明基本算子及其所有布尔组合都满足该属性即可。

用来描述命题的基本算子集有 $\neg$、$\vee$、$\bigcirc$、$\mathcal{W}$、$\widetilde{\ominus}$、$\mathcal{B}$。而其他布尔算子都可以用 $\neg$ 和 $\vee$ 来表示。下列全等式表明了如何利用基本算子集来表示其他时序算子。

$\Box p \approx p\ \mathcal{W}\mathrm{F}$　　　$\boxminus p \approx p\ \mathcal{B}\mathrm{F}$

$\Diamond p \approx \neg \Box \neg p$　　　$\diamondminus p \approx \neg \boxminus \neg p$

$p\ \mathcal{U} q \approx (p\ \mathcal{W} q) \wedge \Diamond q$　　　$p\ \mathcal{S} q \approx (p\ \mathcal{B} q) \wedge \diamondminus q$

$\ominus p \approx \neg \widetilde{\ominus} \neg p$

3.3.8　限制型算子

在非即时算子中，将位置 k 和位置 i 定义为形如 $j \leqslant k$ 或者 $i \leqslant j$ 的弱不等式，来表示参考位置 j 的右侧或左侧。这意味着这些定义都把当前位置作为将来和过去的一部分。这类定义也称为自反定义。

作为对比，可以定义所有非即时算子的限制(非自反)形式，其中当前时刻既不能作为将来的一部分，也不能作为过去的一部分。对于每个非即时算子，通过在运算符上方放置符号 ^ 表示其限制形式，如 $\hat{\Box}$。

定义限制型算子的一种方法是在重复这些语义定义时，用其限制形式 $j<k$、$j<i$、$k<j$ 和 $i<j$ 代替对应的弱不等式 $j \leqslant k$、$j \leqslant i$、$k \leqslant j$ 和 $i \leqslant j$。定义限制型算子的另一种方法是组合自反算子与合适的即时算子，将参考位置向左或向右转移一个位置。由此定义：

$$\hat{\Box} p = \bigcirc \Box p \qquad \hat{\boxminus} p = \widetilde{\ominus} \boxminus p$$

$$\hat{\Diamond} p = \bigcirc \Diamond p \qquad \hat{\diamondminus} p = \ominus \diamondminus p$$

$$p\ \hat{\mathcal{U}} q = \bigcirc (p\ \mathcal{U} q) \qquad p\ \hat{\mathcal{S}} q = \ominus (p\ \mathcal{S} q)$$

$$p\ \hat{\mathcal{W}} q = \bigcirc (p\ \mathcal{W} q) \qquad p\ \hat{\mathcal{B}} q = \widetilde{\ominus} (p\ \mathcal{B} q)$$

通过在 $\hat{\diamondminus}$ 和 $\hat{\mathcal{S}}$ 的定义中使用 $\ominus$，在 $\hat{\boxminus}$ 和 $\hat{\mathcal{B}}$ 的定义中使用 $\widetilde{\ominus}$，确保限制型过去算子也满足类似自反过去算子之间的对偶关系。

这些定义显示了如何根据非即时算子的自反形式来定义其限制形式。也可以用它们的限制形式来表示这些算子的自反形式，可以从下列全等式得到：

$$\Box p \approx p \wedge \hat{\Box} p \qquad \boxminus p \approx p \wedge \hat{\boxminus} p$$

$$\Diamond p \approx p \vee \hat{\Diamond} p \qquad \diamondminus p \approx p \vee \hat{\diamondminus} p$$

$$p\ \mathcal{U} q \approx q \vee [p \wedge (p\ \hat{\mathcal{U}} q)] \qquad p\ \mathcal{S} q \approx q \vee [p \wedge (p\ \hat{\mathcal{S}} q)]$$

$$p\ \mathcal{W}q \approx q \vee [p \wedge (p\ \hat{\mathcal{W}}q)] \qquad p\ \mathcal{B}q \approx q \vee [p \wedge (p\ \hat{\mathcal{B}}q)]$$

算子对$(\hat{\mathcal{U}},\hat{\mathcal{S}})$构成了时序语言的最小基本算子集合。下列全等式说明了其限制算子和即时算子可以用算子对表示。

$$\hat{\diamondsuit} p \approx \mathrm{T}\ \hat{\mathcal{U}} p \qquad \hat{\diamondminus} p \approx \mathrm{T}\ \hat{\mathcal{S}} p$$

$$\hat{\square} p \approx \neg \hat{\diamondsuit} \neg p \qquad \hat{\boxminus} p \approx \neg \hat{\diamondminus} \neg p$$

$$p\ \hat{\mathcal{W}}q \approx \hat{\square} p \vee (p\ \hat{\mathcal{U}}q) \qquad p\ \hat{\mathcal{B}}q \approx \hat{\boxminus} p \vee (p\ \hat{\mathcal{S}}q)$$

$$\bigcirc p \approx \mathrm{F}\ \hat{\mathcal{U}} p \qquad \ominus p \approx \mathrm{F}\ \hat{\mathcal{S}} p$$

例如,考虑全等式$\bigcirc p \approx \mathrm{F}\ \hat{\mathcal{U}}p$。按照语义定义,$(\sigma,j) \models \mathrm{F}\ \hat{\mathcal{U}}p$ 成立当且仅当存在$k>j$,使得$(\sigma,k)\models p$ 并且对于所有i,$j<i<k$,$(\sigma,i)\models \mathrm{F}$。因为在$\sigma$中没有位置能够满足F,所以这个要求等价于$k=j+1$,这意味着$(\sigma,j+1)\models p$ 等同于$(\sigma,j)\models \bigcirc p$。

问题 3.2 给出了一系列公式,读者可以从中找出有效的公式。**问题 3.3** 将考虑一些额外的时序算子,并探讨这些算子与标准算子之间的关系。**问题 3.4** 将考虑重复状态对公式有效性的影响。

3.4 时序算子的基本属性

将时序逻辑应用于程序属性的规约,以及在具体程序上验证这些属性时,需要进行变换,并对涉及的时序公式进行推理。这样的变换可以用一个更简单的形式的公式代替,或者从一个公式推导出另一个公式。在进行这样的推导和等价变换时,时序算子满足的一些基本属性和关系,以及某些基本推理规则是很有用的。下面将列出一系列有用的属性和规则。所有列出的属性都被解释为有效性,即公式在所有模型上都成立。显然,说明$p \Leftrightarrow q$的有效性与说明全等式$p \approx q$是一致的。

3.4.1 模式及其有效性

通过说明某个公式是有效的来说明算子的有效性时,很少采用完全解释的公式,更多使用包含一个或者多个句子符号的公式模式。例如,在说明算子$\square$和$\diamondsuit$的对偶性时,给出公式模式FS:$\neg \square p \Leftrightarrow \diamondsuit \neg p$ 并说明该公式是有效的。这个公式模式使用句子符号p,表示用任意时序公式通过替换p可以从该模式中得到的无限多个公式。将得到的公式称为模式FS的**替换**(instantiation)。说明模式FS是有效的,相当于声明所有模式的替换是有效公式。

在某些情况下,可以明确地限制实例的类型,这些实例可以被应用于给定的句子符号。例如,模式$p \leftrightarrow \square p$是有效的仅当$p$始终是严格状态公式,即一个公式的所有变量和命题是严格的。也就是说,句子符号p只能通过严格状态公式进行替换。某些公式模式使用形如$p(u_1,\cdots,u_k)$的参数句子符号来说明任意公式都包含$u_1,\cdots,u_k$的自由出现(即无限的量化),并且将这样的模式称为**参数模式**(parameterized scheme)。当所有句子符号都未被参数化时,称该模式为**简单模式**(simple scheme)。

3.4.2　单调性

假设 $\varphi(u)$是含有一次或多次句子符号 u 出现的公式模式。如果 u 不在 $p\leftrightarrow q$ 的子公式中出现，并且它被包含于明确的或隐含的偶数个否定中，就定义 φ 中 u 的出现具有**肯定**属性（**正极性**）。需要注意的是，由于 $p\rightarrow q$ 与$(\neg p)\vee q$ 是等价的，因而在 $p\rightarrow q$ 中，p 中 u 的出现被视作一个隐含的否定。同理，如果 u 不出现在 $p\leftrightarrow q$ 的子公式中，并且它被嵌入奇数否定中，就定义 φ 中 u 的出现为**否定**属性（**负极性**）。

等价式 $p\leftrightarrow q$ 的问题为：当 p 只有一次肯定出现和一次否定出现时，该等价式能表示析取式$(p\wedge q)\vee(\neg p\wedge\neg q)$。因此，$p\leftrightarrow q$ 中每个出现的 u 都有肯定属性和否定属性。为了将这些规则应用到包含等价的公式中，需要将任意 $p\leftrightarrow q$ 的子公式扩展到$(p\wedge q)\vee(\neg p\wedge\neg q)$中。

对于每个一元时序算子$\mathcal{A}$，p 在$\mathcal{A}p$ 中肯定出现。对于每个二元时序算子$\mathcal{R}$，p 和 q 都在 $p\,\mathcal{R}q$ 中肯定出现。如果所有出现在 $\varphi(u)$中的 u 都具有统一的两极属性，则可得出两个普遍的单调性，即 u 的出现要么都是肯定的，要么都是否定的。

1. 肯定出现

在肯定出现的情况下，具有正极性：如果出现在 $\varphi(u)$中的 u 都是肯定的，那么$(p\Rightarrow q)\rightarrow(\varphi(p)\Rightarrow\varphi(q))$是有效的。

$\varphi(p)$和 $\varphi(q)$是用 p 和 q 替换 $\varphi(u)$中所有出现的 u 得到的。这个属性说明在任何计算中，如果每个 p-位置同时也是 q-位置，那么每个位置既满足 $\varphi(p)$也满足 $\varphi(q)$。

这个一般属性说明所有的一元时序算子都是单调的。可以通过 $\varphi(u)$公式的特例来证明，并有下列有效性：

$$(p\Rightarrow q)\rightarrow(\Diamond p\Rightarrow\Diamond q)\qquad(令\ \varphi(u)=\Diamond u)$$

$$(p\Rightarrow q)\rightarrow(\boxminus p\Rightarrow\boxminus q)\qquad(令\ \varphi(u)=\boxminus u)$$

二元算子的单调性可以通过正极性的一个更强的版本推导出来。假设 $\varphi(u_1,u_2)$是包含两个句子符号 u_1 和 u_2 的公式。如果 $\varphi(u_1,u_2)$中出现的 u_1 和 u_2 都是肯定的，那么$[(p_1\Rightarrow q_1)\wedge(p_2\Rightarrow q_2)]\rightarrow(\varphi(p_1,p_2)\Rightarrow\varphi(q_1,q_2))$是有效的。可以推导出公式$[(p_1\Rightarrow q_1)\wedge(p_2\Rightarrow q_2)]\rightarrow(p_1\,\mathcal{U}p_2\Rightarrow q_1\,\mathcal{U}q_2)$的有效性。其他二元算子的单调性也可以通过类似推导得到。

为了加深对单调性的理解，需要重新回顾在模型 σ 中对蕴涵式 $p\Rightarrow q$ 的解释：满足 p 的位置集包含于满足 q 的位置集中，即 $Sat_\sigma(p)\subseteq Sat_\sigma(q)$成立。根据该解释，可以得到单调性的性质，如果 u 在 $\varphi(u)$中出现是肯定的，那么 $Sat_\sigma(p)\subseteq Sat_\sigma(q)$意味着 $Sat_\sigma(\varphi(p))\subseteq Sat_\sigma(\varphi(q))$。也就是说，增加满足 p 的位置集仅能增加满足 $\varphi(p)$的位置集。

对二元算子也做类似处理。例如，对于公式 $p\,\mathcal{U}r$ 和 σ 中的位置 j，假设 $p\Rightarrow q$，且 q 至少在所有 p 成立的位置都成立（在其他位置也可能成立），那么如果 $p\,\mathcal{U}r$ 在位置 j 成立，则在 $q\,\mathcal{U}r$ 在位置 j 也成立。它遵循属性 $Sat_\sigma(p\,\mathcal{U}r)\subseteq Sat_\sigma(q\,\mathcal{U}r)$。

2. 否定出现

当 u 为否定出现时，具有负极性：

如果出现在 $\varphi(u)$中的 u 都是否定的，那么$(p\Rightarrow q)\rightarrow(\varphi(q)\Rightarrow\varphi(p))$是有效的。可以用

这个一般属性来推断$(p\Rightarrow q)\rightarrow(\neg\Diamond q\Rightarrow\neg\Diamond p)$的有效性。公式$\varphi(u_1,u_2)$也有类似的属性,这里不再详述。

3. 可替换性

为了完整起见,将可替换性作为一个属性,但仅限于计算$p\Leftrightarrow q$的情况:对于任意公式$\varphi(u)$,$(p\Leftrightarrow q)\rightarrow(\varphi(p)\Leftrightarrow\varphi(q))$是有效的。

这个属性说明了使p-位置集和q-位置集一致的任意计算中,一个位置满足$\varphi(p)$当且仅当它满足$\varphi(q)$。公式$\varphi(u_1,u_2)$也有类似的声明。可以使用这个属性并基于$\neg\Box p\Leftrightarrow\Diamond\neg p$和$\diamondminus\neg q\Leftrightarrow\neg\boxminus q$的有效性来推导公式$(\neg\Box p)\mathcal{U}(\diamondminus\neg q)\Leftrightarrow(\Diamond\neg p)\mathcal{U}(\neg\boxminus q)$的有效性。

3.4.3 自反性

下面再次列出非即时算子的自反形式与其限制形式之间的关系。不过,在这里将其列为有效性。

1. 将来算子

对于将来算子,有:

FR1. $\Box p\Leftrightarrow(p\wedge\hat{\Box}p)$

FR2. $\Diamond p\Leftrightarrow(p\vee\hat{\Diamond}p)$

FR3. $p\,\mathcal{U}q\Leftrightarrow(q\vee[p\wedge p\,\hat{\mathcal{U}}q])$

FR4. $p\,\mathcal{W}q\Leftrightarrow(q\vee[p\wedge p\,\hat{\mathcal{W}}q])$

2. 过去算子

对于过去算子,有:

PR1. $\boxminus p\Leftrightarrow(p\wedge\hat{\boxminus}p)$

PR2. $\diamondminus p\Leftrightarrow(p\vee\hat{\diamondminus}p)$

PR3. $p\,\mathcal{S}q\Leftrightarrow(q\vee[p\wedge p\,\hat{\mathcal{S}}q])$

PR4. $p\,\mathcal{B}q\Leftrightarrow(q\vee[p\wedge p\,\hat{\mathcal{B}}q])$

3. 蕴涵式

前面的有效公式都是用等价式来表示的,包含了一些常用的蕴涵式。

对于将来算子,有:

FR5. $\Box p\Rightarrow p$ $\quad p\,\mathcal{U}q\Rightarrow(p\vee q)$ $\quad p\,\mathcal{W}q\Rightarrow(p\vee q)$

FR6. $p\Rightarrow\Diamond p$ $\quad q\Rightarrow p\,\mathcal{U}q$ $\quad q\Rightarrow p\,\mathcal{W}q$

对于过去算子,有:

PR5. $\boxminus p\Rightarrow p$ $\quad p\,\mathcal{S}q\Rightarrow(p\vee q)$ $\quad p\,\mathcal{B}q\Rightarrow(p\vee q)$

PR6. $p\Rightarrow\diamondminus p$ $\quad q\Rightarrow p\,\mathcal{S}q$ $\quad q\Rightarrow p\,\mathcal{B}q$

3.4.4 限制性

前一组属性说明如何用限制算子表示自反算子。也可以用下一时刻算子和上一时刻算子以自反算子的形式来表达限制算子。这些关系可以由下列等价式给出：

FS1. $\hat{\Box} p \Leftrightarrow \bigcirc \Box p$　　PS1. $\hat{\boxminus} p \Leftrightarrow \widetilde{\ominus} \boxminus p$

FS2. $\hat{\Diamond} p \Leftrightarrow \bigcirc \Diamond p$　　PS2. $\hat{\diamondminus} p \Leftrightarrow \ominus \diamondminus p$

FS3. $p\ \hat{\mathcal{U}} q \Leftrightarrow \bigcirc (p\ \mathcal{U} q)$　　PS3. $p\ \hat{\mathcal{S}} q \Leftrightarrow \ominus (p\ \mathcal{S} q)$

FS4. $p\ \hat{\mathcal{W}} q \Leftrightarrow \bigcirc (p\ \mathcal{W} q)$　　PS4. $p\ \hat{\mathcal{B}} q \Leftrightarrow \widetilde{\ominus} (p\ \mathcal{B} q)$

3.4.5 扩展性

将自反公式 FR1～FR4 和限制公式 FS1～FS4 分别结合在一起，可以得到下列扩展公式：

FE1. $\Box p \Leftrightarrow (p \wedge \bigcirc \Box p)$

FE2. $\Diamond p \Leftrightarrow (p \vee \bigcirc \Diamond p)$

FE3. $p\ \mathcal{U} q \Leftrightarrow (q \vee [p \wedge \bigcirc (p\ \mathcal{U} q)])$

FE4. $p\ \mathcal{W} q \Leftrightarrow (q \vee [p \wedge \bigcirc (p\ \mathcal{W} q)])$

过去算子也有相似的属性。

3.4.6 对偶性

每个算子都有一个对偶算子。通常，一个强算子的对偶算子往往与弱算子是相关的。

对于将来算子，有：

FU1. $\neg \Box p \Leftrightarrow \Diamond \neg p$　　$\neg \Diamond p \Leftrightarrow \Box \neg p$

FU2. $\neg (p\ \mathcal{U} q) \Leftrightarrow (\neg q) \mathcal{W} (\neg p \wedge \neg q)$　　$\neg (p\ \mathcal{W} q) \Leftrightarrow (\neg q) \mathcal{U} (\neg p \wedge \neg q)$

FU3. $\neg \bigcirc p \Leftrightarrow \bigcirc \neg p$

属性 FU1 和 FU2 说明算子的自反性。相应地，也有满足限制性的属性。属性 FU3 说明下一时刻算子$\bigcirc$具有自对偶属性。

对于过去算子，也有相似的属性 PU1 和 PU2（本书略，读者可自行给出）。下面两个上一时刻算子是相互对偶的：

PU3. $\neg \ominus p \Leftrightarrow \widetilde{\ominus} \neg p$　　$\neg \widetilde{\ominus} p \Leftrightarrow \ominus \neg p$

3.4.7 强算子和弱算子

除了强算子和弱算子的对偶关系外，强算子可以表示为弱算子和一些附加条件的合取。类似地，弱算子可以表示为强算子和另一些选项的析取。这些关系为

FWS1. $p\ \mathcal{U} q \Leftrightarrow (p\ \mathcal{W} q \wedge \Diamond q)$　　$p\ \mathcal{W} q \Leftrightarrow (p\ \mathcal{U} q \vee \Box p)$

对于过去算子，有：

PWS1. $p\ \mathcal{S} q \Leftrightarrow (p\ \mathcal{B} q \wedge \diamondminus q)$　　$p\ \mathcal{B} q \Leftrightarrow (p\ \mathcal{S} q \vee \boxminus p)$

PWS2. $\ominus p \Leftrightarrow (\hat{\ominus} p \wedge \ominus \mathrm{T})$　　$\hat{\ominus} p \Leftrightarrow (\ominus p \vee \widetilde{\ominus} \mathrm{F})$

属性 PWS2 使用$\ominus \mathrm{T}$描述它不是序列中的第一个位置，并且用$\widetilde{\ominus} \mathrm{F} = first$来描述计算中的第一个位置。从这些等价式可以得到几个重要的蕴涵式，其中一个蕴涵式说明强算子

总是蕴涵弱算子，如 $p\,\mathcal{U}q \Rightarrow p\,\mathcal{W}q$，$\ominus p \Rightarrow \widetilde{\ominus} p$。

3.4.8 幂等性

如果对于一些算子，将它们应用两次得到的结果和第一次应用得到的结果一样，则称这种算子具有幂等性。下面是将来算子的幂等性：

FI1. $\Box\Box p \Leftrightarrow \Box p$

FI2. $\Diamond\Diamond p \Leftrightarrow \Diamond p$

FI3. $p\,\mathcal{U}(p\,\mathcal{U}q) \Leftrightarrow p\,\mathcal{U}q$　　$p\,\mathcal{W}(p\,\mathcal{W}q) \Leftrightarrow p\,\mathcal{W}q$

FI4. $(p\,\mathcal{U}q)\mathcal{U}q \Leftrightarrow p\,\mathcal{U}q$　　$(p\,\mathcal{W}q)\mathcal{W}q \Leftrightarrow p\,\mathcal{W}q$

而限制算子不具有幂等性。每一次应用都需要额外添加下一时刻算子。与将来算子类似，自反过去算子满足幂等性。

3.4.9 吸收性

在模态逻辑中广泛研究的问题之一是不同的一元模态算子的数量。即把一长串一元算子应用到一个命题 $O_1 O_2 \cdots O_k p$，其中 O_i 是$\Box$或者$\Diamond$，求这样成对的不等价组合的数量。

通过幂等性，只需要考虑交错的字符串，这样相邻的两个算子都不相同。这是因为根据幂等性，在任意情况下，$O_1 \cdots \Box\Box \cdots O_k p \Leftrightarrow O_1 \cdots \Box \cdots O_k p$。同理，对于$\Diamond\Diamond$也有类似属性。

下列属性表明任何交替的$\Box$、$\Diamond$算子字符串都可以简化为长度为 2 的字符串，并保留原来最右边的两个算子。

FA1. $\Diamond\Box\Diamond p \Leftrightarrow \Box\Diamond p$

FA2. $\Box\Diamond\Box p \Leftrightarrow \Diamond\Box p$

使用幂等性和这些规则，任意非空算子都能简化为$\Box p$、$\Diamond p$、$\Box\Diamond p$ 或者$\Diamond\Box p$。

二元算子自身具有吸收属性：

FA3. $p\,\mathcal{W}(p\,\mathcal{U}q) \Leftrightarrow p\,\mathcal{W}q$　$(p\,\mathcal{U}q)\mathcal{W}q \Leftrightarrow p\,\mathcal{U}q$

FA4. $p\,\mathcal{U}(p\,\mathcal{W}q) \Leftrightarrow p\,\mathcal{W}q$　$(p\,\mathcal{W}q)\mathcal{U}q \Leftrightarrow p\,\mathcal{U}q$

过去算子也有相似的属性。

3.4.10 上一时刻和下一时刻的交换性

下一时刻算子能在所有非过去算子（即将来算子和布尔算子）之间进行交换。可以使用基本的非过去算子（$\neg$、$\vee$、$\bigcirc$和$\mathcal{W}$）和下列有效性来说明：

CN1. $\bigcirc(\neg p) \Leftrightarrow \neg\bigcirc p$

CN2. $\bigcirc(p \vee q) \Leftrightarrow \bigcirc p \vee \bigcirc q$

CN3. $\bigcirc(p\,\mathcal{W}q) \Leftrightarrow (\bigcirc p)\mathcal{W}(\bigcirc q)$

类似的交换关系显然也适用于所有其他的将来算子。

$\bigcirc$算子的统一交换属性能以更加具体的方式来表示。假设 $\varphi_{\mathrm{NP}}(p_1,\cdots,p_m)$是一个不包含过去算子（模式）的公式，$p_1,\cdots,p_m$ 是原子公式和句子符号在 φ_{NP} 中的所有出现。那么将得到$\bigcirc\varphi_{\mathrm{NP}}(p_1,\cdots,p_m) \Leftrightarrow \varphi_{\mathrm{NP}}(\bigcirc p_1,\cdots,\bigcirc p_m)$。其中，$\varphi_{\mathrm{NP}}(\bigcirc p_1,\cdots,\bigcirc p_m)$通过将

φ_{NP} 中每个 p_i 的出现替换为$\bigcirc p_i$ 得到。

$\ominus$和$\widetilde{\ominus}$也有相似的交换关系。但是，由于这两个上一时刻算子是对偶的，因此情况比较复杂。基本过去算子的交换关系由下列公式给出：

CP1. $\ominus(\neg p) \Leftrightarrow \neg\widetilde{\ominus}p$　　　$\widetilde{\ominus}(\neg p) \Leftrightarrow \neg\ominus p$

CP2. $\ominus(p \vee q) \Leftrightarrow (\ominus p) \vee (\ominus q)$　　　$\widetilde{\ominus}(p \vee q) \Leftrightarrow (\widetilde{\ominus}p) \vee (\widetilde{\ominus}q)$

CP3. $\ominus(p\ \mathcal{B} q) \Leftrightarrow (\ominus p)\mathcal{B}(\ominus q)$　　　$\widetilde{\ominus}(p\ \mathcal{B} q) \Leftrightarrow (\widetilde{\ominus}p)\mathcal{B}(\widetilde{\ominus}q)$

对于 CP1，当上一时刻算子带有一个取反的操作符时，它就可以转变为对偶算子，即$\ominus$到$\widetilde{\ominus}$或$\widetilde{\ominus}$到$\ominus$。这两个上一时刻算子并不能用另一个上一时刻算子代替，也就是说$\ominus\widetilde{\ominus}p$不等同于$\widetilde{\ominus}\ominus p$。例如，$\ominus\widetilde{\ominus}p$ 在模型中的第一个位置总为假，而$\widetilde{\ominus}\ominus p$ 在第一个位置总为真。因此，利用上一时刻算子进行交换声明比使用下一时刻算子进行交换更为合适。

假设 $\varphi_{NF}(p_1,\cdots,p_m;\ q_1,\cdots,q_n)$是除了$\neg$、$\vee$、$\mathcal{B}$外不包含其余算子的“非将来”公式；$p_1,\cdots,p_m$ 为原子公式或句子符号中的肯定出现，即作为在对偶数取反中的出现；$q_1,\cdots,q_n$ 为否定出现，即作为对奇数取反中的出现。声明下列交换关系：

$$\ominus_{NF}(p_1,\cdots,p_m;\ q_1,\cdots,q_n) \Leftrightarrow \varphi_{NF}(\ominus p_1,\cdots,\ominus p_m;\ \widetilde{\ominus}q_1,\cdots,\widetilde{\ominus}q_n)$$

$$\widetilde{\ominus}\varphi_{NF}(p_1,\cdots,p_m;\ q_1,\cdots,q_n) \Leftrightarrow \varphi_{NF}(\widetilde{\ominus}p_1,\cdots,\widetilde{\ominus}p_m;\ \ominus q_1,\cdots,\ominus q_n)$$

可以看出，即时算子的交换关系总是和序列中的第一个位置有关。如果从第一个位置移开，那么会衍生出很多额外的等价式。可以通过以下有效性来表示：

NF1. $(\neg first) \Rightarrow (\ominus p \leftrightarrow \widetilde{\ominus}p)$

NF2. $(\neg first) \Rightarrow (\bigcirc\ominus p \leftrightarrow \ominus\bigcirc p)$

属性 NF1 说明除了第一个位置外，强算子和弱算子在其他位置都是等价的。

前面的每个模式都表示一系列有效的替换。令 φ_{NP} 的表达式为 $p \rightarrow q$，可以得到$\bigcirc(p \rightarrow q) \Leftrightarrow (\bigcirc p \rightarrow \bigcirc q)$。通过将 p 替换为$\exists x:(x>y)$并将 q 替换为$\Diamond(y<z)$，这个公式被替换为$\bigcirc(\exists x:(x>y) \rightarrow \Diamond(y<z)) \Leftrightarrow (\bigcirc\exists x:(x>y) \rightarrow \bigcirc\Diamond(y<z))$。

为了说明$\bigcirc$并不能用$\boxminus$或者$\diamondminus$来代替，考虑序列 σ：$<x:0>, <x:1>, \cdots$，可以看到 σ 在位置 0 满足$\boxminus\bigcirc(x=1)$和$\bigcirc\diamondminus(x=0)$，但是它并不满足$\bigcirc\boxminus(x=1)$和$\diamondminus\bigcirc(x=0)$。

3.4.11　全称算子和存在算子

下面考虑如何对非即时算子进行分配，即排除上一时刻算子和下一时刻算子。这些算子具有全称特点或存在特点。例如，一元算子$\Box$和$\boxminus$具有全称特点，一元算子$\Diamond$和$\diamondminus$具有存在特点。所有二元算子都有一个分隔符，它们在第一个参数上是全称的，而在第二个参数上是存在的。

算子的特性决定了它如何对析取、合取、存在量词和全称量词进行分配。全称算子能够对合取和全称量词进行分配，存在算子能够对析取和存在量词进行分配。可以通过下列属性来说明将来算子：

FD1. $\square(p \wedge q) \Leftrightarrow (\square p) \wedge (\square q)$　　$\square(\forall u: p) \Leftrightarrow \forall u: \square p$

FD2. $\diamond(p \vee q) \Leftrightarrow (\diamond p) \vee (\diamond q)$　　$\diamond(\exists u: p) \Leftrightarrow \exists u: \diamond p$

FD3. $p\, \mathcal{U}(q \vee r) \Leftrightarrow (p\, \mathcal{U} q) \vee (p\, \mathcal{U} r)$　　$p\, \mathcal{U}(\exists u: q) \Leftrightarrow \exists u: p\, \mathcal{U} q$

假设 u 在 p 中不是自由变量

FD4. $(p \wedge q)\mathcal{U} r \Leftrightarrow (p\, \mathcal{U} r) \wedge (p\, \mathcal{U} r)$　　$(\forall u: p)\mathcal{U} q \Leftrightarrow \forall u: p\, \mathcal{U} q$

假设 u 在 p 中不是自由变量

FD5. $p\, \mathcal{W}(q \vee r) \Leftrightarrow (p\, \mathcal{W} q) \vee (p\, \mathcal{W} r)$　　$p\, \mathcal{W}(\exists u: q) \Leftrightarrow \exists u: p\, \mathcal{W} q$

假设 u 在 p 中不是自由变量

FD6. $(p \wedge q)\mathcal{W} r \Leftrightarrow (p\, \mathcal{W} r) \wedge (p\, \mathcal{W} r)$　　$(\forall u: p)\mathcal{W} q \Leftrightarrow \forall u: p\, \mathcal{W} q$

假设 u 在 p 中不是自由变量

【例 3-1】

为了说明存在算子并不能对全称量词进行分配，也就是说$\diamond(\forall u: p) \not\approx \forall u: \diamond p$，在$p: x \neq u$ 和 u 是严格变量的情况下，考虑两个公式$\diamond(\forall u: p)$和$\forall u: \diamond p$。

考虑模型σ：$<x: 0, u: 2>, <x: 1, u: 2>, \cdots$，可以得到$\sigma \vDash \forall u: \diamond(x \neq u)$。为了说明这个公式，可以证明所有$\sigma$中的$u$-变体等价于模型$\sigma'_\alpha$：$<x: 0, u: a>, <x: 1, u: a>, \cdots$。对于 a 的每个取值，都满足$\diamond(x \neq u)$。考虑以下两种情况。

(1) 在σ'_α中的位置 1，当 $x=1, u=0$ 时，如果 $a=0$，那么$(\sigma'_\alpha, 1) \vDash (x \neq u)$。

(2) 在σ'_α中的位置 0，当 $x=0, u=a \neq 0$ 时，如果 $a \neq 0$，那么$(\sigma'_\alpha, 0) \vDash (x \neq u)$。

此外，状态公式$\forall u: (x \neq u)$在任何位置都为假，因为在任意位置都可以取 $u=x$。由此可见，$\sigma \nvDash \diamond \forall u: (x \neq u)$，说明这两个公式并不等价。

对于所有限制算子和过去算子，FD1～FD6 中的类似属性也都成立。

从下一时刻算子和上一时刻算子的分配属性来看，这些算子既有全称特点又有存在特点。它们对析取和合取的分配都已经在 CN2、CN3、CP2 和 CP3 中说明。下列属性说明它们也可以对量词进行分配。

FD7. $\bigcirc(\exists u: p) \Leftrightarrow \exists u: \bigcirc p$　　$\ominus \exists u: p \Leftrightarrow \exists u: \ominus p$

FD8. $\bigcirc(\forall u: p) \Leftrightarrow \forall u: \bigcirc p$　　$\ominus \forall u: p \Leftrightarrow \forall u: \ominus p$

类似的属性对$\widetilde{\ominus}$也适用。

还可以对受限的全称性或者存在性赋予更复杂的形式。特别地，组合算子$\square\diamond$具有受限的全称特性，而$\diamond\square$的组合具有受限的存在特性。受限指这些形式只能在有限的析取和合取上分配，而不能在存在量词和全称量词上分配。

FD9. $\square\diamond(p \vee q) \Leftrightarrow \square\diamond p \vee \square\diamond q$

FD10. $\diamond\square(p \wedge q) \Leftrightarrow \diamond\square p \wedge \diamond\square q$

3.4.12　引用变量的下一个值和前一个值

考虑模型σ：$<x: 0>, <x: 1>, \cdots$，其中 x 的取值范围是所有自然数。希望可以表示该模型的取值，它说明对于 $i=0, 1, \cdots$，x 在 s_{i+1} 的取值比在 s_i 上的取值更大。该属性由公式$\square \exists u: ((x=u) \wedge \bigcirc(x=u+1))$表述。该公式将量词用于严格变量 u，它表明对于任意位置 i，存在一个 u 的值使在位置 i 上 $x=u$，在位置 $i+1$ 上 $x=u+1$。由于 u 是严格的，

它能保持值从 i 到 $i+1$，因此公式能够表示所需的属性。

在连续状态中，需要频繁地比较表达式。因此，需要扩展之前的语法，使之允许引用变量 x 的下一个值，这里记作 x^+。语义定义所需的扩展很简单，不再讨论表达式 e 在一个状态下的值，而是定义表达式 e 在模型 σ 中位置 i 的值，表示为 $val(\sigma,i,e)$。这可以通过下述方式进行归纳定义：

(1) 对于变量 x，$val(\sigma,i,x)=s_i[x]$。

(2) 对于变量 x 的下一个取值，$val(\sigma,i,x^+)=s_{i+1}[x]$。也就是说在位置 i 上的 x^+ 的值是在位置 $i+1$ 上的 x 的值。

(3) 对于函数，$val(\sigma,i,f(e_1,\cdots,e_m))=f(val(\sigma,i,e_1),\cdots,val(\sigma,i,e_m))$。

例如，在之前描述属性时，通过对 x 增加 1 使每个状态转移到它的后继状态，现在可以利用扩展语法对该属性进行描述，即 $\square(x^+=x+1)$。将下一个值符号应用到表达式中。在位置 j 上的 e^+ 的值是由在位置 $j+1$ 上对 e 求值得到的。如果 e 具有 $f(x_1,\cdots,x_n)$ 的形式，那么 e^+ 有 $f(x_1^+,\cdots,x_n^+)$。

通过完全对称的方式，可以定义变量 x 的前一个值，用 x^- 表示。当试图在计算的第一个位置对 x^- 求值时，根据规约，x 不可以在位置 $0-1=-1$ 上进行求值，由此认定模型的第一个位置 $x^-=x$ 总是成立。语义定义中的相关子句为 $val(\sigma,i,x^-)=s_j[x]$，其中 $j=max(i-1,0)$。

可以参考前一个值来重写这个要求，即 $\hat{\square}(x=x^-+1)$。该公式表示除了第一个位置外，在其他任意位置，当前 x 的取值比 x 的前一个值更大。

在形如 $f(x_1,\cdots,x_m)$ 的表达式 e 中，可以将 e^- 作为表达式 $f(x_1^-,\cdots,x_n^-)$ 的简写。显然，假如 $j=0$，那么在位置 j 上，e^- 的值能够通过在位置 0 上对 e 进行求值得到；否则，就通过在位置 $j-1$ 上对 e 进行求值得到。

如果符号 x^+ 和 x^- 能相互表示，那么它们是相互可交换的。假设 $\varphi(x,y)$ 是一个状态公式，其中 x 和 y 作为该公式的自由变量。由前一个值表达下一个值基于等价式 $\varphi(x,y^+)\Leftrightarrow\bigcirc\varphi(x^-,y)$。由下一个值表示前一个值基于等价式 $\varphi(x^-,y)\Leftrightarrow(first\wedge\varphi(x,y))\vee\ominus\varphi(x,y^+)$。

严格变量 u 的下一个值与前一个值和当前值相等，表示为 $\square(u=u^+)$ 和 $\square(u=u^-)$。

从现在起，将上标+和−也看作时序算子。其中+作为将来算子，−作为过去算子。因此一个过去公式不能包含+，而一个将来公式不能包含−。不包含 x^+ 和 x^- 的表达式称为状态表达式。在一个状态公式中，所有的表达式都应该是状态表达式。

当 x 是一个布尔变量时，如果 x^+ 和 x^- 都是原子公式，则公式中 $\bigcirc x$ 和 $(first\wedge x)\vee\ominus x$ 是等价的。

3.4.13　语义弱公平性

本节考虑的所有属性都是有效的。一种证明这些声明的方式是基于语义论证。使用时序逻辑算子的语义定义能够将每个公式解释为在模型中确定位置成立的命题，然后使用常规的数学论证来证明声明对于每个模型都是真的。

通过属性 FU2 来说明这种技术，并说明等价式 $\neg(p\,\mathcal{U}q)\Leftrightarrow(\neg q)\mathcal{W}(\neg p\wedge\neg q)$ 的有效

性。该公式表示，对于每一个位置 j，φ_1：$\neg(p\,\mathcal{U}q)$在位置 j 成立当且仅当 φ_2：$(\neg q)\mathcal{W}(\neg p\wedge\neg q)$在位置 j 成立。

按照基本定义，$p\,\mathcal{U}q$ 在位置 j 上成立，当且仅当存在 $k\geqslant j$ 使 q 在位置 k 上成立，并且对于每个 $i(j\leqslant i<k)$，有 p 在位置 i 上成立。这个定义的否定为 φ_1：$\neg(p\,\mathcal{U}q)$在位置 j 上成立当且仅当 q 在任意位置 $j(k\geqslant j)$上不成立，或者如果 k 是使 q 成立且不小于 j 的最小变量，那么存在变量 $i(j\leqslant i<k)$使 p 在位置 i 为假。第二种情况可以描述为 p 在位置 i(其中 $i\geqslant j$)为假并且 q 在位置 $j,j+1,\cdots,i$ 为假，也就是说$(\neg q)\mathcal{U}(\neg p\wedge\neg q)$在位置 j 成立。由此可见，$\neg(p\,\mathcal{U}q)$在位置 j 成立当且仅当$\square\neg q$ 在位置 j 成立，或者$(\neg q)\mathcal{U}(\neg p\wedge\neg q)$在位置 j 成立的充要条件是$(\neg q)\mathcal{W}(\neg p\wedge\neg q)$在位置 j 成立。

3.5 节将考虑建立时序公式有效性的另一种方法。

问题 3.5 考虑将时序谓词定义为时序等式的不动点。**问题 3.6** 写出几个公式来描述序列的某些属性。**问题 3.7** 找出不包含下一时刻算子和上一时刻算子的公式的标准形式。

3.5 证明系统

3.4 节给出了大量有效的时序公式。这些公式描述了时序算子的一般属性，并确定了这些算子之间的关系。这些公式实际上是公式模式，它们可能包含句子符号，如 p、q、r(代表任意的时序公式)。因此，当声称公式$\diamondsuit p\Leftrightarrow p\vee\bigcirc\diamondsuit p$ 有效时，需要用任意的时序公式替换 p 来说明从该模式中得到的无限多个公式都是有效的。例如，用$\diamondsuit q$ 对 p 进行替换，可以得到有效公式$\diamondsuit(\diamondsuit q)\Leftrightarrow(\diamondsuit q)\vee\bigcirc\diamondsuit(\diamondsuit q)$。

也可以用单个有效模式简洁地表示无穷多的有效公式。这里也继续将包含句子符号的公式称为公式。显然，即使仅限于实际应用中出现的公式，并使用简洁的符号表示，也不可能列出所有有效的时序公式。因此，可以采用有效地识别特定逻辑上的有效语句这种标准方法来表示逻辑理论，该方法就是演绎系统。

一个**演绎系统**(deductive system)包含以下两个元素。

(1) **公理**集合。这是一个被看作是算子基本属性的有效公式的集合，如$\square p\Leftrightarrow p\wedge\bigcirc\square p$。

(2) **规则**集合。规则提供了一种方式，通过该方式可以从有效性已经成立的公式中推导出新的有效公式。规则的一般形式为$\dfrac{p_1,\cdots,p_k}{q}$，或者等价于 $p_1,\cdots,p_k\vdash q$。

规则包含称为前提的公式 $p_1,\cdots,p_k$ 和称为规则结论的公式 q。规则说明如果 $p_1,\cdots,p_k$ 的有效性是成立的，那么可以推出 q 也是有效的。示例为分离规则 $p,p\rightarrow q\vdash q$，从 p 和 $p\rightarrow q$ 的有效性可以推出 q 也是有效的。

假设有一个由公理和规则组成的演绎系统 H，下面解释如何使用公理和规则建立公式的有效性，构造一个称为**证明**的推导。

通过公理和规则构建证明的一个关键性因素是如何把实例符号化。假设 ψ 是一个公式(模式)，$p_1,\cdots,p_r$ 是出现在 ψ 中的句子符号，对 $p_1,\cdots,p_r$ 做替换可表示为 α：$[p_1\leftarrow\varphi_1,\cdots,p_r\leftarrow\varphi_r]$，即用 $\varphi_1,\cdots,\varphi_r$ 代替 $p_1,\cdots,p_r$ 可以从 ψ 得到 $\psi[\alpha]$，称 $\psi[\alpha]$是 ψ 的一个**替换**。例

如，公式$\Box\Diamond q \vee \Diamond\neg\Diamond q$ 通过替换$[p \leftarrow \Diamond q]$得到公式$\Box p \vee \Diamond\neg p$。

H 中的证明由一个序列的行组成，每一行都包含一个公式 p（可能是时序公式）。每一行都说明了 p 的有效性。在证明的表示中，经常为每一行添加一个简略的说明，以解释该行中涉及的基本原理。证明中的每一行都必须由公理或规则的应用来支持，具体如下。

（1）公理。假设 ψ 是 H 一个的公理，α 是一个替换。那么 $\psi[\alpha]$能在证明的任何阶段引入。作为证明依据，如果情况不明显的话，会确定使用了哪个公理模式 ψ 和实例 α。

（2）规则应用。假设$\dfrac{p_1,\cdots,p_k}{q}$是一个 H 中的规则，α 是一个替换。假设实例前提 $p_1[\alpha],\cdots,p_k[\alpha]$在证明的前几行中出现，那么可以将 $q[\alpha]$放到证明中的下一行作为替换的结论。这个引入的理由可以是应用的规则、使用的替换 α 及包含替换前提证明的前几行。

给出由 $\varphi_1,\cdots,\varphi_n$ 组成的一系列行的证明，公式 φ_n 作为证明的最后一行，这就是关于 φ_n 的一个证明。称 φ_n 是一个逻辑定理。后续证明中，可以将 φ_n 或者它的替换作为一个公理，参考定理的名称和用于实例的替换。

【例 3-2】

对演绎系统及系统中的证明进行说明。下面考虑系统 H_1，并给出定义。

H_1 的公理为：

AX1. $(p \wedge q) \rightarrow p$

AX2. $(p \wedge q) \rightarrow q$

H_1 的唯一规则是 $\wedge$－INT，即：

$$\frac{r \rightarrow s,\ r \rightarrow t}{r \rightarrow (s \wedge t)}$$

对模式$(p \wedge q) \rightarrow (q \wedge p)$给出证明。证明和所需要的理由如下所示：

(1) $(p \wedge q) \rightarrow q$	AX2
(2) $(p \wedge q) \rightarrow p$	AX1
(3) $(p \wedge q) \rightarrow (q \wedge p)$	$\wedge$－INT$[r \leftarrow p \wedge q, s \leftarrow q, t \leftarrow p]$1,2

用 φ_1 和 φ_2 表示规则 $\wedge$－INT 的前提，用 φ 表示结论。$\varphi_1[\alpha]$、$\varphi_2[\alpha]$和 $\varphi[\alpha]$在证明的第1～3 行是对等的，其中 α 是替换$[r \leftarrow p \wedge q, s \leftarrow q, t \leftarrow p]$的。

在程序属性的证明中，尽可能采用非形式化方法。因此，这里只引入实现证明的主要步骤所需的规则。这些规则证明已建立的时序部分的属性已经足够，但很少对已建立的状态公式的有效性进行形式化讨论。

3.6　证明系统公理

本节用公理来介绍时序逻辑的证明系统。为了得到一个算子较少的系统，采用$\bigcirc$、$\mathcal{W}$、$\ominus$、$\mathcal{B}$这 4 个时序算子作为基本算子。将其他算子作为导出算子，定义如下：

$$\Box p = p\ \mathcal{W}F \qquad \boxminus p = p\ \mathcal{B}F$$

$$\Diamond p = \neg\Box\neg p \qquad \diamondminus p = \neg\boxminus\neg p$$

$$p\,\mathcal{U}q = p\,\mathcal{W}q \wedge \Diamond q \qquad p\,\mathcal{S}q = p\,\mathcal{B}q \wedge \diamondminus q$$

$$\ominus p = \neg \widetilde{\ominus} \neg p$$

3.6.1 将来公理

下列 8 个公理用来处理将来算子。

FX0. $\Box p \rightarrow p$

FX1. $\bigcirc \neg p \Leftrightarrow \neg \bigcirc p$

FX2. $\bigcirc(p \rightarrow q) \Leftrightarrow (\bigcirc p \rightarrow \bigcirc q)$

FX3. $\Box(p \rightarrow q) \Rightarrow (\Box p \rightarrow \Box q)$

FX4. $\Box p \rightarrow \Box \bigcirc p$

FX5. $(p \Rightarrow \bigcirc p) \rightarrow (p \Rightarrow \Box p)$

FX6. $p\,\mathcal{W}q \Leftrightarrow [q \vee (p \wedge \bigcirc(p\,\mathcal{W}q))]$

FX7. $\Box p \Rightarrow p\,\mathcal{W}q$

公理 FX0 指出，如果 p 在模型的所有位置都成立，那么在第一个位置也成立。

公理 FX1 指出，下一时刻算子$\bigcirc$是自对偶的。

公理 FX2 指出，$\bigcirc$在蕴涵式上的分配律，表明 $p \rightarrow q$ 在下一个位置成立当且仅当$\bigcirc p \rightarrow \bigcirc q$ 在当前位置成立。

公理 FX3 指出，使用$\Box$会削弱蕴涵式的条件。如果 $p \rightarrow q$ 和 p 在位置 i 后面的所有位置都成立，那么 q 也在这些位置成立。

公理 FX4 指出，如果 p 在所有位置都成立，那么$\bigcirc p$ 也在所有位置都成立。

公理 FX5 被看作是归纳公理中的一种特殊形式。考虑从该公理中导出的条件更弱的公式$(p \Rightarrow \bigcirc p) \rightarrow (p \rightarrow \Box p)$，这个蕴涵式可重写为$[(p \Rightarrow \bigcirc p) \wedge p] \rightarrow \Box p$。这种形式可以解释为，如果 p 在某些位置成立，那么它在下一个位置也成立，而已知 p 在第一个位置成立，那么 p 在所有位置都成立。公理 FX5 的完整形式表明如果 p 在某个位置成立，则它在下一个位置也成立。因而 p 只要在位置 j 成立，则它在 $i \geqslant j$ 后面的所有位置都成立。

公理 FX6 是一个将来扩展公式，该公式将位置 j 的将来算子的真值表示为位置 j 的部分参数值的函数及同一算子在位置 $j+1$ 取值的函数。对于 unless 算子$\mathcal{W}$，扩展公式表明 $p\,\mathcal{W}q$ 在位置 j 成立当且仅当 q 在位置 j 成立，或者 p 在位置 j 成立并且 $p\,\mathcal{W}q$ 在位置 $j+1$ 成立。其他未来算子（3.4 节列出的属性 FE1～FE4）的扩展公式为：对于$\Box$，有$\Box p \Leftrightarrow (p \wedge \bigcirc \Box p)$；对于$\Diamond$，有$\Diamond p \Leftrightarrow (p \vee \bigcirc \Diamond p)$；对于$\mathcal{U}$，有 $p\,\mathcal{U}q \Leftrightarrow (q \vee [p \wedge \bigcirc(p\,\mathcal{U}q)])$。这些公式都被证明为演绎系统的定理。

公理 FX7 能识别$\Box p$，也就是说，作为在位置 j 满足 $p\,\mathcal{W}q$ 的一种方式，$i \geqslant j$ 的所有位置使 p 成立。这是$\mathcal{W}$区别于$\mathcal{U}$的一个属性。

3.6.2 过去公理

与将来公理对称，有相对应的过去公理，具体如下。

PX1. $\ominus p \Rightarrow \widetilde{\ominus} p$

PX2. $\widetilde{\ominus}(p \rightarrow q) \Leftrightarrow (\widetilde{\ominus} p \rightarrow \widetilde{\ominus} q)$

PX3. $\boxminus(p\rightarrow q)\Rightarrow(\boxminus p\rightarrow\boxminus q)$

PX4. $\square p\rightarrow\square\widetilde{\ominus}p$

PX5. $(p\Rightarrow\widetilde{\ominus}p)\rightarrow(p\Rightarrow\boxminus p)$

PX6. $p\,\mathcal{B}q\Leftrightarrow(q\vee[p\wedge\widetilde{\ominus}(p\,\mathcal{B}q)])$

PX7. $\widetilde{\ominus}F$

注意，这里并没有采用与 FX0 相对应的公式$\boxminus p\rightarrow p$，因为它可以被证明为系统的一个定理。

公理 PX1 说明，$\ominus p$ 在任意位置 j 都成立，这确保了 $j>0$ 并且 p 在位置 $j-1$ 成立，$\widetilde{\ominus}p$ 也同样成立。它把$\widetilde{\ominus}$当作是$\ominus$的削弱算子。

公理 PX2 说明，如果 $p\rightarrow q$ 在位置 j 之前成立($j-1$ 非负)，并且 p 也在这些位置成立，那么 q 在这些位置也成立。

公理 PX3 说明，如果 $p\rightarrow q$ 在位置 j 之前的所有位置成立，并且 p 也在这些位置成立，那么 q 在这些位置也成立。

公理 PX4 说明，如果 p 在所有位置都成立，那么$\widetilde{\ominus}p$ 也在所有位置成立。

公理 PX5 是一个降序归纳公理。它说明了只要 p 在某些位置成立，且它在之前的位置也成立，那么只要 p 在位置 j 成立，它在位置 $i\leqslant j$ 之前的位置也成立。

公理 PX6 是一个过去的扩展公式。一般过去扩展公式将位置 j 的算子的值表示为它在位置 j 上的参数的函数值，以及在位置 $j-1$ 算子(如果它存在)的值。对于返回算子$\mathcal{B}$，扩展形式说明 $p\,\mathcal{B}q$ 在位置 j 上成立当且仅当 q 在位置 j 成立，或者 p 在位置 j 成立且 $p\,\mathcal{B}q$ 在位置 $j-1$ 成立(如果它存在)。对其他过去算子的扩展公式为：对于$\boxminus$，有$\boxminus p\Leftrightarrow(p\wedge\widetilde{\ominus}\boxminus p)$；对于$\diamondminus$，有$\diamondminus p\Leftrightarrow(p\vee\ominus\diamondminus p)$；对于$\mathcal{S}$，有 $p\,\mathcal{S}q\Leftrightarrow(q\vee[p\wedge\ominus(p\,\mathcal{S}q)])$。这些公式可以作为系统的定理。

公理 PX7 是唯一不和将来公理对应的公式。它说明每个序列的第一个位置满足$\widetilde{\ominus}$F。$(\sigma,j)\vDash\widetilde{\ominus}p$ 当且仅当$[(j=0)\vee(\sigma,j-1)\vDash p]$。由于没有位置能够满足 F，因此它遵循$(\sigma,j)\vDash\widetilde{\ominus}$F 当且仅当 $j=0$。由于时序有效性通常考虑每个模型中的第一个位置(即 $j=0$)的取值，因此$\widetilde{\ominus}$F 是一个有效公式。过去公式$\boxminus p\Rightarrow p\,\mathcal{B}q$ 是 FX7 的对称式，根据公理 PX7，可以证明它是一个定理。

3.6.3　混合公理

到目前为止，所讨论的公理要么包含将来公式(FX0～FX7)，要么包含它们对应的过去公式(PX1～PX7)，它们都在某些情况下保留了算子$\square$。

下面是两个混合将来和过去算子的公式。

FX8. $p\Rightarrow\bigcirc\ominus p$

该公理表明，如果 p 在位置 j 成立，那么在下一个位置 $j+1$ 往回退一步的位置（很明显在位置 j）也能够满足 p。对这个算子条件进行加强，$p \Leftrightarrow \bigcirc\ominus p$ 也是有效的。它可以被证明为系统的定理。

PX8. $p \Rightarrow \widetilde{\ominus}\bigcirc p$

该公理是 FX8 对应的过去公理，表明从 p-位置的前一个位置（如果前一个位置成立的话）再往后一个位置，即再次在 p-位置停留。

3.6.4 状态-重言式公理

由于将建立状态公式有效性的过程与时序公式有效性的过程分离有很多优点，因此并没有给出基本状态语言的演绎系统。感兴趣的读者可以参考关于谓词演算的文献，包括采用计算方法并讨论建立状态有效性自动过程的文献。

演绎系统提供的状态有效性和时序有效性之间的联系由**重言式**(tautology)公理和**泛化**(generalization)规则（将在 3.7.1 节介绍）组成。

假设 p 是状态公式，符号$\Vdash p$ 称为 p 的有效性，即 p 在每个状态上都成立。对于时序公式 q，符号$\Vdash q$ 声明 q 在每个模型（状态序列）的第一个状态上成立。

在演绎系统中引入下列公理：

> 公理 TAU（重言式）
>
> 对于状态有效公式 p，有$\Vdash p$。

对于任意状态有效公式 p，这个公理允许在证明的任何一步引入$\Vdash p$。根据定义，p 必须是状态公式。将公理 TAU 的名称作为引入的理由。

引入公理 TAU 会立即使演绎系统非递归。这意味着不能有效地检查一个证明，并验证每个步骤都是完全正确的，特别是无法从算法上检查公式 p 是否确实有效（通过$\Vdash p$ 证明是状态有效的）。

在公理 TAU 的所有应用中，公式 p 是有效性可以被有效验证的命题重言式，或者有效性显而易见的一阶公式。采用演绎系统 H_s 来证明状态有效性，并对在 H_s 中已经证明状态有效性的公理 TAU 进行限制。然而，这需要系统 H_s 作为建立状态有效性的唯一方式，与希望状态和时序推理被完全分离的意愿相背。

3.7 基本推理规则

本节将介绍一组基本推理规则，它们作为时序逻辑演绎系统的一部分。

3.7.1 泛化规则和特指规则

由于能够将状态有效公式引入到证明中，因此使用公理 TAU 来说明如何将它们转换为时序有效公式。可以由**泛化**规则 GEN 实现，具体如下：

> 规则 GEN（泛化）
>
> 对于状态公式 p，有 $\dfrac{\Vdash p}{\vDash \square p}$。

将 p 完全解释为状态公式，即不包含任何句子符号时，这个规则是适用的。在前提 $\Vdash p$ 下，公式 p 在每个可能状态下都成立。因为 p 在任意特定模型 $\sigma: s_1, s_2, \cdots, s_n$ 的所有状态上都成立，所以 $\Box p$ 在 σ 的第一个位置也成立。然而，当 p 是一个包含句子符号的简单公式模式时，规则也同样适用。例如，假设 p 包含句子符号 q，即 $p: q \vee \neg q$。公式模式 p 的状态有效性意味着用状态公式替换 q 得到的所有状态实例都可以产生有效公式。这个结论的时序有效性说明，对于所有时序实例，用包含 $\Box p$ 的时序公式代替 q 会产生时序有效公式。因此，规则 GEN 不只是用来声明 $\Box p$，即说明 p 在模型 σ 上的所有位置成立，它还从状态公式到时序公式，扩展了 p 的句子符号允许替换的范围。

下面将公理 TAU 和规则 GEN 应用于蕴涵式 $(p \wedge q) \Rightarrow (q \wedge p)$ 的证明，具体如下。

1. $\Vdash (p \wedge q) \rightarrow (q \wedge p)$	TAU
2. $\Box[(p \wedge q) \rightarrow (q \wedge p)]$	GEN1
3. $(p \wedge q) \Rightarrow (q \wedge p)$	$\Rightarrow$ 的定义

对第 3 行应用替换 $[p \leftarrow \Box r, q \leftarrow \Diamond t]$，得到有效的继承 $(\Box r \wedge \Diamond t) \Rightarrow (\Diamond t \wedge \Box r)$。

注意，为了与公理 TAU 形式匹配，应列出其他所有的证明细节，并以 $\vDash p$ 的形式说明时序有效性。然而，由于证明中的大部分步骤都只是说明了时序有效性，且对状态有效性的说明很少，因此对时序有效性采用省略符号，只写状态有效性的符号。在证明中，要么是带有 $\vDash p$ 实际意义的公式 p，要么是对 $\vDash p$ 进行状态有效性声明。

事实上，状态有效性 $\Vdash p$ 和时序有效性 $\vDash \Box p$ 是对称的。也就是说，状态公式 p 是状态有效的当且仅当 $\Box p$ 是时序有效的。规则 GEN 允许从 $\Vdash p$ 推出 $\vDash \Box p$。下列规则提供反向推理。由于它对通用声明 $\Box p$ 到单独状态进行了详细说明，因此称该规则为**特指**规则 SPEC。

> 规则 SPEC(特指)
>
> 对于状态公式 p，有 $\dfrac{\vDash \Box p}{\Vdash p}$。

与其他大多数规则不同，规则 SPEC 的结论是状态有效的而不是时序有效的。在后续的讨论中，将指出从时序有效性推出状态有效性是有用的。

3.7.2　替换规则

由于存在句子符号，因此这里的公式实际上是公式模式，下面将通过替换规则 INST 给出形式化表示。

> 规则 INST(替换)
>
> 对于公式模式 p 和替换 α，有 $\dfrac{p}{p[\alpha]}$。

这条规则允许从更通用的公式模式 p 推出替换的公式 $p[\alpha]$。例如，通过下列公式来扩展公式 $(p \wedge q) \Rightarrow (q \wedge p)$。

$(\Box r \wedge \Diamond t) \Rightarrow (\Diamond t \wedge \Box r)$	INST3

这一步形式证明了之前声明的公式有效性。

在很多情况下，为了简化证明的表示，可以将替换步骤融入前导的步骤中。例如考虑下列证明表示：

1. $\Vdash (p \land q) \to (q \land p)$ TAU
2. $\Box[(\Box r \land \Diamond t) \to (\Diamond t \land \Box r)]$ GEN+INST[$p \leftarrow \Box r, q \leftarrow \Diamond t$]1
3. $(\Box r \land \Diamond t) \Rightarrow (\Diamond t \land \Box r)$ ⇒的定义

该证明的第 2 行是通过应用替换规则 INST 和规则 GEN 以第 1 行替换得到的。如果从上下文来看替换很明显,那么可以引用更简单的理由,如 GEN+INST。

3.7.3 分离规则

最常用的推理规则是**分离**规则 MP。它允许从 p 和 $p \to q$ 推导出 q。在大多数情况下,$p \to q$ 代表通用性质,p 和 q 代表特定事实,这可能与研究的特定程序有关。因此,可以把分离规则的使用看作是将通用规则应用于一个特定的事实,以推导出另一个特定的事实。这也解释了为什么许多已经列出的基本属性具有蕴涵或等价的形式,这是一个双向的蕴涵。

规则 MP(分离)

$$\frac{(p_1 \land \cdots \land p_n) \to q, p_1, \cdots, p_n}{q}$$

分离规则允许有多个前提 $p_1, \cdots, p_n$。

【例 3-3】

通过证明蕴涵式 $\Box p \to p \mathcal{W} q$ 说明如何使用规则 MP。证明如下:

1. $\Box p \Rightarrow p \mathcal{W} q$ FX7
2. $\Box(\Box p \to p \mathcal{W} q)$ ⇒的定义
3. $\Box(\Box p \to p \mathcal{W} q) \to (\Box p \to p \mathcal{W} q)$ FX0
4. $\Box p \to p \mathcal{W} q$ MP3,2

3.8 导出规则

一旦公式 p 被确立为定理,即已经给出了结论为 p 的独立证明,就可以在后续证明的任何步骤中插入 p,引用该定理即表示对该证明行的充分证明。

包含 p 的单行证明只是 p 的完整证明的缩写,原则上,可以用它来代替单行证明。可以用类似的方式重复一系列的证明步骤,从一个特定形式的前提推出一个结论。如果以一个用名称标记的单独证明来对这一系列的证明过程进行封装,然后在概念上以单行的形式引用该名称,就可以获得类似的符号简化。导出规则提供了这样的能力。

首先介绍条件证明的概念。条件证明除了可以引入“前提”中的任意语句外,其他与常规证明一样。例如,下列语句是条件证明:

1. $\Vdash p$ 前提
2. $\Box p$ GEN 1
3. $(\Box p) \to p$ FX0
4. p MP3,2

假设给定一个条件证明,$S_1, \cdots, S_k$ 是证明语句,其理由是“前提”,Q 是出现在证明最后一行的证明语句。这个证明建立了一个导出规则 $\frac{S_1, \cdots, S_k}{Q}$,可以给它取个合适的名字。

例如,下面给出的条件证明建立了导出规则。

> 规则 TEMP(时序化)
>
> 对于状态公式 p,有$\dfrac{\Vdash p}{\vDash p}$。

如果在另一个证明中已经建立了语句 $S_1,\cdots,S_k$,就可以在这一点上复制条件证明,省略前提语句,并修改对前提语句的引用,以引用已建立 $S_1,\cdots,S_k$ 的原始语句。例如,有一个包含下面这一行的证明:

⋮

5. $\Vdash q \vee \neg q$	TAU

这里对导出规则 TEMP 的条件证明进行复制,通过必要的修改得到以下证明:

⋮

5. $\Vdash q \vee \neg q$	TAU
6. $\Box(q \vee \neg q)$	GEN 5
7. $\Box(q \vee \neg q) \rightarrow (q \vee \neg q)$	FX0
8. $q \vee \neg q$	MP7,6

不需要复制完整的证明,应用导出规则并通过适当的替换,就可以得到结论。引出下面证明:

⋮

5. $\Vdash q \vee \neg q$	TAU
6. $q \vee \neg q$	TEMP 5

在这种情况下只简化了两行。但是可以很简单地通过长证明来推出规则。除了在书写形式上的简化之外,定理和导出规则提供了一个自然的方式,可以将一个长而复杂的证明分解为容易理解的小碎片。

在前面的讨论中,考虑的一种比较简单的情况是:在证明的前面步骤中建立了 $S_1,\cdots,S_k$,因为它们出现在规则中。更一般的情况是:在证明的前面步骤中建立了某些前提 $S_1,\cdots,S_k$ 的替换 $S_1[\alpha],\cdots,S_k[\alpha]$,其中 α 是某个替换。在这种情况下,类似于基本规则的使用,可以写 $Q[\alpha]$作为下一个证明行,并引用规则的名称作为证明。

3.8.1 指定规则

指定规则 PAR 从$\Box p$ 的有效性推导出 p 的有效性。

> 规则 PAR(指定)
>
> $\dfrac{\Box p}{p}$。

例如,使用规则 PAR 证明蕴涵式$(\Box r \wedge \Diamond t) \rightarrow \Diamond t$ 的有效性,具体如下。

1. $\Vdash (p \wedge q) \rightarrow q$	TAU
2. $\Box[(\Box r \wedge \Diamond t) \rightarrow \Diamond t]$	GEN+INST1
3. $(\Box r \wedge \Diamond t) \rightarrow \Diamond t$	PAR2

规则 PAR 能够由下列证明导出:

1. $\Box p$	前提

2. $\Box p \rightarrow p$ FX0

3. p MP2,1

3.8.2 命题推理规则

在使用演绎系统获得越来越多的经验后，往往会采用一些缩写和捷径。采用规则形式表示是一条非常有效的捷径，称为**命题推理**规则 PR。

规则 PR（命题推理）
对于命题状态公式 $p_1,\cdots,p_n,q$，如果 $(p_1 \wedge \cdots \wedge p_n) \rightarrow q$ 是状态有效公式，则 $\dfrac{p_1,\cdots,p_n}{q}$。

规则 PR 和规则 MP 似乎只有表面上的区别。不同的是重言式 $(p_1 \wedge \cdots \wedge p_n) \rightarrow q$ 不需要在证明中以显式语句出现，而是以文本规定的形式表示。尽管两者的区别比较表面化，但是规则 PR 已被证明是一个比较有用的策略，它可以从证明的表示中除去不必要的细节。下面用规则 PR 得到 $p\,\mathcal{W}\mathrm{F} \rightarrow p$ 的证明。其中规则 PR 参考了公理 FX6：$p\,\mathcal{W}q \Leftrightarrow [q \vee (p \wedge \bigcirc(p\,\mathcal{W}q))]$。

1. $p\,\mathcal{W}\mathrm{F} \Leftrightarrow [\mathrm{F} \vee (p \wedge \bigcirc(p\,\mathcal{W}\mathrm{F}))]$ FX6[$q \leftarrow \mathrm{F}$]
2. $p\,\mathcal{W}\mathrm{F} \leftrightarrow [\mathrm{F} \vee (p \wedge \bigcirc(p\,\mathcal{W}\mathrm{F}))]$ ⇔的定义，PAR1
3. $p\,\mathcal{W}\mathrm{F} \rightarrow p$ PR2

注意，这个证明代表以下同一公式不使用规则 PR 得到的长证明。

1. $p\,\mathcal{W}\mathrm{F} \Leftrightarrow [\mathrm{F} \vee (p \wedge \bigcirc(p\,\mathcal{W}\mathrm{F}))]$ FX6[$q \rightarrow \mathrm{F}$]
2. $p\,\mathcal{W}\mathrm{F} \leftrightarrow [\mathrm{F} \vee (p \wedge \bigcirc(p\,\mathcal{W}\mathrm{F}))]$ ⇔的定义，PAR1
3. $\Vdash [q \leftrightarrow [\mathrm{F} \vee (p \wedge r)]] \rightarrow [p \rightarrow q]$ TAU
4. $[p\,\mathcal{W}\mathrm{F} \leftrightarrow [\mathrm{F} \vee (p \wedge \bigcirc(p\,\mathcal{W}\mathrm{F}))]] \rightarrow [\,p\,\mathcal{W}\mathrm{F} \rightarrow p]$
   TEMP+INST[$q \leftarrow p\,\mathcal{W}\mathrm{F}, r \leftarrow \bigcirc(p\,\mathcal{W}q)$]3
5. $p\,\mathcal{W}\mathrm{F} \rightarrow p$ MP4,2

在这个特定例子中，短证明和长证明之间的比较直接引导我们找到一个条件证明，该条件证明建立了导出规则 PR。

1. $\Vdash (p_1 \wedge \cdots \wedge p_n) \rightarrow q$ 通过规则假设和 TAU
2. $(p_1 \wedge \cdots \wedge p_n) \rightarrow q$ TEMP 1
3. $p_1,\cdots,p_n$ 前提
4. q MP2,3

3.8.3 蕴涵分离规则

规则 *MP* 基于蕴涵式 $(p_1 \wedge \cdots \wedge p_n) \rightarrow q$，且确定 q 在每个模型的第一个位置成立（q 是有效的）。在很多情况下，前提是形如 $(p_1 \wedge \cdots \wedge p_n) \Rightarrow q$ 的蕴涵式。希望建立结论 $\Box q$，即 q 在每个模型的所有位置都成立，规则如下所示。

规则 E-MP（蕴涵分离）
$\dfrac{p_1 \wedge \cdots \wedge p_n \Rightarrow q,\ \Box p_1,\cdots,\Box p_n}{\Box q}$

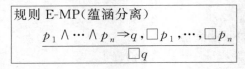

这个规则说明如果 $p_1,\cdots,p_n$ 在每个模型的所有位置都成立，并且 $(p_1 \wedge \cdots \wedge p_n) \Rightarrow q$ 是有效公式，那么 q 在每个模型的所有位置成立。

规则 E-MP 是一个导出规则，$n=1$ 时建立的条件证明可以说明这一点，具体如下。

1.	$\square(p \rightarrow q) \Rightarrow (\square p \rightarrow \square q)$	FX3
2.	$\square(p \rightarrow q) \rightarrow (\square p \rightarrow \square q)$	PAR1
3.	$p \Rightarrow q$	前提
4.	$\square(p \rightarrow q)$	$\Rightarrow$的定义
5.	$\square p \rightarrow \square q$	MP2,4
6.	$\square p$	前提
7.	$\square q$	MP5,6

这个条件证明确立了 $\dfrac{p \Rightarrow q, \square p}{\square q}$。

下面是规则 E-MP 在导出规则 E-TRNS 的条件证明中的应用示例。

> 规则 E-TRNS(蕴涵传递性)
>
> $$\frac{p \Rightarrow q, q \Rightarrow r}{p \Rightarrow r}$$

规则 E-TRNS 说明了蕴涵算子$\Rightarrow$的传递性，具体如下。

1.	$p \Rightarrow q$	前提
2.	$\square(p \rightarrow q)$	$\Rightarrow$的定义
3.	$q \Rightarrow r$	前提
4.	$\square(q \rightarrow r)$	$\Rightarrow$的定义
5.	$\Vdash [(p \rightarrow q) \wedge (q \rightarrow r)] \rightarrow (p \rightarrow r)$	TAU
6.	$[(p \rightarrow q) \wedge (q \rightarrow r)] \Rightarrow (p \rightarrow r)$	GEN 5
7.	$\square(p \rightarrow r)$	E-MP 6,2,4
8.	$p \Rightarrow r$	$\Rightarrow$的定义

3.8.4　蕴涵命题推理规则

与命题推理规则 PR 提供一种更简洁地应用规则 MP 的方式类似，引入**蕴涵命题推理**规则 E-PR 提供规则 E-MP 的简洁表示。

> 规则 E-PR(蕴涵命题推理)
>
> 对于命题状态公式 $p_1,\cdots,p_n,q$，如果 $(p_1 \wedge \cdots \wedge p_n) \rightarrow q$ 是状态有效公式，则 $\dfrac{\square p_1,\cdots,\square p_n}{\square q}$。

例如，通过使用规则 E-PR 而不是 E-MP 来缩短 E-TRNS 的证明，具体如下。

1.	$p \Rightarrow q$	前提
2.	$\square(p \rightarrow q)$	$\Rightarrow$的定义
3.	$q \Rightarrow r$	前提
4.	$\square(q \rightarrow r)$	$\Rightarrow$的定义

5. $\Box(p\rightarrow r)$	E-PR 2,4
6. $p\Rightarrow r$	$\Rightarrow$的定义

3.8.5 从蕴涵到规则

将属性表示为单个公式和将属性表示为规则之间存在一定的权衡。例如,考虑算子$\Box$的单调性,在列出这些属性时,通过有效的蕴涵来表示属性$(p\Rightarrow q)\rightarrow(\Box p\Rightarrow\Box q)$。该属性的另一种表示形式是$\dfrac{p\Rightarrow q}{\Box p\Rightarrow\Box q}$,它表示如果已经证明了 $p\Rightarrow q$ 的有效性,则可以写出公式 $\Box p\Rightarrow\Box q$ 作为下一个证明行(推论)。

如果 $p\rightarrow q$ 是可证明的,那么导出规则 $p\vdash q$ 也是可证明的。假设 $p\rightarrow q$ 是可证明的,那么可以为规则 $p\vdash q$ 提供下列条件证明,即从 p 的有效性推导出 q 的有效性。

1. p	前提
2. $p\rightarrow q$	通过假设
3. q	MP2,1

上述规则反过来也是正确的,可以用演绎定理表示,即在某些条件下,如果 $p\vdash q$ 是可证明的,那么 $p\rightarrow q$ 也是可证明的。因为后面不会再用到这个定理,所以不再进一步讨论它。

问题 3.8 将使用这里提供的演绎系统对一系列命题定理和导出规则进行形式化推导。

3.8.6 证明举例

在演绎系统中给出一个详细的证明,这个证明说明了公式$(\bigcirc p\wedge\boxminus p)\Rightarrow\bigcirc\boxminus p$ 的有效性。这样的证明通常基于更简单的定理和已被证明的导出规则。列出需要的定理和导出规则,它们的名字可以从问题 3.8 中得到。

规则 R1:$p\Leftrightarrow q\vdash p\Rightarrow q$

规则$\bigcirc$M:$p\Rightarrow q\vdash\bigcirc p\Rightarrow\bigcirc q$

定理 T1:$\bigcirc(p\wedge q)\Leftrightarrow(\bigcirc p\wedge\bigcirc q)$

定理 T19:$\boxminus p\Leftrightarrow(p\wedge\widetilde{\ominus}\boxminus q)$

证明过程如下:

1. $\ominus\boxminus p\Rightarrow\widetilde{\ominus}\boxminus p$	PX1
2. $\bigcirc\ominus\boxminus p\Rightarrow\bigcirc\widetilde{\ominus}\boxminus p$	$\bigcirc$M 1
3. $\boxminus p\Rightarrow\bigcirc\ominus\boxminus p$	FX8
4. $\boxminus p\Rightarrow\bigcirc\widetilde{\ominus}\boxminus p$	E-TRNS 3,2
5. $(\bigcirc p\wedge\boxminus p)\Rightarrow\bigcirc p$	TAU+GEN+INST
6. $(\bigcirc p\wedge\boxminus p)\Rightarrow\boxminus p$	TAU+GEN+INST
7. $(\bigcirc p\wedge\boxminus p)\Rightarrow\bigcirc\widetilde{\ominus}\boxminus p$	E-TRANS 6,4
8. $(\bigcirc p\wedge\boxminus p)\Rightarrow(\bigcirc p\wedge\bigcirc\widetilde{\ominus}\boxminus p)$	E-PR 5,7

证明的第 5 行和第 6 行基于状态重言式$(\varphi\wedge\psi)\rightarrow\varphi$ 和 $(\varphi\wedge\psi)\rightarrow\psi$。为了证明第 8 行,对状态重言式$[(\varphi\rightarrow\psi)\wedge(\varphi\rightarrow\chi)]\rightarrow(\varphi\rightarrow\psi\wedge\chi)$应用规则 GEN 和替换式$[\varphi\leftarrow(\bigcirc p\wedge\boxminus p)]$,

$\psi \leftarrow \bigcirc p, \chi \leftarrow \bigcirc \widetilde{\ominus} \boxminus p$]，可以得到[$((\bigcirc p \wedge \boxminus p) \rightarrow \bigcirc p) \wedge ((\bigcirc p \wedge \boxminus p) \rightarrow \bigcirc \widetilde{\ominus} \boxminus p)$]$\Rightarrow$[$(\bigcirc p \wedge \boxminus p) \rightarrow (\bigcirc p \wedge \bigcirc \widetilde{\ominus} \boxminus p)$]。将规则 E-MP 应用于该公式，以及证明中的第 5 行和第 7 行，即 $\square((\bigcirc p \wedge \boxminus p) \rightarrow \bigcirc p)$ 和 $\square((\bigcirc p \wedge \boxminus p) \rightarrow \bigcirc \widetilde{\ominus} \boxminus p)$，得到证明的第 8 行。证明的剩余部分为：

9.	$(p \wedge \widetilde{\ominus} \boxminus p) \Rightarrow \boxminus p$	T19，R1
10.	$\bigcirc(p \wedge \widetilde{\ominus} \boxminus p) \Rightarrow \bigcirc \boxminus p$	$\bigcirc$M 9
11.	$(\bigcirc p \wedge \bigcirc \widetilde{\ominus} \boxminus p) \Rightarrow (\bigcirc p \wedge \widetilde{\ominus} \boxminus p)$	T1，R1
12.	$(\bigcirc p \wedge \bigcirc \widetilde{\ominus} \boxminus p) \Rightarrow \bigcirc \boxminus p$	E-TRNS 11，10
13.	$(\bigcirc p \wedge \boxminus p) \Rightarrow \bigcirc \boxminus p$	E-TRNS 8，12

问题 3.9 将考虑一种**浮动形式**(floating version)的时序逻辑，如果 $(\sigma, i) \vDash p$ 在所有 $i \geqslant 0$ 的位置成立，则称模型 σ 满足公式 p。

3.9　等词和量词

到目前为止，介绍的公理和规则只涉及语言的命题部分。可以看出，基于这些公理和规则的演绎系统是完备的，可以证明任何命题时序公式的有效性，即任何有效的命题时序公式都可以用给出的演绎系统证明。

本节通过扩展演绎系统来处理一阶元素：变量、等词和量词。这个扩展由额外的公理和规则组成。虽然提供的公理和规则可以处理很多种情况，但它们并不能形成一个完备的系统。因为基础语言假设变量在整数范围内，所以要对整数进行形式推理，用于这种推理的完备演绎系统是不存在的。

3.9.1　参数化的句子符号

一旦在公式中引入变量，就必须考虑包含参数的句子符号的模式，例如 $\square(x=y) \rightarrow (p(x) \Leftrightarrow p(y))$ 是一个声称为有效的公式模式。这种模式的有效性应蕴涵任何模式替换的有效性，例如 $\square(x=y) \rightarrow (\Diamond(x=5) \Leftrightarrow \Diamond(y=5))$ 可通过替换 $p(z) \leftarrow \Diamond(z=5)$ 得到。

参数化句子符号的形式为 $\alpha: p(z) \leftarrow \varphi(z)$（为简单起见，假设只有一个参数），其中，$\varphi$ 是一个公式（可能是一个模式），α 包含变量 z 的一次或多次出现，并且没有对 φ 进行量化。假设 ψ 是一个包含 $p(e_1), \cdots, p(e_k)$ 的公式($k \geqslant 1$)，其中 $e_1, \cdots, e_k$ 是表达式。按照编程语言中过程和函数的术语，将替换定义中的变量 z 称为参数，将 ψ 中的每次出现 $p(e_i)$ 称为对句子符号 p 的调用，并将表达式 e_i 作为该调用的参数。

用 α 对 ψ 进行替换，表示为 $\psi[\alpha]$。对于 $i=1, \cdots, k$，用子公式 $\psi(e_i)$ 替换 $p(e_i)$，其中 $\psi(e_i)$ 是将 $\varphi(z)$ 中的 z 出现替换为 e_i。注意，这个过程涉及两个替换。首先，将参数 z 替换为参数 e_i 以得到 $\varphi(e_i)$。然后，通过扩展 $\varphi(e_i)$，用 φ 替换 $p(e_i)$ 的调用。因此，模式 $\square(x=y) \rightarrow (p(x) \Leftrightarrow p(y))$ 包含 $p(x)$ 和 $p(y)$ 两个调用。它们分别被 $\Diamond(x=5)$ 和 $\Diamond(y=5)$ 替换，形成实例 $\square(x=y) \rightarrow \Diamond(x=5) \Leftrightarrow \Diamond(y=5)$。

在包含量词的公式 ψ 中，需确保替换的过程不涉及替换公式中的自由变量。如果

$\varphi(z_1,\cdots,z_m)$不包含任何在ψ中已被量化的变量,则定义一个一般替换对ψ进行替换,即$p(z_1,\cdots,z_m)\leftarrow\varphi(z_1,\cdots,z_m)$,其中$m\geqslant 0$。注意取$m=0$时,这个定义包含了非参数化的替换式$p\leftarrow\varphi$。如果对$\psi$来说,$\alpha$是一个可允许的替换,那么就将$\psi[\alpha]$作为$\psi$的实例。

例如,模式ψ: $p\rightarrow\exists x:((x=0)\wedge p)$是有效的。$\alpha$: $p\leftarrow(x\neq 0)$是一个替换例子,但对ψ并不适用,因为α包含在ψ中已量化的变量x。实例$\psi[\alpha]$通过$(x\neq 0)\rightarrow\exists x:((x=0)\wedge(x\neq 0))$给出,该公式是无效的。

如果每个允许替换的$\psi[\alpha]$是有效的,那么模式ψ是有效的。该定义对所有模式的状态有效性和时序有效性都适用。因此,即使模式ψ的实例通过不允许的替换α产生一个无效的公式,模式ψ仍是有效的。

3.9.2 带参数模式的规则 GEN

规则 GEN 可以从状态有效性$\Vdash\psi$推导时序有效性$\vDash\Box\psi$。当ψ是简单模式时,结论$\vDash\Box\psi$允许使用时序公式对包含ψ的句子符号进行替换。

公式$\Box[q\,\mathcal{U}r\vee\neg(q\,\mathcal{U}r)]$的时序有效性可以通过替换模式$\Box(p\vee\neg p)$,根据规则 GEN 从重言式$\Vdash(p\vee\neg p)$推导得到。

对参数化句子命题进行扩展时,需要对状态模式ψ添加附加限制。为了说明该限制,首先给出一个反例。

【例 3-4】

公式$[(x=y)\wedge p(x,x)]\rightarrow p(x,y)$是状态有效的。通过状态公式$\varphi(u,v)$对具有两个参数的$p(u,v)$进行替换以产生一个状态有效公式。然而,如果对整个模式应用规则 GEN,可以得到$[(x=y)\wedge p(x,x)]\Rightarrow p(x,y)$。它是一个无效的时序模式,即并不对$p(u,v)$的实例产生一个有效公式。为了证明这一点,通过时序公式$\Box(u=v)$替换$p(u,v)$得到$[(x=y)\wedge\Box(x=x)]\Rightarrow\Box(x=y)$。这个公式不是时序有效的。例如,考虑模型$\sigma$: $\langle x:0,y:0\rangle,\langle x:1,y:0\rangle,\langle x:2,y:0\rangle,\cdots$,显然有$\sigma\vDash(x=y)$和$\sigma\vDash\Box(x=x)$,但是$\sigma\nvDash\Box(x=y)$。

综上所述,$\Vdash[(x=y)\wedge p(x,x)]\rightarrow p(x,y)$但是$\nVdash[(x=y)\wedge p(x,x)]\Rightarrow p(x,y)$。

灵活变量可能在一个位置相同,但在另一个位置不同。为了解决这个问题,当表达式是严格的并且出现参数化句子符号的变元时,限制对公式使用规则 GEN。如果表达式$e_1,\cdots,e_k$是严格的,那么定义句子符号$p(e_1,\cdots,e_k)$的参数化出现也是严格的,即所有出现在$e_1,\cdots,e_k$中的变量都是严格的。

因此,为了使从$\Vdash p$导出$\vDash\Box p$的规则 GEN 也适用于p是参数化模式的情况,添加下列规定:在p中,参数化句子符号的所有出现必须是严格的。

当变量w和t是严格变量时,模式ψ_1: $[(w=t)\wedge p(w,w)]\Rightarrow p(w,t)$是时序有效的。例如,考虑替换式$\alpha$: $p(u,v)\leftarrow[\Box(x=u)\wedge\Box(y=v)]$,其中,$x$和$y$是灵活变量,而$u$和$v$是严格变量。仅当$\sigma$在不同状态时变量$x$和$u$都相等,替换式才被模型$\sigma$满足。类似地,$y$也必须与$v$相等。

通过替换公式$\psi_1[\alpha]$,得到$[(w=t)\wedge[\Box(x=w)\wedge\Box(y=w)]]\Rightarrow[\Box(x=w)\wedge\Box(y=t)]$是有效的。

下面再考虑两个遵循参数化实例的例子。

【例 3-5】

考虑状态有效模式 ψ_2：$[(x\geqslant v)\rightarrow p(v)]\rightarrow[(x\geqslant v+1)\rightarrow p(v)]$，其中 v 是严格变量。对于实例 α：$p(u)\leftarrow\Diamond(x=u)$ 和泛化模式 $\hat{\psi}_2=\Box\psi_2$，应用规则 GEN 得到有效蕴涵式 $\hat{\psi}_2[\alpha]$：$[(x\geqslant v)\rightarrow\Diamond(x=v)]\Rightarrow[(x\geqslant v+1)\rightarrow\Diamond(x=v)]$。

【例 3-6】

考虑状态有效模式 ψ_3：$\forall v$：$[(x\geqslant v)\rightarrow p(v)]\rightarrow\forall v$：$[(x\geqslant v+1)\rightarrow p(v+1)]$，其中 v 是严格变量。对于实例 α：$p(u)\leftarrow\Diamond(x=u)$，应用规则 GEN 得到有效蕴涵式 $\Box\psi_3[\alpha]$：$\forall v[(x\geqslant v)\rightarrow\Diamond(x=v)]\Rightarrow\forall v$：$[(x\geqslant v+1)\rightarrow\Diamond(x=v+1)]$。

3.9.3　带量词公式的规则 INST

考虑包含量词的模式实例时，应用的替换式必须是可接受的。因此对规则 INST 添加下列规定，使它能够应用于包含量词的模式：当应用规则 INST 从 p 导出 $p[\alpha]$ 时，替换式 α 对 p 必须是可接受的。下面对演绎系统进行扩展，使它能够处理等词和量词。

3.9.4　变量替换

替换 $p\leftarrow\psi$ 可以将句子符号 p 替换为公式 ψ。当有多个变量时，考虑替换式 $u\leftarrow e$，它能用表达式 e 替换变量 u。如果不涉及灵活变量，那么称表达式 e 为严格的。如果 u 和 e 都是严格的，或者 u 是灵活的，那么称替换式 $u\leftarrow e$ 是相容的。$p(u)$ 包含变量 u 的一次或多次出现，并且没有基于 u 的量词。如果 $p(u)$ 是相容的，并且出现在 e 中的变量没有在 $p(u)$ 中量化，替换式 $u\leftarrow e$ 就被定义成可接受的。这种情况也可以描述为：e 对 $p(u)$ 的替换是可接受的(有时缩写为对 $p(u)$ 的可接受)，并将替换公式 $p(u)[u\leftarrow e]$ 写成 $p(e)$。

3.9.5　等词公理

对于表达式 e，公理 REFL-E 表示等词的自反性。

公理 REFL-E(等词的自反性)
$\Box(e=e)$

公理 REPL-E 表示无论何时，如果两个表达式是等价的，那么其中一个表达式在状态公式中可以被另一个公式替换。

公理 PEPL-E(用等词替换等词)
给出状态公式 $p(u)$ 和表达式 e_1、e_2，对于 $p(u)$，公式 $(e_1=e_2)\Rightarrow(p(e_1)\leftrightarrow p(e_2))$ 是可接受的。

下面证明该公理要求的两个限制对于公理的有效性来说是必不可少的。

首先考虑 $p(u)$ 不是状态公式的情况。$p(u)$ 取 $\Box(u=0)$，e_1、e_2 分别取 x、y，得到无效公式 $(x=y)\Rightarrow(\Box(x=0)\leftrightarrow\Box(y=0))$。为了证明这个公式是无效的，需要考虑序列 σ：$(x:0,y:0),(x:0,y:1),(x:0,y:2),\cdots$，发现 σ 满足 $x=y$ 和 $\Box(x=0)$，但不满足 $\Box(y=0)$。接下来，考虑公式 $p(u)$ 对 e_1、e_2 中的一些变量进行量化的情况。例如，$p(u)$ 取 $\exists x:(x>u)$，e_1、e_2 分别取 x、y。公理 REPL-E 由公式 $(x=y)\Rightarrow(\exists x:(x>x)\leftrightarrow\exists x:(x>y))$ 产生。显然，当 x 和 y 的取值范围为整数时，$\exists x:(x>x)$ 总为假，$\exists x:(x>y)$ 总为真。

通过要求 $e_1=e_2$ 在整个模型都成立可以得到更强的替换性概念。假设 $p(u)$是一个带有自由变量 u 的时序公式，e_1 和 e_2 是表达式，它们对 $p(u)$进行替换是可接受的。那么下列定理模式说明如果 $e_1=e_2$ 在模型的所有位置都成立，则 $p(e_1)$和 $p(e_2)$在整个模型都是一致的。

SUBS-E（等词的可替换性）
$\square(e_1=e_2)\rightarrow(p(e_1)\Leftrightarrow p(e_2))$

可以通过对公式 $p(u)$采用归纳法来证明该定理模式。

3.9.6 框架公理

严格变量和灵活变量之间的区别是：严格变量的值不能从模型中的一个位置改变到另一个位置。以下公理称为框架公理，能形式化地描述上述区别。如果状态公式 p 不涉及任意灵活变量，则称 p 是**严格**状态公式。

框架公理
对于严格状态公式 p，有 $p\Rightarrow\bigcirc p$。

由该公理可以得出下列结论，这些结论都与严格状态公式 p 有关。

C1. $p\Rightarrow\widetilde{\ominus}p$　　C2. $\ominus p\Rightarrow p$

C3. $\bigcirc p\Rightarrow p$　　C4. $p\Leftrightarrow\boxminus p$

C5. $p\Leftrightarrow\square p$　　C6. $p\Leftrightarrow\diamondminus p$

C7. $p\Leftrightarrow\diamond p$

3.9.7 证明举例

当 p 是严格状态公式时，给出定理 C3（$\bigcirc p\Rightarrow p$）的证明。该证明使用导出规则 R1（$p\Leftrightarrow q\vdash p\Rightarrow q$），证明步骤如下。

1. $\neg p\Rightarrow\bigcirc\neg p$　　框架
2. $\neg\bigcirc\neg p\Rightarrow p$　　E-PR 1

第 2 行基于状态重言式$(\neg\varphi\rightarrow\psi)\rightarrow(\neg\psi\rightarrow\varphi)$，对其应用 GEN 规则并通过替换得到$[\varphi\leftarrow p,\psi\leftarrow\bigcirc\neg\varphi]$。

3. $\bigcirc\neg p\Rightarrow\neg\bigcirc p$　　FX1，R1
4. $\bigcirc p\Rightarrow\neg\bigcirc\neg p$。　　E-PR 3

第 4 行基于状态重言式$(\varphi\rightarrow\neg\psi)\rightarrow(\psi\rightarrow\neg\varphi)$。

5. $\bigcirc p\Rightarrow p$。　　E-TRNS 4，2

3.9.8 变量的下一个值和前一个值

特定的公理描述了变量的下一个值和前一个值的属性，形式上可分别表示为 x^+ 和 x^-。

在下列公理中，设 u 是严格变量，x 是严格变量或者灵活变量。$\varphi(u,x)$表示状态公式，其中自由变量是 u 或 x，又或两者都是自由变量。

公理 NXTV(下一个值)

对于严格变量 u 和状态公式 $\varphi(u,x)$,有 $\varphi(u,x^{+})\Leftrightarrow\bigcirc\varphi(u,x)$。

当 $u_1,\cdots,u_m$ 是严格变量时,形如 $\varphi(u_1,\cdots,u_m,x_1,\cdots,x_n)$的状态公式也存在类似的公理。

对于变量的前一个取值,下列公理将 0 作为特殊情况进行考虑。

公理 PRVV(上一个值)

对于严格变量 u 和状态公式 $\varphi(u,x)$,有 $\varphi(u,x^{-})\Leftrightarrow(first\wedge\varphi(u,x))\vee\ominus\varphi(u,x)$。

当 $u_1,\cdots,u_m$ 是严格变量时,形如 $\varphi(u_1,\cdots,u_m,x_1,\cdots,x_n)$的状态公式也存在相应的公理。对于严格变量 u,这些公理可以用来证明定理$\square(u=u^{+})$和$\square(u=u^{-})$。

3.9.9　量词公理

为了处理量词,引入描述量词基本属性的公理和规则,以及它与时序语言中其他元素的通信。对于基于严格变量和灵活变量的量词,大部分公理和规则都成立。这里使用形如 x、u、v 的变量表示其他变量。只要对变量的类型有限制,就会明确地指出这些限制。公理 Q-DUAL 说明了两个量词的完全对偶性。

公理 Q-DUAL(量词对偶性)

对于变量 x 和公式 $p(x)$,有 $\neg\exists x:p(x)\Leftrightarrow\forall x:\neg p(x)$和 $\neg\forall x:p(x)\Leftrightarrow\exists x:\neg p(x)$。

公理 ∀-INS 考虑了公式 $p(u)$和表达式 e,e 可以被 $p(u)$替换。

公理 ∀-INS(量词替换)

给出变量 u、公式 $p(u)$及表达式 e,有 $\forall u:p(u)\Rightarrow p(e)$。

对于特定的表达式 e,公理 ∀-INS 允许在任意 $\forall u:p(u)$成立的位置推导 $p(e)$。对于违反规定限制的情况,很容易想出反例。

【例 3-7】

例如,假设 u 和 v 是整型变量,公式 $p(u)$为 $\exists v:(v\neq u)$。显然,$\forall u:p(u)$即 $\forall u\exists v:(v\neq u)$是有效的。将 e 设为 u 可以得到 $p(e)$,$p(e)$与公式 $\exists v:(v\neq u)$是矛盾的。其中,e 对 $\exists x:(v\neq u)$中的替换是不允许的。

为了说明相容性(即可允许性)的要求是必要的,假设 u 是严格变量,x 是灵活变量。考虑模型 σ: $<x:0,u:0>,<x:1,u:0>,\cdots$,该模型在位置 0 满足公式 $\forall u:\Diamond(x\neq u)$。注意通过 σ 对 u 进行赋值与该公式的取值无关,因为考虑了 σ 的所有 u-变体。为了证明 σ 满足之前的公式,只考虑以下在 u-变体 σ'中 u 可能的两种取值。

(1) $u=0$,$(x\neq u)$在 σ'上的位置 1 被满足。

(2) $u\neq 0$,$(x\neq u)$在 σ'上的位置 0 被满足。

因此,有$(\sigma,0)\models\forall u:\Diamond(x\neq u)$。如果取 e 作为灵活变量 x,其中 x 与 u 不相容,那么可以得到公式 $p(x)$: $\Diamond(x\neq x)$,但它并不被 σ 满足。如果 u 为灵活变量,那么情况会发生改正。蕴涵式 $\forall u:\Diamond(x\neq u)\rightarrow\Diamond(x\neq x)$是有效的,因为 $\forall u:\Diamond(x\neq u)$和$\Diamond(x\neq x)$都不被任何模型满足。例如考虑模型 σ,其 u-变体之一是 σ': $<x:0,u:0>,<x:1,u:1>,<x:2,u:2>,\cdots$,$\sigma'$不满足$\Diamond(x\neq u)$,因此 σ 不满足 $\forall u:\Diamond(x\neq u)$。

下面定理能从定理∀-INS 中得到。

> QT(量词抽象)
> $p(e)\Rightarrow \exists u:p(u)$

其中 $p(u)$中的 u 没有被量化,并且 e 对 $p(u)$来说是可接受的。

公理∀○-COM 涉及全称变量和下一时刻算子之间的联系。该公理是 Barcan 公理之一。

> 公理∀○-COM(全称交换)
> 对于变量 x 和公式 $p(x)$,有 $\forall x:\bigcirc p(x)\Leftrightarrow\bigcirc\forall x:p(x)$。

以下三个交换定理可以从该公理中导出。

CM1. $\forall x:\ominus p(x)\Leftrightarrow\ominus\forall x:p(x)$

CM2. $\exists x:\ominus p(x)\Leftrightarrow\ominus\exists x:p(x)$

CM3. $\exists x:\bigcirc p(x)\Leftrightarrow\bigcirc\exists x:p(x)$

对于削弱型算子$\widetilde{\ominus}$,也有与 CM1 和 CM2 类似的定理。

3.9.10 量词规则

量词有一个基本的推理规则∀-GEN。

> 规则∀-GEN(全称泛化)
> 对于变量 u 及公式 p、$q(u)$,$\dfrac{p\Rightarrow q(u)}{p\Rightarrow\forall u:q(u)}$使 u 在 p 中没有自由出现。

为了证明规则∀-GEN 是可靠的,假定前提 $p\Rightarrow q(u)$是有效的。假设 σ 是一个模型,并且 p 在σ 的位置 j 成立,需要证明$\forall u:q(u)$也在位置 j 成立。σ'是 σ 上的一个 u-变体。由于 p 不依赖 u,因此 p 也在(σ',j)成立。由于 $p\Rightarrow q(u)$的有效性,因此 q 也在(σ',j)成立。所以$q(u)$在 σ 上所有u-变体的位置 j 都成立,因而$\forall u:q(u)$也在σ 的位置j 成立。很多导出规则能通过之前的公理和规则来证明,具体如下。

> 规则 E-INST(表达式实例)
> $p(u)\vdash p(e)$,其中 e 对 $p(u)$是可接受的。

> 规则∃-INTR(∃引入)
> $p(u)\Rightarrow q\vdash\exists u:p(u)\Rightarrow q$,其中 u 在 q 中没有自由出现。

> 规则∀∀-INTR(∀∀引入)
> $p(x)\Rightarrow q(x)\vdash\forall x:p(x)\Rightarrow\forall x:q(x)$
> $p(x)\Leftrightarrow q(x)\vdash\forall x:p(x)\Leftrightarrow\forall x:q(x)$

> 规则∃∃-INTR(∃∃引入)
> $p(x)\Rightarrow q(x)\vdash\exists x:p(x)\Rightarrow\exists x:q(x)$
> $p(x)\Leftrightarrow q(x)\vdash\exists x:p(x)\Leftrightarrow\exists x:q(x)$

3.9.11 证明举例

为了说明演绎系统是如何用于推导量词公式的定理和规则的,下面给出规则∀∀-

INTR 的子句 $p(x) \Rightarrow q(x) \vdash \forall x: p(x) \Rightarrow \forall x: q(x)$的证明。证明步骤如下：

1. $p(x) \Rightarrow q(x)$	前提
2. $\forall x: p(x) \Rightarrow p(x)$	∀-INS 1
3. $\forall x: p(x) \Rightarrow q(x)$	E-TRNS 2,1
4. $\forall x: p(x) \Rightarrow \forall x: q(x)$	∀-GEN 3

注意，由于在$\forall x: p(x)$中没有 x 的自由出现，因而对证明的第 3 行应用∀-GEN。

3.10　从一般有效性到程序有效性

到目前为止，考虑的时序逻辑语言都是使用通用模型来解释的。本节主要考虑与公平转换系统计算对应的特定模型。

3.10.1　计算对应的模型

转换系统(程序)P 的计算是对 P 施加某些约束的特定状态序列。P 的每次计算都是与 P 相关的状态变量集 Π 上的无穷状态序列。所有状态变量都是灵活的，即可以在不同的状态之间变化。

假设 V 是包含 Π 的字母表。考虑 V 上的一个模型σ: $s_0, s_1, \cdots$，对子字母表 Π 进行限制，如果每个状态 s_j 都和s_j'相等，即 $s_j|_\Pi = s_j'$，称模型 σ 对应的计算为σ': $s_0', s_1', \cdots$。称对应于转换系统 P 的计算的模型为 P-模型。注意，虽然计算只能解释 Π 中的变量，但与计算对应的模型能解释其他变量。用$\mathcal{M}_V(P)$表示 V 上的所有 P-模型。如果一个状态出现在 V 中 P-模型的某些位置，则定义该状态为$\mathcal{M}_V(P)$-可达性。

3.10.2　程序有效性和状态有效性

假设 p 是时序公式，通过 V_p 来解释 p 的词汇表，即出现在 p 中的变量集合。如果$\mathcal{M}_V(P)$中的每个模型都满足 p，其中 $V = V_p \cup \Pi$，则在转换系统 P 中定义 p 是有效的(也被描述为是 P-有效的)。对于每个包含 $V_p \cup \Pi$ 的字母表 V，每个在$\mathcal{M}_V(P)$中的模型都是满足 p 的。

如果字母表 V 是固定的，那么将$\mathcal{M}_V(P)$ 简化为$\mathcal{M}(p)$，并且将$\mathcal{M}_V(P)$-可达性状态简单地表示为 P-可达性。通过 $P \vDash p$ 来解释公式 p 是 P-有效的。显然，每个有效公式也都是 P-有效的。但是由于$\mathcal{M}(P)$仅仅是所有可能模型的一部分子集，因此还有很多是 P-有效的但不是有效的公式。

例如考虑转换系统 P。其初始状态包含 $x=0$。公式 $x=0$ 是 P-有效的，因为它在 P 的每次计算的第一个状态上都成立。此外，由于很多模型中的第一个状态不满足 $x=0$，因而公式 $x=0$ 不是一个有效公式。

如果对每个 P-可达性状态 s，$s \Vdash p$ 成立，则状态公式 P 在转换系统 P 上是状态有效的(也被描述为 P-状态有效的)。这意味着 p 在每个出现在 P 计算的状态上都是成立的。通过 $P \Vdash p$ 来表示 p 在 P 上是状态有效的。

例如，程序 P 唯一的状态变量是 x，唯一的简化行为是$\langle x:0 \rangle, \langle x:1 \rangle, \langle x:2 \rangle, \cdots$。显然，状态公式 $x=0$ 在 P 上是有效的，但在 P 上并不是状态有效的。这是因为状态$\langle x:1 \rangle$

是 P-可达性，并且它并不满足 $x=0$。此外，状态公式 $x\geqslant 0$ 在 P 既是有效的又是状态有效的。

程序 P 上的状态公式 p 的两个有效性概念之间存在下列关系：$P \Vdash p$ 当且仅当 $P \vDash \Box p$。

下面对目前为止已经介绍的 4 个有效性概念进行总结。

(1) 对于一个状态有效性公式 p：

$\Vdash p$：p 是状态有效的，它在所有位置上都成立。

$P \Vdash p$：p 是 P-状态有效的，它在所有 P-可达性状态上成立。

(2) 对于一个时序公式 p(也可以是一个状态公式)：

$\vDash p$：p 是有效的，它在每个模型的第一个位置都成立。

$P \vDash p$：p 是 P-有效的，它在每个 P-模型的第一个位置都成立。

图 3.14 表示了有效性的 4 种解释和它们之间的关系。两个参数决定了这种有效性。第一个参数区分状态有效性和时序有效性。第二个参数区分通用模型上的有效性和在 P-模型上的有效性。

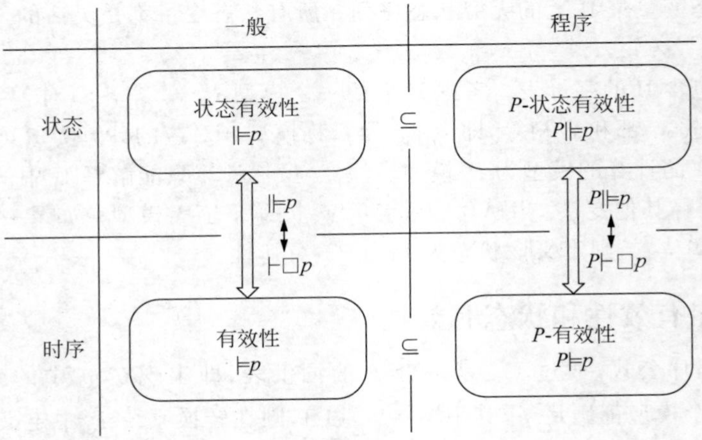

图 3.14 演绎系统的组成部分

图 3.14 展示了一般有效性和程序有效性之间的两种包含关系，可以表述为：对于每一个状态公式 p 和程序 P，如果 $\Vdash p$，那么 $P \Vdash p$；对于每个时序公式 p 和程序 P，如果 $\vDash p$，那么 $P \vDash p$。

图 3.14 还展示了状态公式 p 的状态有效性和公式 $\Box p$ 的时序有效性之间的关系，可以总结为：$\Vdash p$ 当且仅当 $\vDash \Box p$，$P \Vdash p$ 当且仅当 $P \vDash \Box p$。这些关系实现了状态有效性和时序有效性之间的双向转换。它们由规则 GEN 和规则 SPEC 声明，相应的 P-变体将在后面给出。因为这些规则将一种有效性转换为另一种有效性，因而称为**接口规则**(interface rule)。

3.10.3 扩展演绎系统

引入时序逻辑语言的主要目的是使用时序公式来描述程序的属性，然后能够形式证明给定的程序具有这些属性。因此，必须扩展开发的演绎系统，以支持对给定程序 P 的有效性证明。

当系统地用 $P \Vdash$ 替换 $\Vdash$，用 $P \vdash$ 来替换 $\vdash$ 时，之前介绍的每一个公理和规则都仍然是正确的。这对于公理来说是显而易见的，因为任何适用于所有非限制模型的公式肯定也适用于有限的 P-模型集。对于规则，可以分别检查并确认其可靠性不受 P-模型限制的影响。

分别考虑有效性 $P \Vdash$ 和 $P \vdash$ 声明的所有公理和规则，以及相应的定理和导出规则。将这组公理和规则称为演绎系统的一般部分，因为它为任何程序 P 的 P-模型集都建立了有效性。为了建立只适用于某些特定程序 P 的属性，使用依赖 P 的附加规则，将演绎系统的该组件称为程序部分。

3.10.4 建立 P-状态有效性

用演绎系统证明 P-状态有效性非常合适。它包含公理 TAU 的 P-状态、接口规则 SPEC 和规则 MP。之前解释了这些公理和规则可以通过用 $P \Vdash$ 替换 $\Vdash$，$P \vdash$ 替换 $\vdash$ 得到，但这里仍然进行展示以便解释下列替换式。

> 公理 P-TAU（P-重言式）
>
> 对于每个状态有效公式 p 和程序 P，有 $P \Vdash p$。

对于状态公式 p，引入规则 SPEC，将形如 $P \vdash \Box p$（p 为状态公式）的有效性转换成 $P \Vdash p$ 的有效性。$P \vdash \Box p$ 表示 p 在 P 的每个计算的所有位置都成立，显然与 p 在所有 P-可达性状态都成立是等价的。由于将 $\Box p$ 特殊化到 P-可达性状态，所以称该规则为 SPEC（特殊化）。

> 公理 P-SPEC（P-特殊化）
>
> 对于状态公式 p 和程序 P，有 $\dfrac{P \vdash \Box p}{P \Vdash p}$。

分离规则适用于 P-状态有效性。

> 规则 P-SMP（P-状态分离规则）
>
> 对于状态公式 $p_1, \cdots, p_n, q$ 和程序 P，有 $\dfrac{P \Vdash (p_1 \wedge \cdots \wedge p_n) \to q, P \Vdash p_1, \cdots, P \Vdash p_n}{P \Vdash q}$。

下面举例说明这些规则如何用于 P-可达性状态的状态推理。

【例 3-8】

假设 P 是一个带有单独状态变量 x 且变量类型是整型的转换系统。除了空转换 τ_I，P 还有单独的转换 τ，转换关系为 ρ_τ：$x' = x + (-1)^x \cdot 2$。如果 x 是偶数，这个转换将 $x+2$ 赋值给 x；如果 x 为奇数，则将 $x-2$ 赋值给 x。初始条件为 Θ：$(x=0)$，并且没有公平性要求。P 有一个简化行为 σ：$<0>, <2>, <4>, \cdots$。假设通过之前的推理，建立了 $P \vdash \Box(even(x))$ 的有效性，这个有效性表示在 σ 的所有状态上 x 为偶数。在 P-可访问的所有 $x \geqslant 0$ 的状态上建立下一个属性，建立这种属性的标准方式是证明 P-状态有效性 $P \Vdash [(x \geqslant 0) \wedge \rho_\tau] \to (x' \geqslant 0)$，即 $P \Vdash [(x \geqslant 0) \wedge (x' = x + (-1)^x \cdot 2] \to (x' \geqslant 0)$，证明如下：

1. $P \vdash \Box(even(x))$	假设
2. $P \Vdash even(x)$	P-SPEC 1
3. $P \Vdash even(x) \to \{[(x \geqslant 0) \wedge (x' = x + (-1)^x \cdot 2)] \to (x' \geqslant 0)\}$	P-TAU

4. $P \Vdash [(x \geqslant 0) \wedge (x' = x + (-1)^x \cdot 2)] \rightarrow (x' \geqslant 0)$ P-SMP 3,2

这个例子代表了典型的 P-状态推理。它使用规则 MP 的 P 形式和必要的重言式,从先前建立的 P-有效性$\square p$ 推导出 P-状态有效性 p,并对其执行状态演绎。

3.10.5 建立 *P*-有效性

演绎系统的最终目标是证明时序公式对程序的有效性,即 P-有效性。将 FX0～FX8 和 PX1～PX8 作为公理的一般部分,用于表示 P-有效性。公理 TAU 的 P-变体已经给出。为了证明的完备性,列出基本推理规则的 P-变体。规则 GEN 的 P-变体如下所示。

> 规则 P-GEN(P-泛化)
>
> 对于程序 P 和状态公式 p,$\dfrac{P \Vdash p}{P \vDash \square p}$中所有出现的句子符号的参数是严格的。

对于 p 包含参数化句子符号的情况,要求句子符号的所有出现都是严格的。

规则 INST 的 P-变体如下所示。

> 规则 P-INST(P-实例化)
>
> 对于程序 P、公式 p 和 p 的可接受替换α,有$\dfrac{P \vDash p}{P \vDash p[\alpha]}$。

规则 MP 的 P-变体如下所示。

> 规则 P-MP(P-分离规则)
>
> 对于程序 P 和公式 $p_1, \cdots, p_n, q$,有$\dfrac{P \vDash (p_1 \wedge \cdots \wedge p_n) \rightarrow q, P \vDash p_1, \rightarrow, P \vDash p_n}{P \vDash q}$。

一般部分的介绍到此结束,它独立于要分析的特定程序 P。程序部分包含附加的规则,这些规则都涉及特定程序 P 的组件,如初始条件 Θ、转换关系 ρ_τ 等。一般部分还包括等词、量词的公理和规则的 P-变体。

3.10.6 程序依赖规则

为了讨论程序依赖规则,考虑由$(\Pi, \Sigma, \mathcal{T}, \Theta, \mathcal{J}, \mathcal{C})$构成的一个特殊的转换系统(程序)$P$。为简单起见,假设所有转换关系 ρ_τ 以完整形式给出,即具有形式$\mathcal{C}_\tau \wedge (\bar{y}' = \bar{e})$,它对每个状态变量 $y_i \in \Pi$ 都有一个 $y'_i = e_i$ 的合取。

以下规则允许为状态公式 p 建立一条形如 $P \vDash p$ 的结论,表示 p 在程序 P 所有计算的第一个状态上都成立。

> 规则 INST(初始化)
>
> 对于程序 P 和状态公式 p,有$\dfrac{\Vdash \Theta \rightarrow p}{P \vDash p}$。

该规则的前提要求蕴涵式 $\Theta \rightarrow p$ 是状态有效的。也就是说,每个状态在满足 Θ 的同时也满足 p。显然,如果$\sigma: s_0, s_1, \cdots$是 P 的一个计算,那么它的第一个状态 s_0 满足 Θ,并且在这个前提下也满足 p。

考虑简单转换系统 P_0: $\Pi = \{x\}$, Σ: x 的赋值为整型; $\mathcal{T} = \{\tau_I, \tau_1\}$,其中 $\rho_{\tau_I}: x' = x$, $\rho_{\tau_1}: x' = x + 1$; Θ: $(x = 0)$; $\mathcal{J} = \mathcal{C} = \varnothing$,即没有公平性要求。取 p: $(x \geqslant 0)$,由于公式$(x =$

0)→($x\geqslant 0$)是状态有效的，因此规则 INIT 的前提被满足，并得出结论 $P_0 \vDash (x\geqslant 0)$。

对于状态公式 q，可以通过 q' 来解释公式，该公式通过使用任意自由变量 $y\in\Pi$ 得到，即用 y' 替换 y。将 q' 称为 q 的初始形式(primed version)。例如，$(x\geqslant 0)'$ 即表示 $(x'\geqslant 0)$。

下面引入**验证条件** $\{p\}\tau\{q\}$ 作为蕴涵式 $(p\wedge\rho_\tau)\rightarrow q'$ 的缩写。其中 p 和 q 是状态公式，转换 $\tau\in\mathcal{T}$。例如，假设 $p:(x\geqslant 5)$，$q:(x>5)$，$\rho_{\tau_1}:(x'=x+1)$，三元组 $\{p\}\tau_1\{q\}$ 通过 $[(x\geqslant 5)\wedge(x'=x+1)]\rightarrow(x'>5)$ 给出，它们是有效的。对于转换集合 $T\subseteq\mathcal{T}$，定义公式 $\{p\}T\{q\}=\bigwedge_{\tau\in T}(\{p\}\tau\{q\})$。

下列规则确定了在一个计算步骤中可能出现的更改。

> 规则 STEP(单步)
>
> 对于程序 P 和状态公式 p、q，有 $\dfrac{\Vdash\{p\}T\{q\}}{P\vDash(p\Rightarrow\bigcirc q)}$。

假设 $\{p\}T\{q\}$ 是状态有效的，考虑 P 的计算中满足 p 的状态 s_i。用 Π_i 和 Π_{i+1} 分别表示 s_i 和 s_{i+1} 中状态变量的值。由于 s_i 满足 p，因此有 $p(\Pi_i)=\mathrm{T}$。由于 s_{i+1} 是 s_i 的一个 τ-后继，因此有 $\rho_\tau(\Pi_i,\Pi_{i+1})=\mathrm{T}$。$(p\wedge\rho_\tau)\rightarrow q'$ 的状态有效性在 $[p(\Pi_i)\wedge\rho_\tau(\Pi_i,\Pi_{i+1})]\rightarrow p(\Pi_{i+1})$ 进行了说明，并推导出 $q(\Pi_{i+1})=\mathrm{T}$，即 s_{i+1} 满足 q。如果前提为真，那么蕴涵式 $p\rightarrow\bigcirc q$ 在 P 的每个计算中的任意位置都成立。

对于转换系统 P_0，假设 $p:x=u$，$q:x\geqslant u$，其中 u 是严格变量。由于 $\mathcal{T}=\{\tau_I,\tau_1\}$，因此规则 STEP 的前提要求对每个 $\tau\in\{\tau_I,\tau_1\}$ 引入蕴涵式 $[(x=u)\wedge\rho_\tau]\rightarrow(x'\geqslant u)$。由此得到蕴涵式 $[(x=u)\wedge(x'=x)]\rightarrow(x'\geqslant u)$ 和 $[(x=u)\wedge(x'=x+1)]\rightarrow(x'\geqslant u)$ 是状态有效的。

结论是 $(x=u)\Rightarrow\bigcirc(x\geqslant u)$，其中 x 是非递减的，该属性在程序 P 上是有效的。

3.10.7　导出规则

对于状态公式 p，$\Theta\rightarrow p$ 和 $\{p\}T\{p\}$ 都是状态有效的。使用 3.10.6 节中的两个规则，有：

1. $P\vDash p$	INIT
2. $P\vDash(p\Rightarrow\bigcirc p)$	STEP
3. $P\vDash(p\Rightarrow\bigcirc p)\rightarrow(p\Rightarrow\square p)$	FX5
4. $P\vDash p\Rightarrow\square p$	MP 3,2
5. $P\vDash p\rightarrow\square p$	PAR 4
6. $P\vDash\square p$	MP 5,1

结合 3.10.6 节中的两个规则，可以得到导出规则 S-INV，它为状态公式 p 建立了 $\square p$ 的推论。

> 规则 S-INV(简单不变式)
>
> 对于程序 P 和状态公式 p，有 $\dfrac{\Vdash\Theta\rightarrow p,\Vdash\{p\}T\{p\}}{P\vDash\square p}$。

对于程序 P_0，取 $p:(x\geqslant 0)$。需要证明该规则的两个前提 $(x=0)\rightarrow(x\geqslant 0)$ 和 $[(x\geqslant 0)\wedge(x'=x+1)]\rightarrow(x'\geqslant 0)$。这些公式是状态有效的。因此推出 $P_0\vDash\square(x\geqslant 0)$，并说明 x 在

P 的所有计算的状态上都为非负的。

3.10.8 时序语义公理

引入一种替换单独公理和规则的方法。理论上，使用 χ_p 表示单独的公理就可以证明程序 P 的所有时序属性。该公理包含几个合取符号，每个合取符号表示 P 计算的一个特定属性。下面引入公式来表示这些属性。

1. 使能转换表示

假设 τ 是一个带有转换关系 $\rho_\tau: C_\tau \wedge (\overline{y}'=\overline{e})$ 的转换。通过 $enabled(\tau)$ 解释使能条件 $\mathcal{C}_\tau$。显然，$enabled(\tau)$ 在一个计算的位置 $i \geqslant 0$ 上成立当且仅当 τ 在 s_i 上使能。

2. 转换可执行表示

对于转换 τ，定义公式 $taken(\tau): \rho_\tau(\Pi,\Pi^+)$。通常用 $\rho_\tau(\Pi,\Pi^+)$ 表示 ρ_τ，但是 $\rho_\tau(\Pi,\Pi^+)$ 的真正含义为 ρ_τ 在当前状态和下一个状态之间成立。例如，对于 τ 使 $\rho_\tau: x'=x+1$，给出公式 $taken(\tau): x^+=x+1$。显然，对于一般转换 τ，$taken(\tau)$ 在计算中的位置 $i \geqslant 0$ 上成立，当且仅当 τ 在位置 i 是使能的，等价于 $\rho_\tau(s_i[\Pi], s_{i+1}[\Pi])=\mathrm{T}$。

没有必要构造 x^+ 表达公式 $taken(\tau)$，可以用公式 $taken(\tau): \exists \Pi_0: \bigcirc(\Pi=\Pi_0) \wedge \rho_\tau(\Pi,\Pi_0)$ 代替。该公式使用严格变量 Π_0 表示 Π 的下一个状态值，并采用合取公式 $\bigcirc(\Pi=\Pi_0)$ 来确保成立。

3. 勤勉性表示

公式 $\bigvee_{\tau \in \mathcal{T}_\mathcal{D}} enabled(\tau) \Rightarrow \Diamond\left(\bigvee_{\tau \in \mathcal{T}_\mathcal{D}} taken(\tau)\right)$ 表示勤勉性。它要求任意 $j \geqslant 0$ 的位置后面跟一个位置 $k \geqslant j$，在这个位置执行一些勤勉转换。

4. 弱公平性表示

假设 τ 是一个转换。公式 $just(\tau): \Diamond\Box enabled(\tau) \rightarrow \Box\Diamond taken(\tau)$ 表示如果 τ 在有限多个位置是使能的，那么 τ 在无穷多个位置都能被执行。因此，任何满足公式 $just(\tau)$ 的序列关于 τ 都是弱公平的。

5. 强公平性表示

公式 $compassionate(\tau): \Box\Diamond enabled(\tau) \rightarrow \Box\Diamond taken(\tau)$ 表示如果 τ 在无穷多个位置是使能的，那么 τ 在无穷多个位置都能被执行。因此，任何满足公式 $compassionate(\tau)$ 的序列关于 τ 都是强公平的。

6. 公理

定义公式 $\chi_p: \Theta \wedge \left(\Box \bigvee_{\tau \in \mathcal{T}} taken(\tau)\right) \wedge diligent \wedge \bigwedge_{\tau \in \mathcal{J}} just(\tau) \wedge \bigwedge_{\tau \in \mathcal{C}} compassionate(\tau)$ 为程序 P 的时序语义。该公式满足模型 σ 当且仅当 σ 是一个 P-模型。

假设考虑出现在公式 χ_p 中的每个子句：Θ 确保初始状态满足初始条件；$\Box \bigvee_{\tau \in \mathcal{T}} taken(\tau)$ 确保对于每个 $i=0,1,\cdots$，通过某些转换 $\tau \in \mathcal{T}$ 可以从状态 s_i 得到状态 s_{i+1}，注意可以由

$\tau_I \in T$执行空步骤；勤勉公式确保了序列 σ 是勤勉的；$\bigwedge_{\tau \in T} just(\tau)$确保序列 σ 满足所有弱公平性需求；$\bigwedge_{\tau \in T} compassionate(\tau)$确保序列 σ 满足所有强公平性需求。

以上 5 个子句对应并确保了一个序列必须满足 5 个要求才能成为程序 P 的计算。通过以下声明来说明：模型 σ 满足 χ_p 当且仅当 σ 是一个 P-模型。引入时序语义公式 χ_p 作为程序部分的一个公理是必要的。

公理 T-SEM(时序语义)
$P \models \chi_p$

公理 T-SEM 是演绎系统中唯一依赖程序的部分，证明可表示的公式属性的有效性是必要的。相当于下列声明：对于给出的程序 P 和公式 p，$P \models p$ 当且仅当$\models \chi_p \rightarrow p$。根据声明，公式 p 被所有 P-模型满足，当且仅当蕴涵式 $\chi_p \rightarrow p$ 被所有模型满足。事实上，$\chi_p \rightarrow p$ 被所有模型满足，当且仅当 $\neg \chi_p \vee p$ 被所有模型满足；而 $\chi_p \rightarrow p$ 被所有模型满足当且仅当每个模型要么不对应 P 的计算，要么满足 p；而满足 p 当且仅当每个模型对应 P 的一个计算，即每个 P-模型满足 p。

7. 相对完备性

为了证明公式 p 的 P-有效性，可以尝试证明蕴涵式 $\chi_p \rightarrow p$ 的一般(与程序无关的)时序有效性。这可以解释为证明 P-有效性的公理 χ_p 相对于一般时序有效性的相对完备性声明。也即，如果能够保证为每个有效时序公式提供证明(或其他方式的确认)，则可以使用 χ_p 来建立任意公式的 P-有效性。所有有效公式都可以通过公理 T-TAU 表示。

公理 T-TAU(时序重言式)
对于每个有效公式 p，有 $P \models p$。

公理 T-SEM 和 T-TAU 以及规则 P-MP 构成了证明任意 P-有效性的完备系统。假设 p 是一个对程序 P 有效的公式，这意味着蕴涵式 $\chi_p \rightarrow p$ 是有效的。因此，可以给出 $P \models p$ 形式证明如下。

1. $P \models \chi_p \rightarrow p$	T-TAU
2. $P \models \chi_p$	T-SEM
3. $P \models p$	MP 1,2

虽然理论上可信，但这种方法在实际应用中不能令人满意。所取得的成果只是将证明 p 的程序有效性简化为证明 $\chi_p \rightarrow p$ 的一般有效性。这种简化的缺点是，即使对于形如$\square(x \geqslant 0)$的简单属性，公式 $\chi_p \rightarrow \square(x \geqslant 0)$也会带有 χ_p 的全部复杂性。

公理 T-SEM 的使用在理论上是足够的，但不实用，也不是认可的方法。推荐的方法是在程序部分引入附加的规则。不同的规则对应公式的特定形式，表示在实践中遇到的大多数性质。例如，对于状态公式 p 和 q，有$\square q$ 和 $p \Rightarrow \diamondsuit q$。这些特殊规则的优点是，它们的前提是状态有效性和程序-状态有效性，而不是形如$\models \chi_p \rightarrow p$ 的一般时序有效性。因此，这些规则实现了从证明程序的时序有效性到证明状态有效性的简化，即使用熟悉的一阶推理，而不是一般的时序推理。

问题

问题 3.1 灵活量词(111 页)。

(1) 写出一个自由量词公式,说明 p 在所有偶数位置成立,即 p 在位置 0,2,4,…为真,在位置 1,3,5,…为假。

(2) 在布尔变量上应用灵活量词,写出一个公式说明 p 在所有偶数位置成立,这个公式不应在奇数位置限制 p 的值。

(3) 对整型变量使用灵活量词,写出一个公式描述下列情况: p 在位置 0,1,4,9,16,…成立,即对于 $k=0,1,\cdots$所对应的位置 $i_k=k^2$。这里不涉及 p 在其他位置的值。

问题 3.2 有效公式和无效公式(116 页)。

下列时序一致性和等价性列表包含有效公式和无效公式。判断每个公式是否有效。对于有效的公式,给出一个非形式化(语义)的理由。对于无效公式 φ,描述一个序列 σ,满足 $\sigma \not\models \varphi$。由于每个等价式 $p \Leftrightarrow q$ 都包含两个蕴涵式: $p \Rightarrow q$ 和 $q \Rightarrow p$,指出哪一个蕴涵式是有效的。对等价关系中的每个蕴涵式也做相同操作。

(1) $\Diamond p \land \Box q \Leftrightarrow \Diamond(p \land \Box q)$。

(2) $\Diamond p \land \Box q \Leftrightarrow \Box(\Diamond p \land q)$。

(3) $\Diamond\Box p \land \Diamond\Box q \Leftrightarrow \Diamond(\Box p \land \Box q)$。

(4) $(p\,\mathcal{U}q)\mathcal{U}q \Leftrightarrow p\,\mathcal{U}q$。

(5) $p\,\mathcal{U}q \Leftrightarrow [(\neg p)\mathcal{U}q \rightarrow p\,\mathcal{U}q]$。

(6) $p\,\mathcal{U}q \land q\,\mathcal{U}r \Leftrightarrow p\,\mathcal{U}r$。

(7) $\Diamond p \Leftrightarrow \Box(\Diamond p \lor \diamondminus p)$。

(8) $\Diamond\diamondminus p \Leftrightarrow \diamondminus\Diamond p$。

(9) $(q \Rightarrow \diamondminus r) \leftrightarrow (\neg q)\mathcal{W}p$。

(10) $(\Box p \lor \Box q) \leftrightarrow \Box(\boxminus p \lor \boxminus q)$。

(11) $(p \rightarrow \Box q) \leftrightarrow \Box(\diamondminus p \rightarrow q)$。

(12) $\Diamond(p \land \diamondminus q) \leftrightarrow \Diamond(q \land \Diamond p)$。

(13) $(\Diamond p \land \Diamond q) \leftrightarrow \Diamond(\diamondminus p \land \diamondminus q)$。

(14) $(\Box p \lor \Diamond q) \Leftrightarrow p\,\mathcal{W}(\Diamond q)$。

(15) $(p \Rightarrow \Diamond q) \leftrightarrow \Box\Diamond((\neg p)\mathcal{B}q)$。

(16) $(p \Rightarrow \Diamond q) \Leftrightarrow \Box\Diamond((\neg p)\mathcal{B}q)$。

(17) $(\Box\Diamond p \land \Box\Diamond q) \leftrightarrow \Box\Diamond(q \land (\neg q)\hat{\mathcal{B}}p)$。

(18) $\Diamond p \leftrightarrow \Diamond\diamondminus p$。

(19) $(p \Rightarrow \Diamond\Box q) \leftrightarrow \Diamond\Box(\diamondminus p \rightarrow q)$。

(20) $(\Diamond\Box p \lor \Diamond\Box q) \leftrightarrow \Diamond\Box(q \lor p)\hat{\mathcal{B}}(p \lor \neg q))$。

(21) $\Diamond\Box(p \rightarrow \Box q) \leftrightarrow (\Diamond\Box q \lor \Diamond\Box\neg p)$。

(22) $\bigcirc\bigcirc p \Leftrightarrow \Box((\ominus\ominus first) \rightarrow p)$。

(23) $p\,\mathcal{U}q \leftrightarrow \Diamond(q \land \hat{\boxminus} p)$。

(24) $(p \Rightarrow (\neg q) \mathcal{W} r) \leftrightarrow (q \Rightarrow (\neg p) \mathcal{B} r)$。

问题 3.3 导出时序算子(116 页)。

导出时序算子有时能用比标准算子更简洁的形式来表达属性。引入以下两个导出时序算子。

(1) 优先算子$\mathcal{P}$定义为 $p\ \mathcal{P} q = (\neg q) \mathcal{W} (p \wedge \neg q)$。

- 根据 3.2 节对$\mathcal{U}$的定义,给出$(\sigma, j) \models p\ \mathcal{P} q$ 的语义定义。
- 说明如何用$\mathcal{P}$的形式和布尔算子来表示$\mathcal{U}$。

(2) while 算子 W 定义为$(\sigma, j) \models p W q$ 当且仅当$\forall k \geqslant j, (\sigma, k) \models p$,使$\forall i, j \leqslant i \leqslant k, (\sigma, i) \models q$。

- 试回答能否以$\mathcal{U}$的形式和布尔算子来表示算子 W。
- 试回答能否以 W 的形式和布尔算子来表示算子$\mathcal{U}$。

问题 3.4 即时算子和哑步(116 页)。

扩展(stretching)函数为 $f: \mathrm{N} \to \mathrm{N}, f(0)=0$,并且对于 $i<j$ 有 $f(i)<f(j)$。

如果存在一个扩展函数 f,序列σ': $s_0', s_1', \cdots$被定义为序列σ: $s_0, s_1, \cdots$的一个扩展,用$\sigma \lhd \sigma'$表示,那么对于 $i(i \geqslant 0)$和 j(其中 $f(i) \leqslant j < f(i+1)$),有 $s_j' = s_i$。因此,序列σ': $s_0, s_1, \cdots, s_k, s_k, s_k, s_{k+1}, \cdots$是序列$\sigma$: $s_0, s_1, \cdots, s_k, s_{k+1}, \cdots$的一个扩展。扩展函数 f 定义为 $f(i) = \textbf{if } i \leqslant k \textbf{ then } i \textbf{ else } i+2$。

如果存在一个序列$\hat{\sigma}$,使σ_1 和σ_2 都扩展为$\hat{\sigma}$,那么序列σ_1 和σ_2 定义为**哑步**(stuttering)等价。例如,序列σ_1: $s_0, s_1, s_1, s_1, s_2, s_3, \cdots$和序列$\sigma_2$: $s_0, s_1, s_2, s_2, s_2, s_3, \cdots$都是序列$\hat{\sigma}$: $s_0, s_1, s_2, s_3, \cdots$的延伸,因此$\sigma_1$ 和σ_2 是哑步等价的。

(1) 假设φ是一个不带有即时算子的自由量词公式。证明φ关于扩展的有效性具有鲁棒性。即$\sigma \models \varphi$ 当且仅当对于每个哑步等价于序列σ的序列$\hat{\sigma}$,有$\hat{\sigma} \models \varphi$。首先考虑序列$\sigma$和其扩展$\sigma'$及扩展函数 f。通过在一个即时-自由公式φ的结构上使用归纳法,使$(\sigma, i) \models \varphi$ 当且仅当对于每个 i 和 j(其中 $f(i) \leqslant j < f(i+1)$),有$(\sigma', j) \models \varphi$。使用该结果可以推导所需要的一般语句。

(2) 证明公式 $p \Rightarrow \bigcirc q$ 并不等价于任意不带即时算子的自由量词公式。

(3) 证明公式 $p \Rightarrow \bigcirc q$ 等价于不带有即时算子,但可以对布尔变量使用灵活量词的公式。

问题 3.5 不动点(124 页)。

定义公式之间一个偏序关系:$p \subseteq q$ 当且仅当 $p \Rightarrow q$ 是有效的。

该偏序关系将 F 作为最小元素,将 T 作为最大元素。对于每个模型,$p \subseteq q$ 当且仅当满足 p 的位置集合包含在满足 q 的位置集合中。

考虑等价式(*):$X \Leftrightarrow q \vee (p \wedge \bigcirc X)$,它可以看成是未知变量 X 的不动点方程。

(1) 形式或非形式的地证明 $p\ \mathcal{U} q$ 是(*)的一个解。也就是说,如果用 $p\ \mathcal{U} q$ 代替 X,会得到一个有效公式。

(2) 证明 $p\ \mathcal{U} q$ 是(*)的最小解。即如果φ是(*)的任何其他解,那么 $p\ \mathcal{U} q \subseteq \varphi$ 等价于$\models p\ \mathcal{U} q \Rightarrow \varphi$。

对于任意序列σ,必须证明σ中所有满足 $p\ \mathcal{U} q$ 的位置也满足φ。考虑满足 $p\ \mathcal{U} q$ 的一个任意位置 j。通过定义,存在一个位置 $k \geqslant j$,使 q 在位置 k 上成立,并且 p 在位置 $i(j \leqslant$

$i<k$)上成立。通过归纳法证明 φ 在所有 $i=k,k-1,\cdots,j$ 上成立。

从位置 $i=k$ 开始，等式(*)表示 φ 和 $q\vee(p\wedge\bigcirc\varphi)$ 在所有位置都是等价的。由于 q 在位置 k 成立，那么 $q\vee(p\wedge\bigcirc\varphi)$ 和 φ 都成立。

通过展示归纳步骤完成该证明，对于所有 $i(j\leqslant i<k)$，从 $(\sigma,i+1)\models\varphi$ 推断出 $(\sigma,i)\models\varphi$。

(3) 证明 $p\,\mathcal{W}q$ 也是(*)的解。

(4) 证明 $p\,\mathcal{W}q$ 是(*)的最大解。也就是说，如果 φ 是(*)的解，那么 $\varphi\subseteq p\,\mathcal{W}q$。对于任意序列 σ，证明满足 φ 的所有位置必须满足 $p\,\mathcal{W}q$。

(5) 找到等式 $X\Leftrightarrow(p\wedge\bigcirc X\wedge\widetilde{\ominus}X)$ 的最小解和最大解。

(6) 找到等式 $X\Leftrightarrow(p\vee\bigcirc X\vee\ominus X)$ 的最大解和最小解。

问题 3.6 序列的规约(124 页)。

假设 x 是一个灵活的整型变量。状态序列 σ 具有以下一般形式：

$$\langle x:0\rangle,\cdots,\langle x:0\rangle,\langle x:2\rangle,\cdots,\langle x:2\rangle,\langle x:4\rangle,\cdots,\langle x:4\rangle,\langle x:6\rangle,\cdots$$

即 σ 由无穷多个有限段组成。在每个分段中，x 取一个偶数值，并且连续的段对应连续的偶数。

(1) 使用严格量词、布尔算子及○、□作为仅有的时序算子，写出这种指定序列形式的公式。

(2) 使用⊖、□作为仅有的时序算子，写出这种指定序列形式的公式。

(3) 使用○、⊖、$\widetilde{\ominus}$以外的所有时序算子，写出这种指定序列形式的公式。

问题 3.7 删除下一时刻算子和上一时刻算子(124 页)。

算子○、⊖和$\hat{\ominus}$称为即时算子。

(1) 证明任意自由量词公式对即时算子⊖和$\hat{\ominus}$的公式是等价的。将这种公式称为下一个时刻自由公式。转换到下一时刻-自由公式分为两个步骤。第一个步骤是将所有下一个算子移到公式的前面，并且得到形如 $\bigcirc^k\varphi$ (即 $\underbrace{\bigcirc\cdots\bigcirc}_{k}\varphi$) 的公式，其中 φ 是下一时刻-自由公式。为了在将来算子中移动下一个算子，可以使用 3.4 节列出的等价式 CN1～CN3，并且使用额外的等价式如 $p\,\mathcal{W}(\bigcirc q)\approx\bigcirc((\bigcirc p)\mathcal{W}q)$。为了在过去算子中移动下一个算子，使用等价式 $\ominus\bigcirc p\approx(\neg first\wedge p)$ 和 $\boxminus\bigcirc p\approx(\bigcirc p\wedge\boxminus(first\vee p))$。

第二个步骤是将公式 $\bigcirc^k\varphi$ 转变为下一时刻-自由公式，通过非即时算子和算子⊖的形式来表示下列属性：φ 在位置 k 成立。

假设原始公式的规模为 n，其中规模是对公式中的变量和算子的数量进行计数。给出转换后的下一时刻-自由公式的规模作为 n 的函数的一个界。

(2) 证明任意自由量词公式对前一个-自由公式是等价的，即一个公式仅包含即时算子○，该公式也可以使用特定的断言 $first$。

问题 3.8 形式化证明(134 页)。

考虑以下命题时序逻辑的演绎系统。使用 3.6 节给出的定义，将○、$\mathcal{W}$、$\hat{\ominus}$和$\mathcal{B}$作为基本算子并推导出其他算子。

公理：FX0～FX8，PX1～PX8 和 TGI(对于状态有效公式 φ 和替换 α，有 $\vdash\square\varphi[\alpha]$)。

公理 TGI(重言式-泛化-替换)是公理 TAU 和规则 GEN、INST 的组合。

规则：MP。

使用该系统在此列出的规则和定理进行形式推导。

规则 PAR：$\Box p \vdash p$

规则 E-MP(对于 $n=1$)：$p \Rightarrow q, \Box p \vdash \Box q$

规则 E-MP：$(p_1 \land \cdots \land p_n) \Rightarrow q, \Box p_1, \cdots, p_n \vdash \Box q$

规则⇒T(⇒传递性)：$p \Rightarrow q, q \Rightarrow r \vdash p \Rightarrow r$

规则 R1：$p \Leftrightarrow q \vdash p \Rightarrow q$

规则 R2：$p \Rightarrow q, q \Rightarrow p \vdash p \Leftrightarrow q$

规则○G(○一般化)：$\Box p \vdash \Box \bigcirc p$

规则○M(○单调性)：$p \Rightarrow q \vdash \bigcirc p \Rightarrow \bigcirc q$

$p \Leftrightarrow q \vdash \bigcirc p \Leftrightarrow \bigcirc q$

定理 T1：$\bigcirc(p \land q) \Leftrightarrow (\bigcirc p \land \bigcirc q)$

定理 T2：$\bigcirc(p \lor q) \Leftrightarrow (\bigcirc p \lor \bigcirc q)$

规则 CI(计算归纳)：$p \Rightarrow \bigcirc p \vdash p \Rightarrow \Box p$

定理 T3：$\Box p \Leftrightarrow (p \land \bigcirc \Box p)$

定理 T4：$\Box p \Rightarrow p$

定理 T5：$\Box p \Rightarrow \bigcirc \Box p$

定理 T6：$\Box p \Rightarrow \bigcirc p$

定理 T7：$\Box p \Leftrightarrow \Box \Box p$

规则□G：$\Box p \vdash \Box \Box p$

规则□M：$p \Rightarrow q \vdash \Box p \Rightarrow \Box q$

规则□I(□引入)：$q \Rightarrow (p \land \bigcirc q) \vdash q \Rightarrow \Box p$

定理 T8：$\Box p \Rightarrow \Box \bigcirc p$

定理 T9：$\Box(p \land q) \Leftrightarrow (\Box p \land \Box q)$

定理 T10：$p \Rightarrow \Diamond p$

定理 T11：$\Diamond p \Leftrightarrow \Diamond \Diamond p$

规则◇M：$p \Rightarrow q \vdash \Diamond p \Rightarrow \Diamond q$

定理 T12：$\Diamond(p \lor q) \Leftrightarrow (\Diamond p \lor \Diamond q)$

规则◇T：$p \Rightarrow \Diamond q, q \Rightarrow \Diamond r \vdash p \Rightarrow \Diamond r$

规则◇C(◇汇聚)：$p \Rightarrow \Diamond(q \lor r), q \Rightarrow \Diamond t, r \Rightarrow \Diamond t \vdash p \Rightarrow \Diamond t$

定理 T13：$\Diamond p \Leftrightarrow p \lor \bigcirc \Diamond p$

规则◇I：$(p \lor \bigcirc q) \Rightarrow q \vdash \Diamond p \Rightarrow q$

规则$\widetilde{\ominus}$G：$\Box p \vdash \Box \widetilde{\ominus} p$

规则$\widetilde{\ominus}$M：$p \Rightarrow q \vdash \widetilde{\ominus} \Rightarrow \widetilde{\ominus} q$

定理 T14：$\widetilde{\ominus}(p \land q) \Leftrightarrow (\widetilde{\ominus} p \land \widetilde{\ominus} q)$

定理 T15：$\widetilde{\ominus}(p \lor q) \Leftrightarrow (\widetilde{\ominus} p \lor \widetilde{\ominus} q)$

定理 T16：$\neg\widetilde{\ominus}p \Leftrightarrow \ominus\neg p$

规则$\ominus$M：$p\Rightarrow q \vdash \ominus p\Rightarrow \ominus q$

定理 T17：$\ominus(p\land q)\Leftrightarrow(\ominus p\land \ominus q)$

定理 T18：$\ominus(p\lor q)\Leftrightarrow(\ominus p\lor \ominus q)$

规则$\boxminus$G：$\Box p\vdash \Box\boxminus p$

规则$\boxminus$M：$p\Rightarrow q\vdash \boxminus p\Rightarrow \boxminus q$

规则 RI(反向归纳)　$p\Rightarrow \widetilde{\ominus}p\vdash p\Rightarrow \boxminus p$

定理 T19：$\boxminus p\Leftrightarrow p\land \widetilde{\ominus}\boxminus p$

规则$\boxminus$I：$q\Rightarrow(p\land \widetilde{\ominus}q)\vdash q\Rightarrow \boxminus p$

定理 T20：$\boxminus p\Rightarrow p$

定理 T21：$\boxminus p\Rightarrow \widetilde{\ominus}\boxminus p$

定理 T22：$\boxminus p\Rightarrow \widetilde{\ominus}p$

定理 T23：$\boxminus p\Leftrightarrow \boxminus\boxminus p$

定理 T24：$\boxminus p\Rightarrow \boxminus\widetilde{\ominus}p$

规则$\boxminus$$PG$($\boxminus$过去泛化)：$\boxminus p\vdash \boxminus\boxminus p$

定理 T25：$\boxminus(p\land q)\Leftrightarrow(\boxminus p\land \boxminus q)$

定理 T26：$p\Rightarrow \diamondminus p$

定理 T27：$\diamondminus p\Leftrightarrow \diamondminus\diamondminus p$

规则$\diamondminus$M：$p\Rightarrow q\vdash \diamondminus p\Rightarrow \diamondminus q$

定理 T28：$\diamondminus(p\lor q)\Leftrightarrow \diamondminus p\lor \diamondminus q$

规则$\diamondminus$T：$p\Rightarrow \diamondminus q, q\Rightarrow \diamondminus r\vdash p\Rightarrow \diamondminus r$

规则$\diamondminus$C：$p\Rightarrow \diamondminus(q\lor r), q\Rightarrow \diamondminus t, r\Rightarrow \diamondminus t\vdash p\Rightarrow \diamondminus t$

定理 T29：$\diamondminus p\Leftrightarrow(p\lor \ominus\diamondminus p)$

规则$\diamondminus$I：$(p\lor \ominus q)\Rightarrow q\vdash \diamondminus p\Rightarrow q$

规则$\mathcal{W}$I：$r\Rightarrow(q\lor(p\land \bigcirc r)\vdash r\Rightarrow p\,\mathcal{W}q$

规则$\mathcal{W}$M：$p\Rightarrow p', q\Rightarrow q'\vdash p\,\mathcal{W}q\Rightarrow p'\mathcal{W}q'$

定理 T30：$\Box((\neg p)\mathcal{W}p)$

定理 T31：$(p\land q)\mathcal{W}r\Leftrightarrow(p\,\mathcal{W}r\land q\,\mathcal{W}r)$

定理 T32：$p\,\mathcal{W}(q\lor r)\Leftrightarrow(p\,\mathcal{W}q\lor p\,\mathcal{W}r)$

定理 T33：$(p\,\mathcal{W}q)\mathcal{W}q\Leftrightarrow p\,\mathcal{W}q$

定理 T34：$p\,\mathcal{W}(p\,\mathcal{W}q)\Leftrightarrow p\,\mathcal{W}q$

规则$\mathcal{W}$T：$p\Rightarrow q\,\mathcal{W}r, r\Rightarrow q\,\mathcal{W}t\vdash p\Rightarrow q\,\mathcal{W}t$

定理 T35：$(p\,\mathcal{W}q\land(\neg q)\mathcal{W}r)\Rightarrow p\,\mathcal{W}r$

定理 T36：$(p\,\mathcal{W}q)\mathcal{W}r\Rightarrow(p\lor q)\mathcal{W}r$

定理 T37：$p\,\mathcal{W}(q\,\mathcal{W}r)\Rightarrow(p\lor q)\mathcal{W}r$

定理 T38：　$\Box((\neg p)\mathcal{W}q \vee (\neg q)\mathcal{W}p)$

定理 T39：　$\Box\Diamond\widetilde{\ominus}\mathrm{F}$

定理 T40：　$\boxminus p \Rightarrow p\,\mathcal{B}q$

规则 $\mathcal{B}$I：　$r \Rightarrow (q \vee (p \wedge \widetilde{\ominus}r)) \vdash r \Rightarrow p\,\mathcal{B}q$

规则 $\mathcal{B}$M：　$p \Rightarrow p', q \Rightarrow q' \vdash p\,\mathcal{B}q \Rightarrow p'\mathcal{B}q'$

定理 T41：　$\Box((\neg p)\mathcal{B}q)$

定理 T42：　$(p \wedge q)\mathcal{B}r \Leftrightarrow (p\,\mathcal{B}r \wedge q\,\mathcal{B}r)$

定理 T43：　$p\,\mathcal{B}(q \vee r) \Leftrightarrow (p\,\mathcal{B}q \wedge p\,\mathcal{B}r)$

定理 T44：　$(p\,\mathcal{B}q)\mathcal{B}q \Leftrightarrow p\,\mathcal{B}q$

定理 T45：　$p\,\mathcal{B}(p\,\mathcal{B}q) \Leftrightarrow p\,\mathcal{B}q$

规则 $\mathcal{B}$T：　$p \Rightarrow q\,\mathcal{B}r, r \Rightarrow q\,\mathcal{B}t \vdash p \Rightarrow q\,\mathcal{B}t$

定理 T46：　$(p\,\mathcal{B}q \wedge (\neg q)\mathcal{B}r) \Rightarrow p\,\mathcal{B}r$

定理 T47：　$(p\,\mathcal{B}q)\mathcal{B}r \Rightarrow (p \vee q)\mathcal{B}r$

定理 T48：　$p\,\mathcal{B}(q\,\mathcal{B}r) \Rightarrow (p \vee q)\mathcal{B}r$

定理 T48：　$\Box((\neg p)\mathcal{B}q \vee (\neg q)\mathcal{B}p)$

问题 3.9　浮动形式时序逻辑(135 页)。

一些有关时序逻辑的文献使用了逻辑的另一种变体，称为时序逻辑的**浮动形式**(floating version)。浮动形式的语法与这里给出的语法相同，但语义不同。

对于公式 p 和模型 σ，$\sigma \vDash_{fl} p$ 当且仅当对于所有 $j \geqslant 0$，有 $(\sigma, j) \vDash p$，则称 p 在 σ 上是**全局有效**的。下标 fl 将有效性概念与浮动语义关联：如果存在模型 σ，有 $\sigma \vDash_{fl} p$，则称公式 p 是**全局可满**足的；如果对于所有模型 σ，有 $\sigma \vDash_{fl} p$，则称公式 p 是全局有效的，也称 $\vDash_{fl} p$ 是**浮动有效**的。

注意，公式 $first = \neg\ominus\mathrm{T}$ 是(标准)可满足的，但不是全局可满足的，因为没有模型 σ 使 $\neg\ominus\mathrm{T}$ 在 σ 上的所有位置都成立。

(1) 说明标准有效性和全局(浮动)有效性之间的关系：$\vDash p$ 当且仅当 $\vDash_{fl} first \rightarrow p$ 和 $\vDash \Box p$ 当且仅当 $\vDash_{fl} p$。

下列演绎系统可以用于建立命题时序公式的浮动有效性。在标准情况下，算子 $\bigcirc$、$\mathcal{W}$、$\widetilde{\ominus}$ 和 $\mathcal{B}$ 被采用为基本算子，而其他算子根据基本算子定义，参见 3.6 节。用 $\vdash_{fl} p$ 表示 p 可以由这里给出的浮动演绎系统证明。

公理如下所示。

FF1. $\bigcirc(\neg p) \leftrightarrow \neg\bigcirc p$

FF2. $\bigcirc(p \rightarrow q) \leftrightarrow (\bigcirc p \rightarrow \bigcirc q)$

FF3. $\Box(p \rightarrow q) \rightarrow (\Box p \rightarrow \Box q)$

FF4. $\Box p \rightarrow \bigcirc p$

FF5. $\Box(p \rightarrow \bigcirc p) \rightarrow (p \rightarrow \Box p)$

FP1. $\ominus p \rightarrow \widetilde{\ominus} p$

FP2. $\widetilde{\ominus}(p \rightarrow q) \leftrightarrow (\widetilde{\ominus} p \rightarrow \widetilde{\ominus} q)$

FP3. $\boxminus(p \rightarrow q) \rightarrow (\boxminus p \rightarrow \boxminus q)$

FP4. $\boxminus p \rightarrow \widetilde{\ominus} p$

FP5. $\boxminus(p \rightarrow \widetilde{\ominus} p) \rightarrow (p \rightarrow \boxminus p)$

FF6. $p\,\mathcal{W}q \leftrightarrow [q \vee (p \wedge \bigcirc(p\,\mathcal{W}q))]$　　FP6. $p\,\mathcal{B}q \leftrightarrow [q \vee (p \wedge \widetilde{\ominus}(p\,\mathcal{B}q))]$

FF7. $\Box p \rightarrow p\,\mathcal{W}q$　　FP7. $\diamondminus\widetilde{\ominus}\mathrm{F}$

FF8. $p \rightarrow \bigcirc\ominus p$　　FP8. $p \rightarrow \widetilde{\ominus}\bigcirc p$

对于任意命题重言式 p，TAU_{fl}：$\vdash_{fl} p$。

规则如下所示。

INST_{fl}：对于公式 p 和替换式 α(可能是时序的)，$p \vdash_{fl} p[\alpha]$。

MP_{fl}：$p \rightarrow q, p \vdash_{fl} q$。

GEN_{fl}：$p \vdash fl\Box p$ 和 $p \vdash fl\boxminus p$。

(2) 说明标准有效性和浮动有效性之间的关系与标准可证明性和浮动可证明性之间的关系相同，即 $\vdash p$ 当且仅当 $\vdash_{fl} first \rightarrow p$，$\vdash \Box p$ 当且仅当 $\vdash_{fl} p$。例如，如果 p 在标准演绎系统(即 $\vdash p$)中是可证明的，那么 $first \rightarrow p$ 使用浮动演绎系统也是可证明的。为了证实这一说法，必须说明 $\vdash p$ 的每个证明都可以转化为 $\vdash_{fl}(first \rightarrow p)$ 的证明。在这种情况下，必须证明标准系统的每个公理 φ 都对应于浮动系统的定理 $\vdash_{fl}(first \rightarrow \varphi)$，而且标准系统的每个规则 $p_1, \cdots, p_m \vdash q$ 都对应于浮动系统的导出规则 $first \rightarrow p_1, \cdots, first \rightarrow p_m \vdash_{fl} first \rightarrow q$。可以使用问题 3.8 中的系统作为典型的标准演绎系统。

文献注释

哲学上对时间的思考和哲学本身一样古老，起源于泰勒斯(Thales)、芝诺(Zeno)及圣经。有几种关于时序逻辑的发展及其相对于模态逻辑的地位的不同的观点。模态逻辑与必然性和可能性的概念有关，在中世纪作为神学论证的工具而蓬勃发展。目前被广泛接受的模态和时序逻辑的可能世界语义是由 Kripke[1963]提出的。有关模态逻辑的现代介绍，参见 Hughes 和 Cresswell[1968]及 Chellas[1980]。

一种观点认为，时序逻辑是通过在时间相关的上下文中解释模态算子或者通过将逻辑形式化为时间模态的方式从模态逻辑演变而来的。斯多葛派逻辑学家 Diodorus Chronus 的 Master Argument 提供了一个关于时间模态考虑的主要经典例子。这一观点由 Rescher 和 Urquhart[1971]及 Goldblatt[1987]提出。

对自然语言的逻辑分析是研究时序逻辑的另一种方法和动机。它将时序逻辑的开发视为将时序语言习惯形式化为形式演算。McTaggart[1927] 概述了激发这种方法的基本观察结果。这一方法在 Prior[1967]中得到了充分应用。Kamp[1968]、Gabbay[1976]和 van Benthem[1983]也采用了语言学观点。

Gabbay[1976]提出："在模态逻辑中，我们被赋予将语法系统用某些概念形式化描述的方式，例如 S1～S5(最初的模态逻辑公理系统)试图将必要性和可能性形式化，同时，我们找到了系统完备性的一类简便结构。在时序逻辑中，我们对一类结构感兴趣，并问是否有一个逻辑 X 或一组公理'刻画'了这类结构？"

1. 计算机科学中的时序逻辑

Pnueli[1986a]、Goldblatt[1987]和 Emerson[1989]概述了时序逻辑在计算机科学中的

作用。

Kröger[1977a]提出了一种时序程序规约和推理的类时序演算。Pnueli[1977]首次提出将时序逻辑应用于并发程序的规约和推理，Pnueli[1981]提出反应式程序的时序语义。

Hailpern[1982]、Hailpern 和 Owicki[1980]、Owicki 和 Lamport[1982]及 Lamport[1983c]阐述了时序逻辑在并发程序规约和验证中的一些早期应用。

文献中包含了时序逻辑的很多形式。原始算子的基本集合和严格定义的公式的形成规则在这些形式之间造成了语法上的差异。在语义层面上，解释时序公式的模型集在几个方面有所不同。它们的结构可以是线性的，也可以是分支的。它们的大小可能是有限的，可能在一个或所有方向上是无限的，也可能是混合的。它们的密度可以是离散的或稠密的，其中密度可能具有有理数、实数等特征。更经典的标准区分命题逻辑、一阶逻辑或高阶逻辑。

2. 命题时序逻辑

Kamp[1968]将严格的 until 算子和 since 算子引入线性时序逻辑，并证明其表达能力比□和◇更强，而与模型的密度无关。Kamp 还证明了具有 until 算子和 since 算子的命题线性时序逻辑的表达完备性（相对于一阶线性模态理论）。Gabbay、Pnueli、Shelah 和 Stavi[1980a]通过一个称为 DUX 的完备证明系统和可满足性问题的可判定性证明得到了将来部分的完备性表示。这些结果适用于严格算子和自反算子。Lichtenstein、Pnueli 和 Zuck[1985]为了明确和统一的规约，重新引入过去部分，并相应地将 DUX 扩展为包含将来算子和过去算子的逻辑的完备证明系统。Sistla 和 Clarke[1985]分析了离散模型上几个命题线性时序逻辑的可满足性问题的复杂性。

3. 扩展命题时序逻辑

Wolper[1983]提出了一种右线性语法算子的扩展，称为 ETL，并证明了它具有更强的表达能力，实际上与二阶线性模态理论是一样的。Wolper[1983] 还给出了 ETL 的演绎证明系统，经过 Banieqbal 和 Barringer[1986]的一些修正后，该系统被证明是完备的。Wolper、Vardi 和 Sistla[1983]提出了 ETL 的另一种方法——无限字上的有限自动机，并由 Sistla、Vardi 和 Wolper[1987]详细阐述。

4. 一阶时序逻辑

Manna 和 Pnueli[1983c]给出了一阶时序逻辑的证明系统。Abadi 和 Manna[1990]考虑了几个一阶时序逻辑的证明系统，证明了逻辑的内在不完备性。Manna 和 Pnueli[1983a, 1989b]讨论了程序有效性和相对完备性的概念。

5. 量词

Manna 和 Pnueli[1981b]引入了严格量词。Sistla[1983]和 Wolper[1983]考虑了命题的灵活量词，其复杂性在 Sistla、Vardi 和 Wolper[1987]中进行了分析。Garson[1984] 研究了模态语境中量词的一般问题，该问题由 Bacon[1980]提出。

6. 不动点

Emerson 和 Clarke[1981]指出了时序逻辑和不动点之间的联系，以及所有时序算子都可以根据 next 算子和不动点定义的事实，并在 Clarke 和 Emerson[1981]及 Clarke、Emerson 和 Sistla[1986]提出的分支时序框架中使用。

Wolper[1983]引入的右线性语法算子实际上是受限的不动点算子。Barringer、Kuiper和Pnueli[1984]使用只适用于正表达式的不动点算子扩展了时序语言,这样的算子可以被Tarski[1955]提出的Tarski引理很好地定义。Lichtenstein[1990]证明了这些算子的不连续性,并给出了逻辑的一个受限形式的证明系统。Vardi[1988]分析了这种扩展逻辑的复杂性。

Kozen[1983]和Pratt[1981a]指出了不动点和动态逻辑之间的联系,动态逻辑是一种比时序逻辑更丰富的语言。

7. 导出算子

一些新的时序算子可以从原始算子导出。不同的系统可以用不同的原始算子和其他导出算子来定义。

8. next算子

next算子是由Manna和Pnueli[1979]引入的原始算子。它可以从严格的until算子导出,也可以根据自反的until算子和灵活量词得到。Lamport[1983d]强烈反对在规约语言中使用next算子,认为它会使程序之间的区别表示被看作是等价的,作者坚持使用带有自反算子而没有next算子的时序语言。

9. precede算子和unless算子

precede算子是从Manna和Pnueli[1981b]提出的until算子导出的。Manna和Pnueli[1983c]引入了弱until算子或弱unless算子,统一表示之前用precede算子和until算子表示的优先属性。

10. leads-to算子和entials算子

Owicki和Lamport[1982]根据henceforce算子和eventually算子的定义引入了leads-to算子,作为程序行为规约中必不可少的算子。模态蕴涵比逻辑蕴涵更强,它是模态逻辑的一个基本概念,Hughes和Cresswell[1968]将其视为一个独立的算子。在时序逻辑应用于计算机科学的背景下,Manna和Pnueli[1989a]在锚定框架中强调了它的重要性。

11. 过去算子

如前所述,Kamp[1968]定义的经典时序逻辑既包括过去算子,又包括将来算子。Gabbay、Pnueli、Shelah和Stavi[1980b]指出,限制语言的将来部分并不会降低其表达能力,因此建议仅使用过去算子进行规约和验证。Lichtenstein、Pnueli和Zuck[1985](另见Pnueli[1986a])阐述了不同观点,指出过去算子被证明有助于程序的模块化推理,并产生了一种时序逻辑描述程序属性的更统一的分类。Koymans和de Roever[1983]也使用过去算子来描述缓冲区。

12. 分支时序逻辑

Rescher和Urquhart[1971]考虑了不同的公理化及其相应的分支时间结构。Ben Ari、Manna和Pnueli[1981]引入的逻辑UB(统一分支)是第一个使用显式路径算子的。这项工作包含了一个完备的UB证明系统,并首次使用语义tableaux技术对其完备性进行了证明。与线性时序逻辑类似,UB被多次扩展,从而得到了更具表现力的逻辑。下列扩展是Lamport[1980a]提出的最初想法和问题的延伸。Emerson和Clarke[1981,1982]开发了计算树逻辑 CTL，Emerson 和 Halpern[1985]分析了其表达能力和复杂性。逻辑 CTL* 由 Emerson 和 Halpern[1986]开发和分析，其复杂性由 Emerson 和 Jutla[1988]确定。Vardi 和 Wolper[1983]定义了 ETL 的分支模拟 ECTL*。Lehmann 和 Shelah[1982]考虑了一种概率分支时间逻辑。Emerson 和 Sistla[1984]考虑了分支框架中的灵活量词。Pnueli 和 Rosner[1988]利用分支时间逻辑的全部功能来表示线性时间时序规约的可实现性。

13. 偏序时序逻辑

Pinter 和 Wolper[1984]最先提出了一种解释域为偏序的时序逻辑。Katz 和 Peled [1987]提出了一种结合线性和分支时序逻辑的语法和语义特征的方法，称为交错集(interleaving-sets)逻辑。它产生了一种与程序的偏序语义对应的逻辑，传统上应用于 Petri 网的环境中。Reisig[1989]提出了其他偏序时序逻辑。

14. 区间时序逻辑

出于简化并发程序规约的目的，Schwartz、Milliar-Smith 和 Vogt[1983a]提出了一种明确表示有限时间区间的时序逻辑。Moszkowski[1983]提出的方法采用 chop 算子扩展线性时序逻辑，类似于形式语言理论中的单词连接，同时将模型类扩展到有限模型和无限模型。Halpern、Manna 和 Moszkowski[1983]建立了结果逻辑命题层次的非初等复杂性，Rosner 和 Pnueli[1986]提供了完备的证明系统。

15. 连续时序逻辑

Burgess[1982]提出了连续时间域上时序逻辑的证明系统。Burgess 和 Gurevich [1985]分析了连续线性模型上线性时序逻辑可满足性问题的可判定性。连续时间时序逻辑在实时系统规约和推理中的应用包括 Barringer、Kuiper 和 Pnueli[1986]，Koymans 和 de Roever[1983]，以及 Alur、Feder 和 Henzinger[1991]。

16. 离散实时逻辑

时序逻辑对时序特性的一种更简单的处理方法是假设时间以离散单位进行，例如，只能假设时间为非负整数值。Koymans、Vytopyl 和 de Roever[1983]，Ostroff[1989]，Alur 和 Henzinger[1989，1990]，Harel、Lichtenstein 和 Pnueli[1990]及 Henzinger、Manna 和 Pnueli [1991]提出了基于离散时间步长的实时逻辑。

17. 有限模型

Kamp[1968]定义的经典时序逻辑仅在无限状态序列上解释。为了处理可能终止或死锁的程序，每个有限计算都可以通过空转换(如第 1 章介绍的 τ_I)或哑步扩展为无限序列。例如，Lichtenstein、Pnueli 和 Zuck[1985]及 Pnueli[1986a]曾尝试将有限序列和无限序列都考虑为时间公式的模型。这种尝试的结果之一是，和 previous 算子一样，next 算子必须分为强类型和弱类型。强类型 next 算子只能在模型中不是最后一个的位置上保持成立。

Chandy 和 Misra[1988]引入了一种描述 Unity 程序属性的规约语言。这种语言的基本算子称为 unless、ensures 和 leads-to。尽管这些算子与时序语言及其规约方法密切相关，但它们不能简单地用时序逻辑表示。

18. 锚定(anchored)时序逻辑

对于不包含过去算子的时序逻辑，浮动形式和锚定形式是一致的。一旦引入过去算子，两种形式的有效性和可满足性就不同了。Prior 和 Kamp 提出的原逻辑(original logic)可以描述为浮动逻辑。Lichtenstein、Pnueli 和 Zuck[1985]对过去算子的重新引入也考虑了浮动逻辑。Manna 和 Pnueli[1989a]最先考虑了时序逻辑的锚定形式的引入，其动机是寻求第 4 章中引入的时间属性层次结构的统一语法特征。本章介绍的演绎系统是此处介绍的演绎系统的一个变体。

19. 基于时序逻辑的编程语言

有几种方法可以将时序逻辑概念合并到编程语言中。基于 Moszkowski[1983]提出的区间时序逻辑的两种编程语言分别是 Moszkowski[1986]描述的 TEMPURA 及 Fujita、Kono、Tanaka 和 Moto-oka[1986]描述的 TOKYO。Abadi 和 Manna[1989]及 Baudinet[1989] 考虑了时序逻辑编程的语义。

20. 人工智能应用

出于对机器人等实体的行为和知识进行形式化描述的需要，人工智能研究人员开发了几种被认为特别适合人工智能应用的时序形式体系。其中包括 Ellen[1984]的基于区间的逻辑、McDermott[1982]的基于状态的时序逻辑以及 Shoham[1988]的基于区间的推广。

第 4 章 程序属性

本章说明如何用时序逻辑描述程序的属性。为了在庞大的程序属性集中引入一些结构,根据用于表示属性的公式类型定义一个可以用时序逻辑表示的属性层次结构。依次列出时序属性层次结构中的每个类,并给出属于这类具体属性的例子。

表示程序属性的公式由局部公式组成,局部公式采用时序逻辑和其他逻辑算子描述单个状态的属性和状态转换属性。首先,研究适合表示这些局部属性的局部语言。

4.1 局部语言

在为程序编写公式时,可以使用特殊谓词表示控制的特定方面。例如,给定语句是否已准备好执行,或者在最后一步中是否已沿通道传递了某个值。除了前面已经介绍的一些谓词外,这里还将介绍一些新的谓词。所考虑的谓词都是局部谓词,最多只依赖单个状态及其直接前驱中所包含的信息。

局部语言是建立在两类局部谓词(状态谓词和转换谓词)上的一阶语言。状态谓词在单个状态上取值,转换谓词在一对状态(单个状态及其直接前驱)上取值。每个状态公式都是一个**局部公式**,即用局部语言书写的公式。

局部语言包含的结构通常取决于研究的特殊具体模型。由于大多数例子都取自文本编程语言,所以专注于开发一种适合文本程序的局部语言。

4.1.1 位置谓词

标识计算状态中的控制位置的状态谓词有以下 3 种。

1. at_ℓ和 at_S

考虑语句ℓ: S,如果对于一个状态,当前控制在语句 S 之前,则谓词 at_ℓ: $[\ell]\in\pi$ 在该状态成立,有时用 at_S 表示 S,它与 at_ℓ的含义相同。控制变量 π 包含位置集,每个位置都是标号(label)的等价类。

要描述控制在一组位置的某个位置,可用符号 $at\_\ell_{i_1,\cdots,i_k}$ 来表示析取式 $at\_\ell_{i_1\cdots,i_k}=at\_\ell_{i_1}\vee\cdots\vee at\_\ell_{i_k}$。若 $i_1,\cdots,i_k$ 形成连续整数的区间,那么可以用缩写的区间符号 $at\_\ell_{i..j}$ 表示,即 $at\_\ell_{i..j}=at\_\ell_i\vee at\_\ell_{i+1}\vee\cdots\vee at\_\ell_j$。

类似的控制谓词也存在于另外两种具体模型中,即图语言和 Petri 网。

1）图语言

在图语言中，控制由控制变量 $\pi_1,\pi_2,\cdots,\pi_m$ 表示，每个进程都有一个控制变量。一个可能的控制点是位置ℓ，它是图中某个进程 P_i 的节点，因此定义 at_ℓ：$\pi_i=\ell$。

2）Petri 网

在 Petri 网中，只有两种取值的位置谓词是不够的。Petri 网的控制由当前位于库所 p 上的令牌数目表示。因此，需要由变量 N_P 表示的更详细的控制信息，它表明库所 p 当前占有的令牌数量。定义 at_p：$N_P>0$，表示在库所 p 上至少有一个令牌。

2. *after_S*

设ℓ：S：$\hat{\ell}$是一个完全标号语句。状态谓词 at_S 将程序状态中的控制位置标识在语句 S 之前。由于在某些情况下，将控制位置标识在语句 S 之后更方便，因此使用状态谓词 $after\_S$（或 $after\_\ell$），定义 $after\_S$：$at\_\hat{\ell}$。有时会涉及程序 P 终止时控制的状态，因此引入状态谓词 $after\_P$。当程序 P 终止时，$after\_P$ 成立。假设程序 P 的主体表示为ℓ_1：S_1：$\hat{\ell}_1 \parallel \cdots \parallel \ell_m$：$S_m$：$\hat{\ell}_m$，谓词 $after\_P$ 表示为 $after\_P$：$at\_\hat{\ell}_1 \wedge \cdots \wedge at\_\hat{\ell}_m$。

3. *in_S*

对于一个语句 S，如果存在 S 的子语句 S' 使 at_S' 成立，则称谓词 in_S 成立，即 in_S：$\bigvee_{S'\leqslant S} at\_S'$。

4.1.2 转换的使能性

给定一个转换 τ，状态谓词 $enabled(\tau)$ 表示 τ 已准备好在给定状态下被激活。假设转换 τ 由转换关系 $\rho_\tau(\Pi,\Pi')$：$\mathcal{C}_\tau \wedge (\overline{y}'=\overline{e})$ 给出，因此有 $enabled(\tau)$：$\mathcal{C}_\tau$。对于转换集 $T\subseteq \mathcal{T}$，定义 $enabled(T)$ 是析取式 $enabled(T)$：$\bigvee_{\tau\in T} enabled(\tau)$。

4.1.3 终止谓词

终止谓词 $terminal$ 是一个重要的状态谓词，定义为 $terminal=\bigwedge_{\tau\in\mathcal{T}_D}\neg enabled(\tau)$。它表示系统中所有的勤勉转换都是非使能的。显然，若 s_j 满足**终止**（terminal）条件，则位置 j 之后的状态都与 s_j 相同，并且位置 j 之后唯一被执行的转换为空转换 τ_I。

4.1.4 转换谓词

要检测状态谓词在模型的位置 j 是否成立，只需要检测状态 s_j。此外，还需要考虑转换的属性，通常一个转换包含状态 s_j 及其直接前驱 s_{j-1}，将此属性作为转换谓词。转换谓词的一个例子是最后一个转换已将 m 的值写入通道 α。

如果一个公式具有一般形式 $\neg first \wedge \varphi(\Pi^-,\Pi)$，则将其定义为转换公式，其中 φ 为状态公式。转换公式表明当前位置不是第一个位置，并且 φ 在状态变量的前驱值与当前值之间成立。

例如，转换公式 $\neg first \wedge (x=x^-+1)$ 在一个状态为真，当且仅当该状态有一个前驱状

态并且 x 的当前值比 x 的前驱值大 1。转换谓词可以用包含前驱值符号 e^- 的公式表示，也可以通过不采用这个符号的公式表示。例如，与公式 $\neg first \wedge (x = x^- + 1)$ 等价的公式可通过使用严格变量 u 表示为 $\exists u: \ominus(x = u) \wedge (x = u + 1)$。注意，$\ominus(x = u)$ 蕴涵 $\neg first$。

下面根据转换公式定义转换谓词 $last\_taken(\tau)$。

给定一个转换 τ，定义谓词 $last\_taken(\tau)$：$\neg first \wedge \rho_\tau(\Pi^-, \Pi)$。$last\_taken(\tau)$ 在计算的位置 j 成立当且仅当 $j > 0$ 且 s_j 是 s_{j-1} 的 τ-后继，即 τ 在位置 $j-1$ 被执行。

4.1.5　通信谓词

对于允许通信语句的语言，需要观察在导致当前状态的转换中是否发生通信。为了达到这个目的，引入两个转换谓词：一个谓词观察通道上消息的输出，另一个谓词观察通道输入的消息。分别考虑异步通信和同步通信的情况。

1. 异步通信

在异步通信中，通过相应状态变量 α 的变化来检测通道 α 上发送消息和接收消息的事件。定义 $[\alpha \Leftarrow v]$：$\neg first \wedge (\alpha = \alpha^- \cdot v)$，该谓词表示一个**发送事件**。在位置 $j > 0$ 处，如果从 s_{j-1} 到 s_j 的转换发送 v 的值到通道 α，那么 $[\alpha \Leftarrow v]$ 在位置 j 成立。可以通过 $\alpha = \alpha^- + v$ 来检测是否发送 v 的值给通道 α。

类似地，定义**接收事件** $[\alpha \Rightarrow v]$：$\neg first \wedge (v \cdot \alpha = \alpha^-)$。该谓词在位置 j 成立当且仅当 $j > 0$，且 α 的当前值等于前驱值 α^- 减去第一个元素 v。显然，$[\alpha \Rightarrow v]$ 在从通道 α 读取 v 的状态上成立。

2. 同步通信

在同步通信的情况下，没有表示每个通道挂起消息列表的状态变量。因此，为了观察同步通信是否已经发生，应该观察执行同步通信的协同转换的激活情况。

设 $\tau_{<\ell,m>}$ 是与一对匹配语句 $\ell: \alpha \Leftarrow e$ **provided** c_1 和 $m: \alpha \Rightarrow u$ **provided** c_2 相关的通信转换。定义 $comm(\ell, m, v)$：$last\_taken(\tau_{<\ell,m>}) \wedge (v = e^-)$。该公式表示协同转换 $\tau_{<\ell,m>}$ 已被执行，并且通信值 $e^- = v$。通道 α 涉及的所有匹配对 $<\ell, m>$ 析取，定义 $[\alpha \Leftarrow v]$：$\bigvee\limits_{<\ell,m>} comm(\ell, m, v)$。当最后一次转换是通过通道 α 上发生值为 v 的同步通信时，发送事件 $[\alpha \Leftarrow v]$ 被定义为已发生。

注意，同步通信包含一个连同发送事件的接收事件。因此，在这种系统的规约中，仅使用输出谓词 $[\alpha \Leftarrow v]$。

对于同步通信和异步通信，有时仅需描述通道 α 的输入或输出已经发生，而不需要描述通信的值。如果存在 v，使 $[\alpha \Leftarrow v]$ 和 $[\alpha \Rightarrow v]$ 分别成立，那么定义局部谓词 $[\alpha \Leftarrow]$ 和 $[\alpha \Rightarrow]$ 也成立。

4.1.6　规约变量

在许多情况下，为了表示程序的属性，除程序变量外还需要使用其他变量。例如，一个程序唯一的程序变量为 x。为了描述 x 永远不会小于其初始值的属性，可表示为公式 $\exists u: (x = u) \wedge \square(x \geqslant u)$。该公式采用严格变量 u 记录 x 在位置 0 的值，它声明在所有位置 x

的值都不会小于 u 的值。称 u 为规约变量。

安全性也可以通过全称量词公式描述，即 ψ: $\forall u$: $(x=u)\rightarrow\Box(x\geqslant u)$。

在编写属性规约时，通常倾向于省略规约变量外部全称量词的显式表示，记为 φ:$(x=u)\rightarrow\Box(x\geqslant u)$。注意，公式 φ 不等价于公式 ψ。如果 u 未出现在程序 P 中，那么 φ 在 P 上是有效的当且仅当 ψ 在 P 上是有效的。这是因为如果一个模型 σ 对应 P 的一个计算，那么 σ 的所有 u-变体也对应 P 的计算。因此，尽管 φ 不等价于 ψ，但是要求 φ 在 P 上的有效性等同于要求 ψ 在 P 上的有效性。

4.2 属性分类

在介绍描述单个状态和转换属性的局部语言之后，将继续研究更复杂的属性，这些属性可以通过将不同的时序算子应用到局部公式来表示。如前所述，对这些属性的研究是基于将它们组织成属性层次结构的。这个层次结构包含若干类属性。每一类均有一个典型的时序公式模式，包含所有能用该典型公式描述的属性。每一类均满足封闭性，并且每一类都关联一个证明规则，用于验证给定程序满足该类属性。

本章主要研究时序逻辑中可以表达什么类型的属性，以及时序逻辑是否足以表达反应式系统的所有属性。可以定义属性为无穷序列的集合。设 Σ 为任意状态集，Σ^ω 为所有无穷状态序列的集合，属性$\mathcal{P}$为 Σ^ω 的一个子集。例如，集合 Σ 由所有对变量 x 赋整数值的状态组成，设$\mathcal{P}$为满足如下条件的序列：随着每个状态转换到它的后继状态，x 的值总是增加，所以序列$\langle x:0\rangle,\langle x:2\rangle,\langle x:3\rangle\cdots$ 属于$\mathcal{P}$，而序列$\langle x:0\rangle,\langle x:2\rangle,\langle x:1\rangle\cdots$不属于$\mathcal{P}$。如果 $\sigma\in\mathcal{P}$当且仅当 $\sigma\models\varphi$，那么属性$\mathcal{P}$可以由时序公式 φ 描述。因此，上述考虑的属性可由公式$\Box(x^+>x)$描述。

显然，由两个公式描述的两个属性是等价的当且仅当描述属性的公式是等价的。公式的布尔运算及其描述的属性集合运算之间有紧密的对应关系。设公式 p、q 分别描述属性 $\mathcal{P}$、$\mathcal{Q}\subseteq\Sigma^\omega$，则对应关系为：$p\wedge q$ 描述$\mathcal{P}\cap\mathcal{Q}$；$p\vee q$ 描述$\mathcal{P}\cup\mathcal{Q}$；$\neg p$ 描述$\overline{\mathcal{P}}=\Sigma^\omega-\mathcal{P}$。

4.2.1 安全性

典型的安全公式形如$\Box p$，其中 p 为过去公式。安全公式表示在计算的所有位置均满足 p。如果任意公式等价于典型的安全公式，那么该公式就是安全公式。能够用安全公式描述的属性称为安全性。

通常，安全公式表示所有计算在某些状态的不变性，或者是对如下形式的优先约束：若事件 e_2 发生，则事件 e_1 优先于 e_2 发生。

考虑一种更简单的情形，p 是状态公式，$\Box p$ 描述不变性，即在计算的所有状态均满足 p。例如，公式$\Box(x\geqslant 0)$描述的是在计算的所有状态 x 是非负的情形。

下面给出一个描述优先性的例子，其中 p 为过去公式。

【例 4-1】

考虑一个反应式程序 P，输入变量为 x，输出变量为 y。初始时 $x=y=0$。对于输入 $x=1$，程序 P 通过设置 $y=2$ 给予响应。程序 P 应该满足的一个自然属性是，y 没有被不必要地设置为 2，即除非 x 在以前的某种状态下值为 1，否则 y 不会被更改为 2。该属性可表示为$\Box[(y=2)\to\diamondminus(x=1)]$。该公式表示任何 $y=2$ 的状态前都有一个 $x=1$ 的状态，使用弱优先级允许在 x 变为 1 的同时 y 变为 2。该公式是一个标准的安全性公式。

为了表示严格的优先级，可以使用$\hat{\diamondminus}$算子代替$\diamondminus$。

也可以用等价的公式$(y\neq 2)\mathcal{W}(x=1)$来表示相同的性质。该公式表示只要 $x\neq 1$，则 $y\neq 2$。该公式不是一个典型的安全公式，但是它等价于一个典型的安全公式。

1. 非终止性

考虑非终止程序安全性的另一个例子。一个程序是非终止的指任何计算都不包含终止状态。该属性可由安全性公式表示为$\Box(\neg\, terminal)$。

2. 安全性闭包

安全性类在正集运算(交、并)下是封闭的。如前所述，只需证明如果 φ 和 ψ 是安全公式，那么 $\varphi\wedge\psi$、$\varphi\vee\psi$ 也是安全公式。安全公式合取、析取的等价关系为$[\Box p\wedge\Box q]\sim\Box(p\wedge q)$和$[\Box p\vee\Box q]\sim\Box(\boxminus p\vee\boxminus q)$。第一个等价关系实际上是一个全等关系，但这里仅需要考虑两边的等价关系。第二个等价关系的左侧表示，计算 σ 的所有位置均满足 p 或者 q。右侧表明对于每个位置 i，所有位置 $j\leqslant i$ 均满足 p 或者 q。为了证明左侧蕴涵右侧，观察$\Box p$ 等价于$\Box\boxminus p$，$\Box q$ 等价于$\Box\boxminus q$。由单调性可知，$\Box p$ 和$\Box q$ 蕴涵$\Box(\boxminus p\vee\boxminus q)$。为了证明右侧蕴涵左侧，考虑两种情形：如果 σ 的所有位置均满足 p 和 q，则左侧也成立；如果对于位置 j，有$(\sigma,j)|\neq p$，则右侧唯一的成立方式是对于所有位置 $i\geqslant j$，$(\sigma,i)\vDash\boxminus q$，因此$\Box q$ 成立。

由于两个等价关系的右侧均为典型的安全公式(假设 p 和 q 为过去公式)，因此建立了合取和析取下安全公式的闭包。可得出结论，安全性类在交运算和并运算下是封闭的。也就是说，如果$\mathcal{P}$和$\mathcal{Q}$是安全性，则$\mathcal{P}\cap\mathcal{Q}$、$\mathcal{P}\cup\mathcal{Q}$也是安全性。

3. 条件安全性

条件安全公式指由$\Box q$ 表示的属性以状态公式 p 为条件，在计算的第一个状态成立，该公式形如 $p\to\Box q$。尽管该公式不是一个典型的安全公式，但它是一个安全公式，这是因为$(p\to\Box q)\sim\Box[\diamondminus(p\wedge first)\to q]$。该公式右侧是一个典型的安全公式，表示如果位置 j 之前存在满足 p 的某个位置$(i\leqslant j)$且是第一个位置(强制 $i=0$)，则 q 在位置 j 成立。

4.2.2 保证性

典型的保证公式形如$\Diamond p$，其中 p 是过去公式。保证公式表示在计算中至少有一个位置满足 p。如果任意公式等价于典型的保证公式，那么该公式就是保证公式。能够用保证公式描述的属性称为保证性。

保证公式确保某些事件的最终发生。它们保证事件至少发生一次，但不保证事件的重复发生。因此，保证公式主要用于确保在程序执行的生命周期中只发生一次的事件，如终止。

例如，p 为状态公式，公式$\Diamond terminal$ 描述计算的某个状态是终止的。显然，如果一个给定程序的所有计算均满足该公式，则该程序是终止的。

以下示例描述 p 为过去公式的一般情况。

【例 4-2】

考虑反应式程序 P,其输入变量为 x,输出变量为 y,要求通过设置 $y=2$ 响应 $x=1$。安全性说明在 x 变为 1 之前,y 不会变为 2。补充的属性可由公式$\Diamond[(y=2)\wedge\diamondminus(x=1)]$描述,该公式保证计算中包含一个 $y=2$ 的状态,并且在此之前有一个状态使 $x=1$。

该属性也可由等价的公式$\Diamond[(x=1)\wedge\Diamond(y=2)]$描述,该公式不是一个典型的保证公式,但与典型的保证公式等价,因此,它是一个保证公式。

1. 对偶性

保证性类在补运算下是不封闭的。保证性的补集是安全性,安全性的补集是保证性。这是因为等价式$\neg\Diamond p\sim\Box\neg p$ 和$\neg\Box p\sim\Diamond\neg p$。例如,从第一个等价式可以得出,$\mathcal{P}$是保证公式(可由$\Diamond p$ 描述)当且仅当$\mathcal{P}$的补集$\overline{\mathcal{P}}=\Sigma^{\omega}-\mathcal{P}$(即所有计算的集合都不在$\mathcal{P}$中)是安全公式(可由$\Box\neg p$ 描述)。

保证性类和安全性类是**对偶**(dual)的。许多保证性类可以通过安全性类推出。

2. 保证性闭包

原则上,可以通过对偶性和相应安全性类的闭包证明保证性类的闭包。也可以给出一个独立的证明。与安全性类一样,保证性类在交运算和并运算下是封闭的。可以通过等价式$[\Diamond p\vee\Diamond q]\sim\Diamond(p\vee q)$和$[\Diamond p\wedge\Diamond q]\sim\Diamond(\diamondminus p\wedge\diamondminus q)$表示。第二个等价式表示一个计算 σ 包含一个 p-位置(满足 p 的位置)和一个 q-位置当且仅当有一个位置 i,使存在一个 q-位置 $j\leqslant i$ 和一个 p-位置 $k\leqslant i$。

4.2.3 义务性

有些属性既不能由安全公式单独表示,也不能由保证公式单独表示,但能够由它们的布尔组合表示,下面进行讨论。

典型的简单义务公式形如$\Box p\vee\Diamond q$,其中 p、q 是过去公式。该公式表示 p 在计算的所有位置均成立或者 q 在某些位置成立。如果任意公式等价于典型的简单义务公式,那么该公式就是简单义务公式。能够用简单义务公式描述的属性称为简单义务性。

简单义务公式的另一种表示形式为$\Diamond r\rightarrow\Diamond q$,该公式表示如果存在某个位置满足 r,则存在某个位置(可能相同或更早)满足 q。

【例 4-3】

考虑例 4-2 的反应式程序 P,该程序输入为 x,输出为 y。程序声明的保证性承诺 x 最终会变为 1,随后 y 变为 2。对反应式系统来说,这并不是一个令人满意的规约,因为通常程序不能保证输入最终变为 1。

一个更现实的规约要求是,如果输入 x 变为 1,则 y 最终变为 2,这可由一个简单义务公式$\Diamond(x=1)\rightarrow\Diamond(y=2)$描述。这个公式没能捕捉只有在 x 变为 1 之后 y 才能变为 2 的属性。例如,该公式允许 y 变为 2 后 x 变为 1 的计算,这有悖于设置 $y=2$ 响应 $x=1$ 的初衷。可以通过使程序满足安全性$(y=2)\rightarrow\diamondminus(x=1)$和简单义务公式来修正。上述属性表明,$y$ 在 x 变为 1 之前不能变为 2。也可以通过$\Diamond(x=1)\rightarrow\Diamond[(y=2)\wedge\hat{\boxminus}(y\neq2)\wedge\diamondminus(x=1)]$将安全性需求合并到义务规约中,这种形式保证了在 y 第一次变为 2 之前,存在一个位置使 $x=1$。

简单义务公式的另一种形式为 $p\ \mathcal{W}(\Diamond q)$，该公式等价于 $\Box p \vee \Diamond q$。

1. 一般义务性

简单义务性类在并运算下封闭。观察等价式 $[(\Box p_1 \vee \Diamond q_1) \vee (\Box p_2 \vee \Diamond q_2)] \sim [(\Box p_1 \vee \Box p_2) \vee (\Diamond q_1 \vee \Diamond q_2)]$。通过安全公式和保证公式在析取下的闭包可以得到一个等价的简单义务公式。

然而，简单义务性类在交运算下不封闭。这意味着，对简单义务公式进行合取可以得到更强大的类。因此，定义 $\bigwedge_{i=1}^{n}[\Box p_i \vee \Diamond q_i]$ 是一个典型的义务公式，其中 p_i、$q_i(i=1,2\cdots,n)$ 是过去公式。

如果任意公式等价于一个典型的义务公式，那么该公式就是义务公式。相应地，能够用义务公式描述的属性称为义务性。该类是通过安全性和保证性的有限次布尔组合（即交集、并集、补集）可以获得的最大类。

安全性和保证性的每个布尔组合都是义务性。考虑安全公式和保证公式的任意布尔组合。首先将所有的否定推入到过去公式中，将 $\wedge$ 转化为 $\vee$，将 $\Box$ 转化为 $\Diamond$（也可以将 $\vee$ 转化为 $\wedge$，将 $\Diamond$ 转换为 $\Box$）。然后将公式转换为合取范式 $\bigwedge_{i=1}^{n}[\Box p_1^i \vee \cdots \vee \Box p_{k_i}^i \vee \Diamond q_1^i \vee \cdots \Diamond q_{m_i}^i]$。接着由安全公式和保证公式的闭包属性将所有 $\Box p_1^i \vee \cdots \vee \Box p_{k_i}^i$ 分解为单个安全公式，将 $\Diamond q_1^i \vee \cdots \Diamond q_{m_i}^i$ 分解为单个保证公式。义务性类在所有的布尔运算下是封闭的。

2. 包含

简单义务性类包含安全性类和保证性类。事实上，对于命题 p 和 q，简单义务公式 $\Box p \vee \Diamond q$ 描述的属性不能由安全公式或保证公式单独表示。

义务性类形成了一个严格的层次结构。由 $n+1$ 个简单义务公式的合取表示的属性类包含仅对应于 n 个简单义务公式的合取的属性类。

问题 4.9(2) 证明义务性类包含安全性类和保证性类。

4.2.4 响应性

典型的响应公式形如 $\Box\Diamond p$，其中 p 是过去公式。它表明计算中有无穷多个位置满足 p。如果任意公式等价于典型的响应公式，那么该公式就是响应公式。能被响应公式描述的属性称为响应性。通常，响应性确保事件发生无穷多次。响应公式可以表示系统的响应性，即每个刺激都有一个响应。

响应公式的另一种形式为 $p \Rightarrow \Diamond q$，即 $\Box(p \rightarrow \Diamond q)$。该公式表明每个 p-位置后跟随一个 q-位置或者 p-位置和 q-位置重合。因此，可将 q 解释为对 p 的保证。可通过等价式 $(p \Rightarrow \Diamond q) \sim \Box\Diamond((\neg p)\mathcal{B}q)$ 说明该公式为一个响应公式。等价式右侧存在无穷多个位置且在这些位置之前的所有请求都已经被响应。这些位置在上次响应（用 q 表示）之后没有新的请求（用 p 表示）被提出。注意，包括最后一次请求和最后一次响应一致的情况，以及没有发出请求的情况（使用 back-to 算子 $\mathcal{B}$），因此不需要响应。

【例 4-4】

再次考虑输入变量为 x、输出变量为 y 的反应式程序 P 的例子，在设置 x 为 1 后，环境

可以将 x 重置为 0。要求程序 P 通过设置 $y=2$ 响应 $x=1$，通过重置 $y=0$ 响应 $x=0$。对 $x=1$ 的响应性可表示为 $(x=1)\Rightarrow\Diamond(y=2)$。该公式表明每个 $x=1$ 的位置后都跟随一个 $y=2$ 的位置。类似地，重置 $x=0$ 的响应性可表示为 $(x=0)\Rightarrow\Diamond(y=0)$。

注意，本例中的规约并不要求对于每个刺激都立即在下一个状态给予响应，而只要求响应最终会发生。这种容忍对于描述现实系统是必不可少的，因为现实系统不能保证对每个刺激都能立即做出响应。这种异步风格的规约对延迟没有任何限制，如刺激和响应之间的时间间隔，这是本章考虑的所有规约的特征。

上述规约并不排除程序的缓慢响应，即在程序对 $x=1$ 和 $x=0$ 做出响应之前，x 在 0 和 1 之间交错多次，也不保证刺激和反应之间的一一对应。

问题 4.1 将在规约中添加一个排除迟缓的需求。

1. 响应性闭包

响应性类在正布尔运算下是封闭的。该属性可由等价式 $[\Box\Diamond p\vee\Box\Diamond q]\sim\Box\Diamond(p\vee q)$ 和 $[\Box\Diamond p\wedge\Box\Diamond q]\sim\Box\Diamond(q\wedge\ominus((\neg q)\mathcal{S}p))$ 表示。第一个等价式表示序列包含无穷多个 p-位置或者无穷多个 q-位置当且仅当它包含无穷多个 $(p\vee q)$-位置。第二个等价式表示序列 σ 满足 $\Box\Diamond(q\wedge\ominus((\neg q)\mathcal{S}p))$ 当且仅当 σ 包含无穷多个 p-位置和无穷多个 q-位置。

设 i 是一个 p-位置。定义 i 的最近的 q-邻居（如果存在这样一个位置）为满足 q 且 $j>i$ 的最小位置。也就是说，如果存在一个 p-位置 i，使 j 是 i 最近的 q-邻居，则称 j 是一个 q-邻居位置。由定义可知，$i<j$，且对于所有 k，$i<k<j$，位置 k 不满足 q。j 是一个 q-邻居位置当且仅当它满足 $q\wedge\ominus((\neg q)\mathcal{S}p)$。

下一步将证明 σ 包含无穷多个 p-位置和无穷多个 q-位置当且仅当它包含无穷多个 q-邻居位置。假设 σ 包含无穷多个 p-位置和无穷多个 q-位置。设 i_1 为 σ 中第一个 p-位置。i_1 之外有无穷多的 q-位置，因此存在 $j_1(j_1>i_1)$ 是 i_1 最近的 q-邻居。设 i_2 是大于 j_1 的第一个 p-位置。同理，存在 $j_2(j_2>i_2)$ 是 i_2 最近的 q-邻居。重复这个过程，可以发现 σ 包含无穷多个 q-邻居位置。

设 $j_1<j_2<\cdots$ 为 σ 中 q-邻居的无穷序列，$i_1,i_2,\cdots$ 是对应的 p-位置，其中 j_k 是 i_k 最近的 q-邻居，$k=1,2,\cdots$。证明对于任意 $k>0$，有 $j_k\leqslant i_{k+1}<j_{k+1}$。采用反证法，假设存在 $k>0$ 使 $i_{k+1}<j_k$，此时 i_{k+1} 最近的 q-邻居不再是 j_{k+1} 而是 j_k，这与前提矛盾。因此可得出结论：序列 $j_1<j_2<\cdots$ 构成 q-位置的无穷序列，$i_1<i_2<\cdots$ 构成 p-位置的无穷序列。这证明了 σ 包含无穷多个 p-位置和无穷多个 q-位置。

2. 下层类的包含

可以证明所有安全公式和保证公式是响应公式的特例。因此，响应性类包含安全性类和保证性类。可由等价式 $\Box p\sim\Box\Diamond(\boxminus p)$ 和 $\Diamond p\sim\Box\Diamond(\Diamondminus p)$ 得出。第二个等价式表示计算 σ 包含一个 p-位置当且仅当存在无穷多的位置，并且这些位置之前有一个 p-位置。

两个类之间的包含是严格的，这意味着存在既不能由安全公式表示也不能由保证公式表示的响应性。对于命题 p，公式 $\Box\Diamond p$ 甚至不能由安全公式和保证公式的有限次布尔组合表示。

由于每个义务性都可以通过安全性和保证性的正布尔组合获得，并且响应性类在这样的组合下是封闭的，因此响应性类也包含义务性类。该包含是严格的，因为公式 $\Box\Diamond p$ 不等价于任何一个义务公式。

问题 4.9(2)将了解这些包含的严格性。

3. 表示弱公平性

响应性类的一个重要的属性是弱公平性。一个典型的弱公平性需求与转换 τ 相关联,要求 τ 无穷多次不使能或者无穷多次被执行。可以表示为$\square\diamond[\neg\, enabled(\tau) \lor last\text{-}taken(\tau)]$。该公式表示存在无穷多个位置使 τ 不使能或者被执行。

4.2.5 持续性

典型的持续公式形如$\diamond\square p$,其中 p 是过去公式。该公式表示计算的有穷多个位置(从某个点开始的所有位置)满足 p。如果任意公式等价于一个典型的持续公式,那么该公式就是持续公式。能够用持续公式描述的属性称为持续性。通常,持续公式被用来描述某些状态的最终稳定性及系统的过去属性。持续公式允许任意延迟直到稳定发生,且要求一旦稳定发生就必须一直保持稳定。有时,最终稳定性被一个先前事件触发。为此,可采用公式 $p\Rightarrow\diamond\square q$,即 $\square(p\rightarrow\diamond\square q)$,该公式表示 q 的最终稳定性是由 p 引起的。因为$(p\Rightarrow\diamond\square q)\sim\diamond\square(\diamondminus p\rightarrow q)$,所以该公式是一个持续性公式。$\diamond\square(\diamondminus p\rightarrow q)$表示,从某个位置开始,如果 p 在过去发生,则 q 在现在成立。

【例 4-5】

考虑反应式程序 P。要求输入变量为 x,输出变量为 y,通过设置 $y=2$ 响应 $x=1$。要求一旦 y 设置为 2 来响应 $x=1$,则 y 将持续为 2。该持续性可表示为$(x=1)\Rightarrow\diamond\square(y=2)$。

1. 持续性闭包

持续性类在正布尔运算下是封闭的。可通过等价式$[\diamond\square p\land\diamond\square q]\sim\diamond\square(p\land q)$和$[\diamond\square p\lor\diamond\square q]\sim\diamond\square(q\lor\circleddash(p\,\mathcal{S}(p\land(\neg q))))$得出。

为了证明第二个等价式的有效性,首先证明左侧蕴涵右侧。显然,$\diamond\square q$ 蕴涵右侧。如果$\diamond\square p$ 为真,$\diamond\square q$ 为假,设 i 是 p 一直为真以外的位置,且存在 q 为假的位置满足 $j>i$(根据$\diamond\square q$ 为假可知存在无穷多个这样的位置),那么对于每个位置 $k>j$,$(\sigma,k)\vDash\circleddash(p\,\mathcal{S}(p\land(\neg q)))$。

然后证明右侧蕴涵左侧。如果$\diamond\square q$ 成立,显然左侧也成立。另一种情况是有无穷多个 $\neg q$-位置,设 i 是 ψ: $q\lor\circleddash(p\,\mathcal{S}(p\land(\neg q)))$一直成立以外的位置。对于任意位置 $j>i$,令 $k>j$ 为大于 j 的最小的 $\neg q$-位置。因为在位置 k,ψ 成立而 q 不成立,所以可知$\circleddash(p\,\mathcal{S}(p\land(\neg q)))$在位置 k 一定成立。令位置 $m(m<k)$为最大的 $\neg q$-位置。由于 j 和 k 之间不存在 $\neg q$-位置,因此有 $m\leqslant j$。因为$\circleddash(p\,\mathcal{S}(p\land(\neg q)))$在位置 k 成立,所以在位置 $\ell(m\leqslant\ell\leqslant k-1)p$ 一定成立。特别地,p 在位置 j 成立。由于选择的 j 是比 i 大的任意位置,因此$\square p$ 在 $i+1$ 成立,故$\diamond\square p$ 在位置 0 成立。

问题 4.2 需要考虑附加的持续性。

2. 对偶性

持续性类和响应性类是对偶的,即一个属性类中属性的补集属于另一个属性类。可由等价式 $\neg\square\diamond p\sim\diamond\square\neg p$ 和 $\neg\diamond\square p\sim\square\diamond\neg p$ 得到。该对偶性可将一个类的结果转移到另一个类。例如,持续性类的所有闭包和包含属性能够从响应性类的相应属性和证明中得到。

3. 属性类的包含

所有安全公式和保证公式都是持续公式的特例。因此,持续性类包含安全性类和保证性类。可由等价式$\square p \sim \diamondsuit \square \boxminus p$和$\diamondsuit p \sim \diamondsuit \square \diamondminus p$得到。第二个等价式表示计算$\sigma$包含一个$p$-位置当且仅当从某一点开始的所有位置之前有$p$成立。

两个类的包含是严格的。这可以由命题p的属性$\diamondsuit \square p$来说明,该属性既不能用安全公式表示,也不能用保证公式表示。事实上,它不能由任何安全公式和保证公式的有限次布尔组合表示。因此,持续性类也严格地包含义务性类。

4.2.6 反应性

典型的简单反应式公式是一个响应公式和一个持续公式的析取,即$\square \diamondsuit p \vee \diamondsuit \square q$。该公式表示一个计算要么包含无穷多个$p$-位置,要么除了有限多个位置外,所有位置都是$q$-位置。如果任意公式等价于典型的简单反应式公式,那么该公式就是简单反应式公式。能够用简单反应式公式描述的属性称为简单反应性。采用形式$\square \diamondsuit r \rightarrow \square \diamondsuit p$描述简单反应性。显然,公式等价于一个典型的简单反应式公式。如果计算包含无穷多个r-位置,那么它必包含无穷多个p-位置。该公式通常用来描述一个更复杂的响应类型,即对单个刺激不保证响应,仅在出现无穷多次刺激时才响应无穷多次。这是对系统在足够多的刺激下最终能够响应的情形的抽象,但是并没有给出在响应之前刺激次数的界限。

【例 4-6】

对于输入为x、输出为y的反应式程序P,回顾从不同角度描述的响应性。

(1) 对发生在计算第一个状态的要求(表示为$x=1$)的单个响应(表示为$y=2$)。该属性可通过保证公式表示为$(x=1) \rightarrow \diamondsuit (y=2)$。

(2) 在任意位置可能发生的单个请求的单个响应。该属性可由义务公式表示为$\diamondsuit (x=1) \rightarrow \diamondsuit (y=2)$。

(3) 对多个请求有多次响应,保证每个要求之后跟随一个响应。该属性可由响应公式表示为$(x=1) \Rightarrow \diamondsuit (y=2)$。

(4) 对无穷多次请求有无穷多次响应。该属性可通过简单反应式公式表示为$\square \diamondsuit (x=1) \rightarrow \square \diamondsuit (y=2)$。

(3)蕴涵(1)、(2)和(4)。

由简单反应式公式表示的响应性允许程序P忽略有限多个请求,而不是无限多个请求。该描述不能太过随意,因为该请求的任何实现都不能基于"先等待,看是否会有无限多的$x=1$事件,还是只有有限多的事件"的想法,这种要求的任何合理实现都必须尝试响应所有请求,但自由规约允许在只有有限多个请求的情况下响应失败。

由简单反应式公式描述的属性类在并运算下是封闭的。这是因为等价式$[(\square \diamondsuit p_1 \vee \diamondsuit \square q_1) \vee (\square \diamondsuit p_2 \vee \diamondsuit \square q_2)] \sim [(\square \diamondsuit p_1 \vee \square \diamondsuit p_2) \vee (\diamondsuit \square q_1 \vee \diamondsuit \square q_2)]$及响应性类和持续性类在并运算下的闭包。

通常简单反应性类在交运算和补运算下是不封闭的。

简单反应性类包含响应性类和持续性类,因此也包含安全性类、保证性类和义务性类。这种包含是严格的,因为对于命题p和q,能被$\square \diamondsuit p \vee \diamondsuit \square q$描述的属性不能被任何较低属性类的公式表示。

1. 表示强公平性

简单反应式公式能够表示强公平性需求。转换 τ 的强公平性是指如果 τ 在计算的无穷多个位置使能，则它会被无穷多次执行。可通过简单反应式公式表示为 $\Box\Diamond enabled(\tau) \rightarrow \Box\Diamond last\text{-}taken(\tau)$。

2. 一般反应性

更复杂的属性类可以用形如 $\bigwedge_{i=1}^{n}[\Box\Diamond p_i \vee \Diamond\Box q_i]$ 的简单反应式公式的合取表示。由于两个简单反应式公式的合取通常不存在与之等价的简单反应式公式，因此通过合取能够增强表达能力，这样的公式被称为典型的反应式公式。如果任意公式等价于典型的反应式公式，那么该公式就是反应式公式。能够用反应式公式描述的属性称为反应性。

反应性的一个典型例子是对公平转换系统中公平性的总声明。每个弱公平需求和强公平性需求都可由一个简单反应式公式表示(弱公平性可通过响应公式)，所有公平性需求成立的声明可表示为简单反应式公式的合取。

程序规约的方法本质上是一种合取。这表明规约通过所有由时序公式表示的需求的合取呈现，其中所有时序公式在程序上是有效的。给定一个程序，要验证规约是有效的，可以分别验证每个需求的有效性。因此，需求之一是与自身的合取，而不是一个简单的反应式公式，不需要特别复杂化或简化。因此在一个完整规约的背景下，它总是一个合取，可以假设每个需求至多为一个简单反应式公式。

反应性家族构成一个无穷的层次。层次 k $(k>0)$ 包含所有能被 $\bigwedge_{i=1}^{k}[\Box\Diamond p_i \vee \Diamond\Box q_i]$ 合取表示的属性。这个层次是严格的，因为对于命题 p_i、q_i $(i=1,2,\cdots,k+1)$ 的合取 $\bigwedge_{i=1}^{k+1}[\Box\Diamond p_i \vee \Diamond\Box q_i]$ 不等价于 k 个或更少的简单反应式公式的合取。

问题 4.9(2)将证明反应性类严格包含响应类性和持续性类。

4.2.7 反应性类是最大的类

反应性类是目前讨论的最大的类。可由以下**定理**(范式)得出：每一个非量化的时序公式都等价于一个反应式公式。

该定理的证明基于将来公式和过去公式的转换。定理的完整证明超出了本书范围，但在问题 4.12 中给出了证明的核心步骤。

尽管范式仅使用某些将来算子，即$\Box$和$\Diamond$，但是它覆盖了所有包含其他将来算子的公式。一些简单公式的范式表示示例为 $\bigcirc\bigcirc p \sim \Box(\ominus\ominus first \rightarrow p)$ 和 $p\ \mathcal{U} q \sim \Diamond(q \wedge \widehat{\boxminus}\, p)$。定理也可用于包含前驱值 x^- 和后继值 x^+ 的公式。一个过去公式可能会包含 x^- 但不会出现 x^+。

1. 过去量词公式

上述定理能够被扩展到带有量词的特殊公式类。如果量词作用范围内的所有时序算子都是过去算子，则称该公式为过去量词公式。在一个量词作用范围内可能会出现 x^-，但不

会出现 x^{+}。

对于过去量词公式，范式定理成立，下面通过例子来说明。考虑一个过去量词公式 φ：$(x=0) \wedge (\exists u: \ominus(x=u) \wedge (x=u+1) \hat{\mathcal{U}} (x=x^{-}+2))$。该公式描述了一个 x 最初为 0 且每步增加 1，直到某一位置 x 增加 2 的序列。为了将该公式转化为范式，考虑公式 ψ：$p \wedge q \hat{\mathcal{U}} r$。显然，可将 φ 看作使用替换 α：$[p \leftarrow (x=0), q \leftarrow \exists u: \ominus(x=u) \wedge (x=u+1), r \leftarrow (x=x^{-}+2)]$的 ψ 的实例。可以看到，这里用过去公式替换了每个语句。将 ψ 看作 φ 的一个抽象。由于 ψ 是一个命题非量化公式，因此它有一个等价的范式 $\hat{\psi}$：$\Diamond(r \wedge q \hat{\mathcal{S}} (p \wedge first))$，该范式是一个保证性公式。

用 α 替换 $\hat{\psi}$，可以得到一个与过去量词公式 φ 等价的范式 $\hat{\varphi}=\hat{\psi}[\alpha]$：$\Diamond(x=x^{-}+2 \wedge (\exists u: \ominus(x=u) \wedge (x=u+1)) \hat{\mathcal{S}} (x=0 \wedge first))$。这一系列步骤可用于每个过去量词公式。

2. 扩展量词公式

存在范式转换的更大类别的量词公式的形式为 φ：$\xi_1 x_1 \xi_2 x_2 \cdots \xi_n x_n: \psi$，其中 $\xi_i (i=1,2,\cdots,n)$是全称量词或存在量词，ψ 是一个过去-量词公式。这类公式被称为扩展的量词公式。对 ψ 进行范式变换，可以断言，对于每一个扩展的量词公式 φ，都有一个等价的范式 $\hat{\varphi}$：$\xi_1 x_1 \xi_2 x_2 \cdots \xi_n x_n: \hat{\psi}$，其中 $\hat{\psi}$ 是一个反应式公式。

4.2.8 分类

用时序公式表示属性分类的汇总如图 4.1 所示。图中的节点表示不同的类，边表示类之间的严格包含关系。

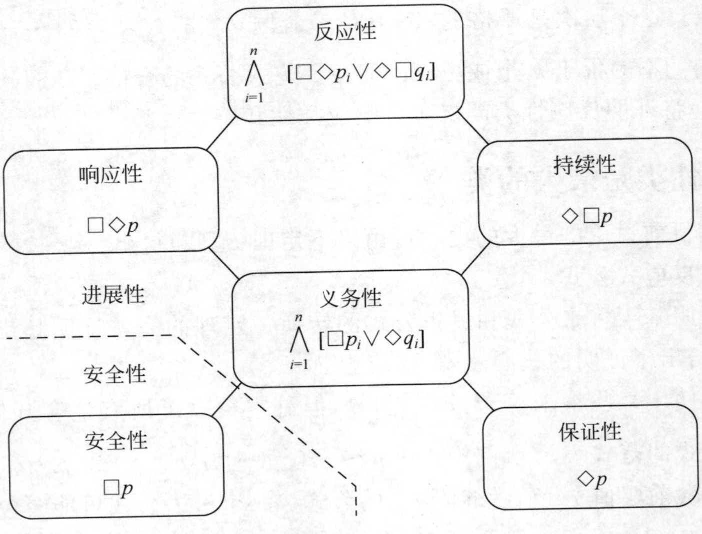

图 4.1　分类汇总图

安全性类以外的类称为进展性类。从语法上看，这些类通过其典型公式中出现的算子◇来区分。安全性类强加了一个要求，它由一个过去公式表示，必须在计算的所有位置保持不变。进展性类描述了最终应该实现的需求，它与实现需求的进展相关。进展性类在满足要求的条件和频率上各不相同。

这种属性分类称为**安全性-进展性**(safety-progress)分类，它在本书提出的理论中起核心作用。当在较广的范围内检查类的特性时，层次结构中的类的许多特性和属性更容易被建立。

问题 4.8 从形式语言理论的角度考虑层次，引出语言的层次分类。**问题 4.9** 将语言分类与属性分类关联，一些分类的包含和严格包含特性可以从语言变换到属性。**问题 4.10** 通过限制识别语言的自动机来考虑它们的特征。**问题 4.11** 基于识别它们的自动机，提供一个识别语言分类的算法。**问题 4.12** 将自动机分类与时序公式分类关联。

4.2.9　标准公式

前面考虑的分类层次结构的语法特征为每个类提供了一个典型公式，这些公式均包含用于过去公式的将来算子。例如，典型的响应公式$\Box\Diamond p$ 在过去公式 p 上应用将来算子$\Box$和$\Diamond$。如果理论上允许，还可以使用更复杂的将来表达式(如算子$\bigcirc$和$\mathcal{U}$)，并且可以很容易地识别公式所属的类。因此，可以给出每一类公式的一个扩展集，这些公式被称为标准公式。

1. 标准安全公式

标准安全公式满足以下两个条件。

(1) 过去公式是标准安全公式。

(2) 如果 p、q 是标准安全公式，则 $p \land q$、$p \lor q$、$\bigcirc p$、$\Box p$、$p\ \mathcal{W} q$ 也是标准安全公式。这表明标准安全公式在将来算子$\bigcirc$、$\Box$和$\mathcal{W}$下是封闭的。典型的安全公式$\Box p$ 也是标准安全公式。

第二个条件对标准公式的限制是必不可少的。考虑公式 $first \lor \Diamond p$，它不是一个标准安全公式。该公式对任何序列都成立，这是因为在计算的位置 0，$first$ 总是成立。它等价于$\Box$T，所以它是一个安全公式。而$\Box(first \lor \Diamond p)$等价于$\Box\Diamond p$，所以它不是一个安全公式。

标准安全公式的特性能够确定 $p \Rightarrow q_1\ \mathcal{W}(q_2\ \mathcal{W}(\cdots(q_n\ \mathcal{W} r)\cdots))$是安全公式，与之等价的$\Box(\neg p \lor (q_1\ \mathcal{W}(q_2\ \mathcal{W}\cdots(q_n\ \mathcal{W} r)\cdots)))$也是安全公式，其中 $p, q_1, \cdots, q_n$ 和 r 是过去公式。

2. 标准保证公式

标准保证公式满足以下两个条件。

(1) 过去公式是标准保证公式。

(2) 如果 p、q 是标准保证公式，则 $p \land q$、$p \lor q$、$\bigcirc p$、$\Diamond p$、$p\ \mathcal{U} q$ 也是标准保证公式。这表明标准保证公式在算子$\bigcirc$、$\Diamond$和$\mathcal{U}$下是封闭的。典型的保证公式$\Diamond p$ 是标准保证公式。

可以确定$\Diamond[(x=1) \land \Diamond(y=2)]$是保证公式；$p \rightarrow \Diamond q$ 是保证公式，它等价于 $\neg p \lor \Diamond q$；$p \rightarrow q_1\ \mathcal{U}(q_2\ \mathcal{U}(\cdots(q_n\ \mathcal{U} r)\cdots))$是保证公式，它等价于 $\neg p \lor q_1\ \mathcal{U}(q_2\ \mathcal{U}(\cdots(q_n\ \mathcal{U} r)\cdots))$。其中 $q_1, \cdots, q_n$ 和 p、q、r 是过去公式。

3. 标准义务公式

标准义务公式满足以下 3 个条件。

(1) 标准安全公式和标准保证公式是标准义务公式。

(2) 如果 p、q 是标准义务公式,则 $p\wedge q$、$p\vee q$、$\neg p$、$\bigcirc p$ 也是标准义务公式。

(3) 如果 p 是标准安全公式,q 是标准义务公式,r 是标准保证公式,则 $p\,\mathcal{W}q$、$q\,\mathcal{U}r$ 是标准义务公式。

典型的义务公式 $\square p\vee\diamond q$ 是标准义务公式。

4. 标准响应公式

标准响应公式满足以下 3 个条件。

(1) 标准义务公式是标准响应公式。

(2) 如果 p、q 是标准响应公式,则 $p\wedge q$、$p\vee q$、$\bigcirc p$、$\square p$ 也是标准响应公式。

(3) 如果 p、q 是标准响应公式,r 是标准保证公式,则 $p\,\mathcal{W}q$、$p\,\mathcal{U}r$ 是标准响应公式。

定义表明,标准响应公式在算子 $\bigcirc$ 和 $\square$ 下是封闭的。观察可知,典型的响应公式 $\square\diamond p$ 是一个标准响应公式。

由标准响应公式的上述特征,可以确定 $p\Rightarrow\diamond q$ 是响应公式,它等价于 $\neg p\vee\diamond q$;$p\Rightarrow q\,\mathcal{U}r$ 是响应公式,它等价于 $\square(\neg p\vee q\,\mathcal{U}r)$;$(p_1\wedge\diamond p_2)\Rightarrow\diamond(q_1\wedge\diamond q_2)$ 是响应公式,它等价于 $\square(\neg(p_1\wedge\diamond p_2)\vee\diamond(q_1\wedge\diamond q_2))$。其中 p、q、p_1、q_1、q_2 和 r 是过去公式。

公式右侧的一般形式为 $\square$,用于标准保证公式的布尔组合。

5. 标准持续公式

标准持续公式满足以下 3 个条件。

(1) 标准义务公式是标准持续公式。

(2) 如果 p、q 是标准持续公式,则 $p\wedge q$、$p\vee q$、$\bigcirc p$、$\diamond p$ 也是标准持续公式。

(3) 如果 p 是标准安全公式,q 和 r 是标准持续公式,则 $p\,\mathcal{W}q$、$q\,\mathcal{U}r$ 是标准持续公式。

定义表明标准持续公式在算子 $\bigcirc$ 和 $\diamond$ 下是封闭的。显然,典型的持续公式 $\diamond\square q$ 是标准持续公式。

由标准持续公式的特征,可知 $p\Rightarrow\diamond\square q$ 是持续公式,它等价于 $\square\neg p\vee\diamond\square q$;$\diamond(p\Rightarrow q\,\mathcal{W}r)$ 是持续公式,它等价于 $\diamond\square(\neg p\vee q\,\mathcal{W}r)$。其中,$p$、$q$ 和 r 是过去公式。

不需要定义标准反应式公式,因为所有非量化的公式都能描述反应性。

问题 4.13 将证明对于每个属性类,该类的标准公式仅用于描述属于该类的属性。

4.2.10 安全性-活性分类

一种不同的属性分类确定了两个不相交的属性类:安全性类和活性类。描述这种分类是为了完备性,而不是用它做进一步开发。划分这两类属性的非形式化描述如下。

(1) **安全性**表示一些坏事不会发生。

(2) **活性**表示一些好事最终会发生。

安全性的形式定义与非形式化描述很相似。

可以做出假设坏事的发生能够在有限时间内被识别。事实上,在许多情况下,坏事可以用状态公式描述。例如,违反互斥规则可以用状态公式 $in\_C_1\wedge in\_C_2$ 刻画。

也存在更复杂的情况,例如,要求在 q 的首次出现之前有一个 p 出现或 q 与 p 同时出现。一旦观察到 q 出现之前没有 p 出现,坏事就会被发现,这可以由过去公式 $q\wedge\boxminus\neg p$ 刻画。因此，如果过去公式 φ 描述一件坏事，则属性声明坏事永远不会发生，可以由安全公式 $\square\neg\varphi$ 表示。

如果试图用解释安全性的方式来解释活性的非形式描述，那么得到最接近的形式定义是保证性类的定义。即如果假设好事也能在有限时间内被检测到，那么它可以由一个过去公式 φ 表示。这表示最终某些好事的发生可用公式 $\Diamond\varphi$ 表达，即最终发现一个位置满足 φ。然而，这不能被活性的解释接受。

下面给出安全性和活性分类的形式定义。活性类不同于保证性类。

1. 安全性和活性的特征

设 σ：$s_0,s_1,\cdots$ 是一个无穷状态序列，$s_i\in\Sigma$。对于给定的 $k(k\geqslant 0)$，定义有穷序列 $\sigma[0..k]$：$s_0,\cdots s_k$ 作为序列 σ 的前缀，也称 σ 是有穷序列 $\sigma[0..k]$ 的一个无穷扩展。设 p 是一个在 σ 的位置 k 成立的过去公式，显然 p 在 k 上成立完全独立于状态 $s_{k+1},s_{k+2},\cdots$。实际上，p 在 $\sigma[0..k]$ 任意扩展的位置 k 均成立。因而可将 p 作为 $\sigma[0..k]$ 的一个属性。

安全性和活性的公式类描述如下。

(1) φ 是安全公式当且仅当任何不满足 φ 的序列 σ(即满足 $\neg\varphi$)包括一个前缀 $\sigma[0..k]$，其所有无穷扩展均不满足 φ。

(2) φ 是活性公式当且仅当任何有穷序列 $s_0,\cdots,s_k$ 都能被扩展为一个满足 φ 的无穷序列。

安全性的特征与安全公式的定义对应。对于过去公式 p，安全公式是一个等价于形如 $\square p$ 的公式。如果 σ 不满足 $\square p$，则存在一个位置 $k\geqslant 0$，使 $(\sigma,k)\vDash\neg p$。显然，对于有穷前缀 $\sigma[0..k]$ 的任何无穷扩展 σ'，有 $(\sigma',k)\vDash\neg p$，因此，有 $(\sigma',k)|\neq\varphi$。

任何满足安全性特征的公式等价于典型的安全公式 $\square p$，这是根据问题 4.12(2) 的解得出的。

2. 分类的特征

安全性-活性分类的一个重要特征是安全性类和活性类几乎是不相交的，可通过下列声明得到：一个公式若既是安全公式又是活性公式，则等价于平凡公式 T。

相比之下，安全性-进展性分类具有包含层次。例如，任何安全公式也是一个义务公式，以及响应公式、持续公式和反应式公式。

活性特征不能提供以迅速识别一个给定公式是否为活性公式的语法检测，因而给出一个有用的部分标识。

典型的进展类公式包含子公式 p(有时为 q)，允许 p 为任意的过去公式。如果限制这些子公式为状态公式，将得到一个也属于相应类的活性公式。声明为：如果 p、p_i 和 q_i 是状态公式，则 $\Diamond p$、$\bigwedge_i[\square p_i\vee\Diamond q_i]$、$\square\Diamond p$、$\Diamond\square p$ 和 $\bigwedge_i[\square\Diamond p_i\vee\Diamond\square q_i]$ 分别称为活性-保证公式、活性-义务公式、活性-响应公式、活性-持续公式和活性-反应公式。例如，公式 $\square\Diamond p$ 是活性-响应公式，即它既是响应公式，又是活性公式。每个进展类也包含非活性公式的公式。例如，p 和 q 是状态公式，公式 $\square\Diamond(p\wedge\boxminus q)$ 是响应公式但不是活性公式。

因此,安全性-活性分类正交于安全性-进展性分类。表示任何进展性类$\mathcal{K}$($\mathcal{K}$是 5 种进展性类之一),存在$\mathcal{K}$类的活性公式和非活性公式的$\mathcal{K}$类公式。

3. 分解属性为安全性和活性

可强化前一个声明如下:任何进展性类$\mathcal{K}$的公式 φ 等价于合取式 $\varphi_S \wedge \varphi_L$,其中 φ_S 是安全公式,φ_L 是一个$\mathcal{K}$类的活性公式。

为了证明该声明,考虑保证公式 $p\,\mathcal{U}q$,其中 p、q 为状态公式。验证它所属的分类,$p\,\mathcal{U}q$ 等价于$\diamondsuit(q \wedge \hat{\boxminus} p)$。该公式不是一个活性公式,因为有穷序列$<p:\mathrm{T},q:\mathrm{F}>$,$<p:\mathrm{F},q:\mathrm{F}>$不能扩展为满足 $p\,\mathcal{U}q$ 的无穷序列。公式 $p\,\mathcal{U}q$ 等价于合取 $\square(\neg p \rightarrow \diamondminus q) \wedge \diamondsuit q$,该合取的第一个条件是安全公式,第二个条件是活性-保证公式。对该声明的详细证明超出了本书范围,但是可以提供一些与证明结构相关的附加信息。

对于任意时序公式 φ,存在过去公式 $Pref(\varphi)$,使有穷序列 $\hat{\sigma}$: $s_0,\cdots,s_k$ 在位置 k 满足 $Pref(\varphi)$当且仅当 $\hat{\sigma}$ 能够被扩展为一个满足 φ 的无穷序列。因此,$Pref(\varphi)$表示所有作为满足 φ 序列的前缀的有穷序列。由 $Pref(\varphi)$可给出另一种形式的安全公式和活性公式的特征,具体如下。

(1) φ 是安全公式当且仅当$\square Pref(\varphi) \sim \varphi$。

(2) φ 是活性公式当且仅当 $Pref(\varphi)$是有效的。

作为安全公式和活性公式的合取,可以给出在每个公式中出现的 φ_S 和 φ_L 的明确公式。对于任意公式 φ,定义 φ_S: $\square Pref(\varphi)$,φ_L: $\varphi \vee \diamondsuit \neg Pref(\varphi)$。$\varphi_S$ 是安全公式,φ_L 是活性公式,且 $\varphi \sim (\varphi_S \wedge \varphi_L)$。

4.3 安全性例子:状态不变性

接下来考虑程序规约中自然出现的几个典型安全性例子。对于过去公式 q,安全公式的标准形式为$\square q$。本节集中讨论两个重要的安全公式:$p \rightarrow \square q$ 和$\square q$,其中 p、q 为状态公式。

4.3.1 全局不变性

设 q 是一个数据断言,即状态公式仅与状态变量中的数据变量相关。一般的安全性断言要求计算的所有状态满足 q,即在整个计算过程中 q 保持不变。该属性可由公式$\square q$ 表示,称为**全局不变性**。通常,全局不变性约束程序中变量的范围或类型。

【例 4-7】 (二项式系数)

图 4.2(或图 1.11)给出了计算二项式系数$\binom{n}{k}$的程序 BINOM,可以断言约束范围$\square[(n-k \leqslant y_1 \leqslant n) \wedge (1 \leqslant y_2 \leqslant k+1)]$的全局不变性。

有些不变性并不是在所有控制位置都一直成立,而是当程序访问某个特殊位置或某些特定事件发生时成立。该属性的一般形式为$\square(\lambda \rightarrow q)$,其中 q 是一个数据断言,λ 是一个控制断言(即控制位置)。该属性称为**局部不变性**,表示一旦 λ 成立,则 q 成立。

$$\mathbf{in}\quad k,n\quad : \mathbf{integer\ where}\ 0 \leqslant k \leqslant n$$
$$\mathbf{local}\ y_1,y_2,r: \mathbf{integer\ where}\ y_1=n,\ y_2=1,\ r=1$$
$$\mathbf{out}\quad b\quad : \mathbf{integer\ where}\ b=1$$

$$P_1 :: \begin{bmatrix} \mathbf{local}\ t_1: \mathbf{integer} \\ \ell_0: \mathbf{while}\ y_1 > (n-k)\ \mathbf{do} \\ \begin{bmatrix} \ell_1: \mathbf{request}(r) \\ \ell_2: t_1 := b \cdot y_1 \\ \ell_3: b := t_1 \\ \ell_4: \mathbf{release}(r) \\ \ell_5: y_1 := y_1 - 1 \end{bmatrix} \end{bmatrix} : \hat{\ell}_0$$

$$\|$$

$$P_2 :: \begin{bmatrix} \mathbf{local}\ t_2: \mathbf{integer} \\ m_0: \mathbf{while}\ y_2 \leqslant (n-k)\ \mathbf{do} \\ \begin{bmatrix} m_1: \mathbf{await}(y_1+y_2) \leqslant n \\ m_2: \mathbf{request}(r) \\ m_3: t_2 := b\ \mathbf{div}\ y_2 \\ m_4: b := t_2 \\ m_5: \mathbf{release}(r) \\ m_6: y_2 := y_2 + 1 \end{bmatrix} \end{bmatrix} : \hat{m}_0$$

图 4.2　程序 BINOM(含保护区)

4.3.2　部分正确性

假设有一个计算程序 P,它的任务是计算某个函数,并预计会终止。此类程序的规约包括断言 q(称为后置条件),它仅引用数据变量,并将输出变量的值与输入变量的值关联。后置条件 q 表示程序终止时的最终状态。例如,一个输入变量为 x、输出变量为 z、计算函数为 f 的程序的典型的后置条件是 $q:z=f(x)$。又如,一个对输出求平方根的程序的后置条件为 $z=\sqrt{x}$。

q 的**部分正确性**指 P 的每次终止计算都以 q-状态结束。这是一个典型的安全性(局部不变性)。注意,部分正确性并不保证终止性。q 的部分正确性可由安全性公式 $\Box(after\_P \rightarrow q)$ 表示。该公式表示如果程序 P 到达终止位置,则该位置的状态满足 q。这是一个安全性公式。

有时,这种计算类程序的规约除了包含后置条件 q 外,还包含一个前置条件 p。前置条件是指程序正确的初始状态。例如,求根(root-extracting)程序的前置条件为 $p:x \geqslant 0$。然而,在给出的程序中,前置条件 p 通常在输入变量的声明部分断言,这意味着仅考虑第一个状态满足 p 的计算。因此不将 p 作为规约的一部分,而是作为程序的初始条件。对于一个程序,p 不是该程序的一部分,相对于 $\{p,q\}$ 的部分正确性可表示为 $p \rightarrow \Box(after\_P \rightarrow q)$。

【例 4-8】(二项式系数)

例如,图 4.2 中的程序 BINOM 的部分正确性可由安全公式 $\Box\left[(at\_\hat{\ell}_0 \wedge at\_\hat{m}_0) \rightarrow \left(b = \binom{n}{k}\right)\right]$ 表示。注意,$at\_\hat{\ell}_0 \wedge at\_\hat{m}_0$ 是程序 BINOM 终止时控制位置的合取,因此该公式也可写为 $\Box\left(after\_P \rightarrow b = \binom{n}{k}\right)$。

4.3.3 无死锁性

无死锁性是一种重要的安全性。在终止状态时，所有勤勉转换都不是使能的，即除了空转换 τ_I，所有转换都不是使能的。一旦终止状态在计算的位置 j 出现，所有 j 之后位置的状态与 s_j 相等，因为 j 之后唯一能被执行的转换为 τ_I。终止状态的出现代表终止情形，即完整的程序已经被执行；也可以表示一种死锁情形，在这种情况下，控制位于程序中间，程序的任何部分都不能继续执行。死锁情形通常被认为是程序执行的一个错误，因此希望明确规定它永远不会发生。

为了保证一个预期终止的程序不会死锁，要求如下安全性：计算中唯一的终端状态是终止状态。可由安全公式 $\square(terminal \rightarrow after\_P)$ 表示。

在非终止程序的上下文中，不需要为终止设置例外。所有的终端状态都被认为是有害的。公式 $\square \neg terminal$ 排除了非终止程序的所有计算中的死锁。

4.3.4 局部无死锁性

当研究一个特定的程序并希望确定它无死锁时，可以立即确定死锁明显不会发生的位置。例如，任何无条件赋值总能可以执行的，因此它不能成为导致程序死锁的语句。可以将注意力集中在具有非平凡使能条件的语句上。

1.5 节定义，对于语句 S，使能条件 $enabled(S)$ 表示一个与 S 相关的转换能够被执行。

对于一个特定程序 P，考虑构成死锁位置的成对并行语句 $\ell_1: S_1, \cdots, \ell_m: S_m$。集合 $\{[\ell_1], \cdots, [\ell_m]\}$ 是某个计算状态上 π 的可能取值。与一组位置相关的局部无死锁性表明，程序在特定的一组位置不可能出现死锁。可由公式 $\bigwedge\limits_{i=1}^{m} at\_S_i \Rightarrow \bigvee\limits_{i=1}^{m} enabled(S_i)$ 表示。

【例 4-9】（生产者-消费者问题）

考虑图 4.3（或图 1.12）中的程序 PROD-CONS。只有当两个进程都在请求语句之前时，

$$
\begin{aligned}
&\textbf{local } r, ne, nf: \textbf{integer where } r{=}1, ne{=}N, nf{=}0 \\
&\quad b \qquad : \textbf{list of integer where } b{=}\Lambda
\end{aligned}
$$

$$
Prod :: \left[
\begin{array}{l}
\textbf{local } x: \textbf{integer} \\
\ell_0: \textbf{loop forever do} \\
\quad \left[
\begin{array}{l}
\ell_1: \textbf{compute } x \\
\ell_2: \textbf{request}(ne) \\
\ell_3: \textbf{request}(r) \\
\ell_4: b := b \cdot x \\
\ell_5: \textbf{release}(r) \\
\ell_6: \textbf{release}(nf)
\end{array}
\right]
\end{array}
\right]
$$

$$
\|
$$

$$
Cons :: \left[
\begin{array}{l}
\textbf{local } y: \textbf{integer} \\
m_0: \textbf{loop forever do} \\
\quad \left[
\begin{array}{l}
m_1: \textbf{request}(nf) \\
m_2: \textbf{request}(r) \\
m_3: (y, b) := (hd(b), tl(b)) \\
m_4: \textbf{release}(r) \\
m_5: \textbf{release}(ne) \\
m_6: \textbf{use } y
\end{array}
\right]
\end{array}
\right]
$$

图 4.3　程序 PROD-CONS（生产者-消费者问题）

才会发生死锁，因为程序中控制到达的所有其他语句总是使能的。并行请求语句对只有四种组合：(ℓ_2, m_1)，(ℓ_2, m_2)，(ℓ_3, m_1)，(ℓ_3, m_2)。公式$[at_\ell_2 \wedge at_m_1] \Rightarrow [(ne>0) \vee (nf>0)]$表明在$(\ell_2, m_1)$处死锁是不可能的。如果对其他三种组合列出类似需求，则满足这 4 个需求就可以保证程序永远不会死锁。

4.3.5 容错性

在许多编程语言中，某些事故被认为是错误或异常，如除数为 0 和引用下标越界。行为良好的程序应该具有的一个重要属性是保证在执行过程中不会发生错误。为了使用规约语言描述这个属性，应确保程序中的每条语句都不会引起错误。对于程序中的每条语句 S，能够构造一个正则条件 R_S，它保证与语句相关转换的执行不产生错误。因此，如果 S 包含除法，则正则条件包含除数非 0 或不能过小的子句（以避免算术溢出）。如果语句包含数组的引用，则正则条件意味着下标表达式在声明的范围内。

例如，考虑语句 $S: A[j] := \sqrt{x}/B[i]$，A 和 B 均为下标从 0～10 的数组，S 的正则条件为 $R_S: (0 \leqslant j \leqslant 10) \wedge (0 \leqslant i \leqslant 10) \wedge (x \geqslant 0) \wedge (B[i] \neq 0)$，此处忽略了由算术溢出或下溢引起的错误。

如果 S 是一个 when 分组语句，即 S：< **when** c **do** $\widetilde{S}$ >，则 $R_S: R_c \wedge (c \rightarrow R_{\widetilde{S}})$，其中 R_c 是计算布尔表达式 c 的正则条件。因为 S 在计算 c 时可能出错，而合取 R_c 排除了这种可能性。如果没有错误，并且发现 c 为假，则不执行 $\widetilde{S}$。当 $\widetilde{S}$ 被执行时，可以假设 c 为真。因此，语句 S < **when** $i=1$ **do** $A[j] := (\sqrt{x}/B[i])$>的正则条件为$(i=1) \rightarrow [(0 \leqslant j \leqslant 10) \wedge (x \geqslant 0) \wedge (B[i] \neq 0)]$。语句 S 不会发生错误的断言可表示为$\square(at_S \rightarrow R_S)$。该局部不变性表示只要是语句 S 达到的位置，正则条件 R_S 就成立。

【例 4-10】（二项式系数）

考虑图 4.2 中的程序 BINOM。为确保语句 $m_3: t_2 := b$ **div** y_2 执行无误，要求$\square[at_m_3 \rightarrow [(y_2 \neq 0) \wedge (b \bmod y_2 = 0)]]$。第一个合取条件保证除数不为 0。第二个合取条件 $b \bmod y_2 = 0$ 给出了与错误无关但对程序的正确性是必要的附加信息。它声明在进行除法时，可以保证没有余数。

4.3.6 互斥性

考虑一个包含进程 P_1 和 P_2 的程序 P。假设每个进程包含一个临界区，分别表示为 C_1 和 C_2。与临界区相关的需求称为互斥性，即 P_1 和 P_2 不能同时进入临界区。程序的互斥性可表示为$\square \neg(in_C_1 \wedge in_C_2)$。$in\_C_i$ 被定义为某些 S 的 at_S，S 是 C_i 的子语句。

【例 4-11】（二项式系数）

考虑图 4.2 的程序 BINOM。该程序通过信号量 r 确保独占共享变量 b。公式$\square \neg(at\ \ell_{2..4} \wedge at_m_{3..5})$表明，由信号量保护的两个区域永远不会同时被占用。临界区表示为 $C_1 = \ell_{2..4}$ 和 $C_2 = m_{3..5}$。因此，in_C_1 和 in_C_2 分别等价于 $at\_l_{2..4}$ 和 $at\_m_{3..5}$。注意，request 语句 ℓ_1 和 m_2 不属于临界区，而 release 语句ℓ_4 和 m_5 属于临界区。

4.3.7 通信事件的不变性

考虑一个计算并打印通道 γ 的所有素数的程序。即当程序有一个素数 p 被打印，就会

执行操作 $\gamma \Leftarrow p$。打印语句将出现在程序的不同部分。该程序是非终止程序的一个例子，不能使用类似部分正确性的符号描述属性。

时序逻辑提供了一种方法，通过该方法可以指定这类程序所需的行为。满足安全性的需求是：只有素数才被打印出来。这可以表示为$\mathcal{P}_1$：$[\gamma \Leftarrow v] \Rightarrow prime(v)$。该公式表明，事件$[\gamma \Leftarrow v]$发生时，即一个新的变量 v 被添加到打印文件 γ 中，该变量一定是素数。注意，v 并不是一个程序变量（即它并不出现在程序中），而是一个辅助的规约变量。包含自由变量的公式的有效性定义表示该公式适用于变量的每个值。因此，该规约取得的效果相当于变量 v 被全称量化的公式。

4.4　安全性例子：过去不变性

4.3 节考虑的安全性可以用一般形式的公式 $p \rightarrow \Box q$ 或$\Box q$ 表示，其中 p、q 为状态公式，这意味着它们只能说明状态属性的不变性。

本节考虑 q 是过去公式的情况。通常，与过去相关的安全性描述了某些事件或情况之间的优先关系，讨论几个这样的属性。在讨论优先性时，如果 $i \leqslant j$，称位置 i（弱）优先于位置 j；如果 $i < j$，称 i 严格优先于 j。

4.4.1　单调性

再次考虑 4.3.7 节中的非终止打印素数程序的规约。到目前为止，已描述了仅包含素数的输出。但仍然允许相同的素数在输出时出现多次的情况，可通过要求以严格递增的方式打印素数来避免。该要求可通过安全性公式$\mathcal{P}_2$：$([\gamma \Leftarrow m] \wedge \hat{\diamondminus}[\gamma \Leftarrow m']) \Rightarrow (m' < m)$表示。该公式表示，如果素数 m 在位置 j 被打印并且 m'在严格优先于 j 的位置已被打印，则 $m' < m$。注意，为了使 m 不与自身比较，使用严格算子$\hat{\diamondminus}$。公式$\mathcal{P}_2$的有效性包含严格规约变量 m 和 m'，对量词公式 $\forall m, m'$：$([\gamma \Leftarrow m] \wedge \hat{\diamondminus}[\gamma \Leftarrow m']) \Rightarrow (m' < m)$的有效性也提出了同样的要求。

4.4.2　缺乏主动响应

考虑一个实现缓冲区的系统，如图 4.4 所示。

图 4.4　一个实现缓冲区的系统

它有一个输入通道 α 和一个输出通道 β。该系统收集从通道 α 接收的消息并传送到通道β。为简单起见，假设所有到达通道 α 的消息是不同的。系统的一个重要的安全性是每个发往通道 β 的消息一定是通道 α 之前接收到的消息。换句话说，系统不会编造虚假消息。该属性可用安全性公式$[\beta \Leftarrow m] \Rightarrow \diamondminus[\alpha \Rightarrow m]$表示。该公式表示，在通道 β 上传送消息 m 到任何位置之前都有一个从通道 α 读取相同消息 m 的位置。

为了支持规约的组合，只需使用同一类型的传输事件（如发送事件）表示消息传递系统的规约。当遵从这个约定时，前面的属性可以重新表述为每个在通道 β 上传送的消息之前一定在通道 α 上传送过，这种缺乏主动响应性的公式表示为 ψ_{aur}：$[\beta \Leftarrow m] \Rightarrow \diamondminus[\alpha \Leftarrow m]$。在规约含义方面，该简化并没有引起很大的变化。如果 α 是同步通道，那么事件$[\alpha \Leftarrow m]$和

$[\alpha \Leftarrow m]$重合且两种形式是等价的。如果 α 是异步通道，则有一个隐含的假设，即实现缓冲的程序将最终读取通道 α 发送给它的所有消息。在大多数情况下都遵循这个假设。描述缺乏主动响应性的另外一种等价公式是 φ_{aur}：$(\neg[\beta \Leftarrow m])\mathcal{W}[\alpha \Leftarrow m]$。该公式表示消息 m 出现在通道 α 优先于出现在通道 β 上。它表明从计算开始时扫描事件列表，遇到 m 在通道 α 上的输出之前不能遇到 m 在通道 β 上的输出。

4.4.3　无重复输出

因为假设所有输入消息是不同的，所以希望输出消息也是不同的。这种无重复输出的需求可表示为 ψ_{nod}：$[\beta \Leftarrow m] \Rightarrow \widehat{\boxminus}\neg[\beta \Leftarrow m]$，表明消息 m 在通道 β 上传送之前，不允许同一消息 m 在通道 β 上已经传送。这个属性也可以由将来公式 φ_{nod}：$[\beta \Leftarrow m] \Rightarrow \widehat{\Box}\neg[\beta \Leftarrow m]$表示。需求$[\gamma \Leftarrow m] \Rightarrow \widehat{\boxminus}\neg[\gamma \Leftarrow m]$可作为打印素数程序的部分规约，要求没有素数被打印两次。

4.4.4　先进先出

再次考虑图 4.4 中的缓冲系统，要求消息在通道 β 上传送的顺序与在通道 α 上传送的顺序相同。该属性更复杂，因为它涉及 4 个事件，即消息 m 和 m' 在通道 β 和通道 α 的传送。需求可以表示为 ψ_{fifo}：$([\beta \Leftarrow m'] \land \widehat{\diamondminus}[\beta \Leftarrow m]) \Rightarrow \diamondminus([\alpha \Leftarrow m'] \land \widehat{\diamondminus}[\alpha \Leftarrow m])$。该公式表示，如果 m' 在 t'_β 被发送到通道 β，m 在 t_β 发送到 β 且 $t_\beta < t'_\beta$，则存在 t_α 和 t'_α，且 $t_\alpha < t'_\alpha \leqslant t'_\beta$，使得 m' 在 t'_α 被发送到通道 α，m 在 t_α 被发送到通道 α。注意，通过取 $m = m'$ 可以发现，只有 m 在 α 上发送两次，m 才能在 β 上发送两次。由于假设输入消息是不同的，因此意味着无重复输出的属性是独立指定的。

仅使用将来算子的替代公式可表示为 φ_{fifo}：$((\neg[\beta \Leftarrow m'])\mathcal{U}[\beta \Leftarrow m]) \rightarrow ((\neg[\alpha \Leftarrow m'])\mathcal{W}[\alpha \Leftarrow m])$。该公式表示，如果 m 在 β 上的传送优先于 m' 在 β 上的传送，则 m 在 α 上的传送优先于 m' 在 α 上的传送。公式左侧的 until 算子确保描述的属性是安全性。用 unless 算子替换 until 算子能够产生一个不描述安全性的公式。

将来公式 φ_{fifo} 不等价于公式 ψ_{fifo}。例如，一个计算包含事件$[\beta \Leftarrow m]$和事件$[\beta \Leftarrow m']$，但不包含 α 上的任何事件，它满足公式 φ_{fifo}，但不满足 ψ_{fifo}。将来公式并不意味着没有主动响应，而在某些情况下，ψ_{fifo} 意味着不存在主动响应。然而，如果考虑缓冲系统的完整规约及 4.5 节介绍的响应公式，则 φ_{fifo} 和 ψ_{fifo} 在完整规约的背景下可以互换。

问题 4.3 比较缓冲系统的不同风格的规约并证明它们是等价的。

4.4.5　严格优先性

考虑一个包含两个进程的程序，要求进程互斥进入它们的临界区。程序如图 4.5 所示。

在图 4.5 中，程序的每个进程 $P_i(i=1,2)$都包含一个无限循环，循环体包含 N_i、T_i 和 C_i 三部分。在非临界区 N_i，进程执行非临界操作，它不需要与其他进程保持协调。在尝试区 T_i，进程欲进入临界区，且应遵守协调其与另一个进程进入临界区的协议。在临界区 C_i，进程执行一个临界行为，该临界行为在任意给定时间仅由一个进程单独执行。

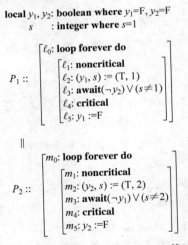

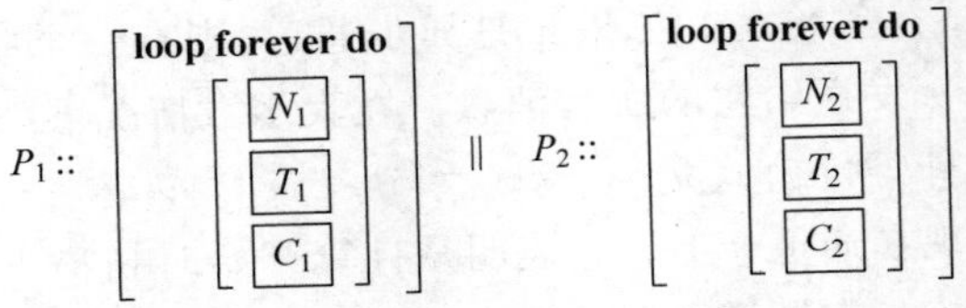

图 4.5　互斥程序的示意图

尝试区包含协调两个进程的代码。进入尝试区表示相应的进程将要进入临界区。最简单的方式是通过信号量实现协调,尝试区包含一个单一的 request 语句。

可以根据进入临界区的顺序来表示严格优先性,严格优先性规定: 如果 P_1 在尝试区 T_1 并且优先于 P_2,则 P_1 将优先于 P_2 进入临界区。可以将 P_1 优先于 P_2 解释为 P_1 已处于尝试区 T_1 而 P_2 仍处于 N_2 的情形。根据该解释,严格优先性要求: 如果 P_1 已处于尝试区 T_1,而 P_2 仍处于 N_2,则 P_1 将优先于 P_2 进入临界区。可表示为$[in_T_1 \wedge in_N_2] \Rightarrow (\neg in_C_2)\mathcal{W} in_C_1$。对 P_2 提出了对称需求,它等价于 $in\_C_2 \Rightarrow (\neg(in\_T_1 \wedge in\_N_2))\mathcal{B} in\_C_1$。该公式表示,如果 P_2 当前处于临界区 C_2,则 P_1 自上次访问 C_1 后不再优先于 P_2。

【例 4-12】　(实现互斥的 Peterson 算法)

考虑图 4.6 的程序 MUX-PET1。每个进程都使用布尔变量 y_1 和 y_2 来指示其他将要进入临界区的进程。因此,在离开非临界区时,进程 P_i 将其变量 y_i $(i=1,2)$设置为 T,表示将要进入临界区。类似地,当退出临界区时,进程 P_i 重置 y_i 为 F。当两个进程同时想进入临界区时,用变量 s 来解决两个进程之间的限制。

```
local y1, y2: boolean where y1=F, y2=F
      s     : integer where s=1

P1 :: [ ℓ0: loop forever do
         [ ℓ1: noncritical
           ℓ2: (y1, s) := (T, 1)
           ℓ3: await(¬y2) ∨ (s≠1)
           ℓ4: critical
           ℓ5: y1 :=F ] ]

‖

P2 :: [ m0: loop forever do
         [ m1: noncritical
           m2: (y2, s) := (T, 2)
           m3: await(¬y1) ∨ (s≠2)
           m4: critical
           m5: y2 :=F ] ]
```

图 4.6　程序 MUX-PET1(Peterson 算法)

在这个程序中,N_1 和 N_2 分别对应$\ell_{1,2}$和 $m_{1,2}$,T_1 和 T_2 分别对应ℓ_3和 m_3,C_1 和 C_2 分别对应$\ell_{4,5}$和 $m_{4,5}$。位置ℓ_2和 m_2 被视为非临界区的一部分,而不是尝试区的一部分。因为尽管在位置ℓ_2反映了 P_1 退出非临界区的内部决定,但它并未公开意图,仅在设置 y_1 为 T 和 s 为 1 后的位置ℓ_3时,对其他进程而言这个决定是可观察到的。类似地,将ℓ_5和 m_5 视为临界区的一部分。因为它仅在位置ℓ_5和 m_5 处设置 y_1 和 y_2 为 F 后,才使退出临界区的决定对其他进程来说是可观察到的。严格优先性可表示为$[at_\ell_3 \wedge at_m_{1,2}] \Rightarrow (\neg at_m_{4,5})\mathcal{W} at_\ell_{4,5}$。若 P_2 位于 m_3 而 P_1 位于ℓ_1或ℓ_2,也有类似的表示严格优先性的公式。

4.4.6 有界超越

严格优先性并不能提供所有问题的答案。例如，可以知道在 $in\_T_1 \wedge in\_N_2$ 或 $in\_N_1 \wedge in\_T_2$ 的情况下哪个进程将首先进入临界区，但不知道在 $in\_T_1 \wedge in\_T_2$ 情况下进程的优先性。

在某些情况下，与其精确识别每种情况下谁拥有优先权，不如提供一个超越次数的上界。超越意味着一个进程优先于其他进程进入临界区。例如，对于一个普通的互斥程序，能够证明 1-**界超越**(1-bounded overtaking)的属性，即从 P_1 到达 T_1 开始，P_2 能够优先于(超越)P_1 进入临界区至多一次。原则上，该方法不必确定优先权的持有进程。如果 P_1 在 T_1，则 P_1 已有优先权并第一个进入临界区，或者 P_1 将在 P_2 下一次退出临界区后重获优先权。

严格优先性意味着 1-界超越。因为如果 P_1 在 T_1 处等待而 P_2 在访问 C_2，则为了再次访问 C_2，P_2 需要先访问 N_2，此时出现了 $in\_T_1 \wedge in\_N_2$ 的情形，这个时候 P_1 有优先性。

通常，k-**界超越**属性表明从 P_1 到达 T_1 开始，P_2 能够优先于(超越)P_1 进入临界区至多 k 次。为表示有限次超越，可以使用一个形如 $p \Rightarrow q_1 \mathcal{W} q_2 \mathcal{W} \cdots q_n \mathcal{W} r$ 的嵌套 unless 公式，该公式的解释可通过关联右侧 $p \Rightarrow q_1 \mathcal{W}(q_2 \mathcal{W} \cdots (q_n \mathcal{W} r) \cdots))$ 获得。该嵌套 unless 公式确保每个 p 之后是一个连续区间 q_1，然后是一个连续区间 q_2，…，然后是一个可能以 r 结尾的连续区间 q_n。然而，由于 $p \mathcal{W} q$ 可通过满足 q 而被满足，因此任何一个区间都可能为空。另外，根据 unless 算子的定义，任何区间(如 q_m-区间)都可能扩展到无穷，在这种情况下，$q_{m+1}, \cdots, q_n$ 的区间均为空且不需要出现 r。

1-**界超越**的属性表示为 $in\_T_1 \Rightarrow (\neg in\_C_2) \mathcal{W} (in\_C_2) \mathcal{W} (\neg in\_C_2) \mathcal{W} (in\_C_1)$。该公式表示，如果当前 P_1 在 T_1 中，那么会有一个 P_2 不在 C_2 的区间，接着是一个 P_2 在 C_2 的区间，接着是一个 P_2 不在 C_2 的区间，然后 P_1 进入 C_1。所有区间均可能为空，特别是 P_2 处于 C_2 的区间，即 P_2 不进入临界区 C_2 时也允许 P_1 进入临界区 C_1。所有区间均可能是无穷大的，这种情况下不能保证后面的所有区间和 P_1 进入 C_1。公式的含义可以总结为：从 P_1 进入 T_1 开始，最坏情况下，P_2 优先于 P_1 访问临界区至多一次。注意，一个进程在临界区持续停留是对临界区的一次访问。这个属性的另一种形式基于这样的事实：一旦 P_1 处在 T_1，唯一退出 T_1 的方式是进入 C_1。根据这个假设，能够用公式 F1：$in\_T_1 \Rightarrow (\neg in\_C_2) \mathcal{W} (in\_C_2) \mathcal{W} (\neg in\_C_2) \mathcal{W} (\neg in\_T_1)$ 描述 P_1 的 1-界超越属性。

已经说明嵌套 unless 公式是一个安全公式。可以将一个嵌套 unless 公式直接转化为一个嵌套退回(back-to)公式。嵌套退回公式的一般形式为 $p \Rightarrow q_1 \mathcal{B} q_2 \mathcal{B} \cdots q_n \mathcal{B} r$，该公式表示每个 p-位置前面都有一个 q_1-区间，q_1-区间前面有一个 q_2-区间，直到一个可能终止于 r-位置的 q_n-区间。任何区间都可能为空。同样存在 $m(1 \leqslant m \leqslant n) q_m$-区间可以一直延伸至位置 0，这种情况下，区间 $q_{m+1}, \cdots, q_n$ 均为空且 r 不需要出现。嵌套 unless 公式与嵌套退回公式的转换可由等价式 $p_0 \Rightarrow p_1 \mathcal{W} p_2 \mathcal{W} \cdots p_n \mathcal{W} r \sim \neg p_n \Rightarrow p_{n-1} \mathcal{B} p_{n-2} \mathcal{B} \cdots p_1 \mathcal{B} (\neg p_0) \mathcal{B} r$ 推出。

问题 4.4 将证明这个等价式。

将这个等价式用于公式 F1，得到 P1：$in\_C_2 \Rightarrow (in\_C_2) \mathcal{B} (\neg in\_C_2) \mathcal{B} (\neg in\_T_1) \mathcal{B} (\neg in\_T_1)$。该公式可通过 $q \mathcal{B} q \approx q$ 进一步简化，得到 1-界超越属性的嵌套退回公式 $in\_C_2 \Rightarrow (in\_$

$C_2)\mathcal{B}(\neg in\_C_2)\mathcal{B}(\neg in\_T_1)$。该公式更清晰、直观地表示 1-界超越。如果 P_2 处于 C_2，则先前 P_2 对 C_2 的访问独立于当前 P_1 不在尝试区 T_1 等待时 P_2 对 C_2 的访问。换句话说，P_1 一直处于尝试区 T_1 等待时，P_2 不能先后访问 C_2 两次。

4.5 进展性例子：从保证性到反应性

在一个完整的规约中，进展性与安全性互补并作为附加的需求出现。属于进展性类$\mathcal{K}$的公式 φ 等价于合取 $\varphi_S \wedge \varphi_L$，其中 φ_S 是一个安全公式，φ_L 是一个$\mathcal{K}$类的活性公式，即活性-k 公式。一个好的方法是将 φ_S 作为安全性需求，将 φ_L 作为$\mathcal{K}$类的补充需求。因此所描述的大多数进展性都是活性，遵循的方法是在规约中尽可能多地使用安全性描述，而尽量少使用进展性描述。因为安全性比其他类属性更容易验证。

进展性和安全性共同构成一个完整的规约。大多数情况下，所有安全性能被什么都不做的程序满足。以缓冲系统为例，若程序不输出任何消息到通道 β，那么所有安全性需求都是可满足的。因此，进展性的作用之一是确保安全性不被什么都不做的程序实现。

本节将举例说明从保证性到反应性的几个进展性例子，并指出与它们互补的安全性。

4.5.1 终止性和完全正确性

再次考虑完成计算任务的程序 P，程序的终止性是典型的进展性，表示所有计算正常终止。该属性可以用(活性-)保证性公式$\Diamond after_P$ 表示。

如果对于后置条件 q 的部分正确性和终止性均得到保证，就可以得到对于 q 的完全正确性。该属性表示每个 P 的计算终止于一个 q-状态。完全正确性可表示为安全性公式$\Box(after_P \rightarrow q)$和保证性公式$\Diamond after_P$ 的合取。另外，可通过单个保证性公式$\Diamond(after_P \wedge q)$表示完全正确性。例如，求二项式系数的程序 BINOM(见如图 4.2)的完全正确性可表示为$\Diamond\left[(at_\hat{\ell}_0 \wedge at_\hat{m}_0) \wedge \left(b=\binom{n}{k}\right)\right]$。

很多情况下，选择将安全性和保证性表示为不同的公式或者将安全性部分融入保证性部分。此处采取的策略是使属性分开，因为这允许一个渐进的验证过程，并不需要在每个阶段都证明一个太大的公式。

4.5.2 保证性事件

再次考虑计算和打印所有素数序列的程序，已经描述了该程序的两个安全性。第一个是所有被打印的数是素数。第二个是所有被打印的素数是单调增加的。不打印任何数的程序很容易满足这两个属性。因此，强制程序打印所有素数的进展性需求是必需的。

可以用保证性公式$\mathcal{P}_3$：$prime(u) \rightarrow \Diamond[r \Leftarrow u]$表示如果 u 是素数，则存在一个瞬间使 u 被打印，即每一个素数最终都会被打印。将属性$\mathcal{P}_1$和$\mathcal{P}_2$放在一起，形成打印素数程序的一个完整规约。

4.5.3 间歇断言

4.4 节考虑了局部不变性的属性表示。对于数据断言 q 和位置ℓ，局部不变性$\Box(at_$

$\ell \to q$)表示一旦ℓ被访问，则 q 成立。该属性不保证ℓ曾经被访问过。这里考虑的属性将数据断言与位置关联。例如，它可将 q_1 和ℓ_1及 q_2 和ℓ_2关联。然而，它不表示不变性，而是表示确保进展的属性。该属性的一般形式为$\diamond(at_\ell_1 \wedge q_1) \to \diamond(at_\ell_2 \wedge q_2)$，该公式表示如果一个计算包含执行访问$\ell_1$且 q_1 成立的状态，那么它也包含执行访问ℓ_2且 q_2 成立的状态。由于并不保证 q_2 在访问ℓ_2时均成立，因此这种属性被称为间歇断言性。显然，表示该属性的公式是一个义务公式。注意，访问ℓ_2不需要在访问ℓ_1之后，访问ℓ_2可以优先于访问ℓ_1。

【例 4-13】（节点计数）

考虑如图 4.7 所示的程序 NODE-COUNT。该程序的输入为二叉树 X 且该程序计算 X 包含的节点数。使用变量 T 遍历树，使用变量 S 遍历树的列表。整型变量 C 包含到目前为止考虑的节点数。

```
in    X: tree
out   C: integer where C=0
local S: list of tree where S=⟨X⟩
      T: tree

ℓ0: while S≠Λ do
   [ ℓ1: (T, S) := (hd(S), tl(S))
     ℓ2: if ¬empty(T)
           then [ ℓ3: C := C+1
                  ℓ4: S := left(T) • (right(T) • S) ] ]
```

图 4.7　程序 NODE-COUNT（节点计数）

设函数 $left(T)$和 $right(T)$分别为树 T 的左子树和右子树。如果树 T 是非空的但没有左子树或右子树，则相应的 $left(T)$或 $right(T)$返回一个空树。谓词 $empty(T)$是有效的，它判断树是否为空。

函数 $hd(S)$和 $tl(S)$分别产生 S 的第一个元素和 S 减去第一个元素后的列表。用连接算子 $T \cdot S$ 表示将 T 的元素添加到 S 的头部，Λ 表示空列表。

在循环的任意迭代中，变量 S 包含 X 未被计数的子树列表，因此可将 S 看作一个堆栈，S 的初始值是一个包含单个元素的列表，即树 X。每次迭代从堆栈 S 移除一棵子树 T，如果 T 是空子树，则继续检测堆栈的下一颗子树；如果 T 为非空的，则程序对 C 的值加 1 并将 T 的左子树和右子树压入堆栈。当堆栈为空时，程序终止。

用符号$|T|$表示树 T 的节点数，则程序 NODE-COUNT 的完全正确性可表示为$\diamond[after_P \wedge (C=|X|)]$。可以用形式为 $at\_\ell_0 \Rightarrow \left[\left(C+\sum_{t\in S}|t|\right)=|X|\right]$ 的局部不变性来证明该属性。该不变性表示当程序位于ℓ_0时，C 的当前值加包含在 S 中树的节点数目（即尚未计算的子树中的节点数）等于输入树 X 的节点数。

证明程序正确性的另一种方法可以基于间歇断言语句$\diamond[at_\ell_0 \wedge (S=t\cdot s) \wedge (C=c)] \to \diamond[at_\ell_0 \wedge (S=s) \wedge (C=c+|t|)]$。其中 t、s 和 c 是严格规约变量，S 和 C 是灵活程序变量。该公式表示如果非空列表 S 到达位置ℓ_0，则可以确保 S 第二次到达ℓ_0。在 S 第二次到达ℓ_0时，栈顶元素 t 将被移除，并且 C 的值增加了树 t 的节点数。

4.5.4　无个体饥荒和无活锁

无死锁性是安全性。根据定义，死锁指程序中没有组件能够继续执行的情况。一个程序可能无死锁，但有一个特殊的进程固定在位置ℓ，这种情形称为在位置ℓ处**个体饥荒**(individual starvation)或**活锁**(livelock)。

为了说明程序在位置ℓ处无个体饥荒，可通过响应公式$\Box\Diamond\neg at_\ell$表示系统不会永远停留在位置ℓ，因此当前在ℓ等待的进程最终必须取得进展。该公式的等价形式为$at_\ell \Rightarrow \Diamond\neg at_\ell$，表示无论何时执行$\ell$，它最终都会超越$\ell$。

无活锁性表示系统不会永远停留在一个给定位置L。例如，考虑一个包含语句ℓ_1: **while** c **do** ℓ_2: **skip** 的程序。如果c总为真，则程序将在$\{\ell_1, \ell_2\}$范围内无限循环。这不是个体饥荒，因为程序不是停留在单个位置，而是在一个范围内。在位置集L内，无活锁性可由响应公式$\Box\Diamond\neg in_L$或等价的$in_L \Rightarrow \Diamond\neg in_L$表示。

4.5.5 可访问性

考虑两个进程协调进入临界区C_1和C_2的模式(见图4.4)。已经给出了该程序的两个安全性描述。第一个是互斥，即两个进程不能同时进入临界区。第二个是1-界超越，即从P_1进入T_1开始，P_2能够优先于P_1进入临界区至多一次。对于P_1对P_2的1-界超越，也制定了类似的要求。这两种安全性都可以通过使用一个完全不允许从T_1移到C_1或者从T_2移到C_2的程序满足。可通过设置尝试区为语句 **await** F 实现。在这种情况下，没有进程进入临界区，所以不可能出现两个进程同时进入临界区的情形和P_1或P_2超越另一个进程的情形。这说明什么都不做的程序通常满足所有安全性。

只有进展性需求才能防止这种"什么都不做"的实现。这里考虑的进展性是可访问的。该属性保证希望进入临界区的进程终将成功。可访问性可由响应公式$in_T_1 \Rightarrow \Diamond at_C_1$和$in_T_2 \Rightarrow \Diamond at_C_2$表示。第一个公式表示一旦$P_1$进入$T_1$，保证$P_1$最终进入$C_1$。

4.5.6 确保响应

考虑图4.4的例子。已经给出该系统的几个安全性的描述，要求每个被传送的消息必须和先前已经被接收的消息传送顺序一致。

缓冲系统主要的进展性保证所有被输入到通道α上的消息最终被传送到输出通道β上。假设所有输入的消息是不同的，可用响应公式φ_{res}: $[\alpha \preccurlyeq m] \Rightarrow \Diamond[\beta \preccurlyeq m]$表示每个被传送到通道$\alpha$上的输入消息$m$最终将被传送到通道$\beta$上。

4.5.7 最终有界性

再次考虑打印素数的程序。持续性表明被打印的数字的序列最终将被正整数限制，表示为$\Diamond\Box\neg[\gamma \preccurlyeq n]$。该公式的有效性意味着任何整数$n$最多只能打印有限次。这个属性等价于最终有界性的需求。

4.5.8 表示公平性需求

转换τ的弱公平性需求可以用响应公式$\Box\Diamond(\neg enabled(\tau) \vee last_taken(\tau))$表示。转换$\tau$的强公平性需求可以用反应式公式$\Box\Diamond enabled(\tau) \rightarrow \Box\Diamond last_taken(\tau)$表示。

考虑一个公平选择。设$[\ell_1: S_1$ **fair-or** $\ell_2: S_2]$是问题2.12中的公平选择语句，τ_1是S_1之前唯一的转换。关于S_1的公平选择需求是：如果ℓ_1被无穷多次访问，并且所有有穷

多次访问 τ_1 是使能的，则 τ_1 无穷多次被执行。该需求可以用反应式公式 $\Box\Diamond at\_\ell_1 \to \Box\Diamond((at\_\ell_1 \wedge enabled(\tau_1)) \vee last\_taken(\tau_1))$ 表示，即如果 at_ℓ_1 在无穷多个位置成立，那么在在无穷多个位置 at_ℓ_1 成立但 τ_1 非使能，或者 τ_1 是使能的。

4.5.9　最终可靠性

对非可靠系统进行建模和研究时，希望描述一个最终可靠的通道。这个通道可能丢失或曲解提交给它的消息，但不会丢失所有消息。如果发送者是持久的，且不断重新提交相同的消息，直到它的正确发送得到确认，则最终可靠(ER)通道必须最终将消息发送给接收者。可通过如图 4.8 所示的系统模拟这样一个通道。

图 4.8　一个实现 ER 通道的系统

最终可靠性表示一个重复发送的消息最终一定被接收。该属性可以用反应式公式 $\Box\Diamond[\alpha \Leftarrow m] \Rightarrow \Diamond[\beta \Leftarrow m]$ 表示，如果消息 m 发送给 ER 通道的输入端口通道 α 无穷多次，则消息 m 终将发送给 ER 通道的输出端口通道 β 无穷多次。这对计算中的所有位置都适用。该公式等价于 $\Box\Diamond[\alpha \Leftarrow m] \to \Box\Diamond[\beta \Leftarrow m]$，表示如果 m 被提交无穷多次，则它被发送无穷多次。

这些规约提供了概率行为的非量化表示。最终可靠通道的量化表示将一个固定的概率 $\mu(0<\mu<1)$ 分配给通道丢失单个消息的事件。例如，一个程序通过这样的通道不断重发消息，直到预期接收者确认接收到消息，就可以声称消息成功到达的概率为 1。在许多情况下，可以通过最终可靠通道(即满足最终可靠性的通道)上的声明 $\Diamond arr$(arr 表示成功到达的事件)，用行为信道的概率代替最终成功到达的声明。

问题 4.5 将证明一个能被持续性公式表示的简单最终可靠性。

4.6　例子：资源分配

本节考虑一个管理多个进程竞争单个资源的分配系统问题。如图 4.9 所示，该系统包含一个分配器进程 A 和 m 个用户进程 $C_1, \cdots, C_m$。

例如，资源可表示为共享磁盘或打印机。这里仅考虑只有一个不可分资源的最简单的情况。

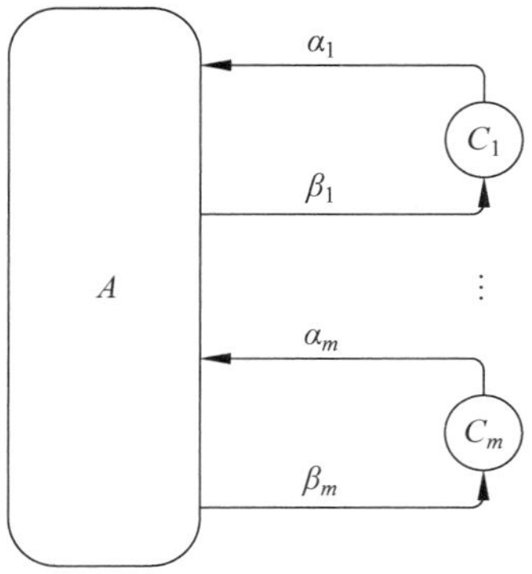

图 4.9　资源分配系统

4.6.1　消息传递方式

用户 C_i 通过两个异步通道与分配器 A 通信。通道 α_i 从 C_i 到 A，通道 β_i 从 A 到 C_i。C_i 和 A 应遵循的协议为：C_i 发送消息 rq(request)到通道 α_i，发出一个申请资源的信号；A 发送消息 gr(grant)到通道 β_i，发出资源已分配给 C_i 的信号；C_i 发送消息 rl(release)到通道 α_i，发出一个释放资源的信号；A 发送消息 ak(acknowledge)到通道 β_i，确认释放并允许 C_i 提交后续请求。

使用以下缩写表示在通道上发送消息的事件：

$$rq_i = [\alpha_i \Leftarrow rq]$$

$$r\ell_i = [\alpha_i \Leftarrow r\ell]$$

$$gr_i = [\beta_i \Leftarrow gr]$$

$$ak_i = [\beta_i \Leftarrow ak]$$

$$c_i = rq_i \vee r\ell_i \vee gr_i \vee ak_i$$

事件 c_i 表示与 C_i 相关的消息被发往通道 α_i 或 β_i。

4.6.2 消息传递方式的安全性

规约的安全性包含如下 3 个需求。

1. 互斥性

该属性表示在任意时刻，资源至多分配给一个用户。引入过去公式 $granted_i = (\neg ak_i)\mathcal{S}(gr_i)$。该公式描述了先前有 gr_i 事件发生并且此后没有 ak_i 事件发生的状态。这意味着在过去的某个时刻已将资源分配给 C_i 且资源未被释放。公式 $granted_i$ 表示资源分配给 C_i 的计算状态。该互斥性可表示为$\square(\bigwedge_{i \neq j} \neg(granted_i \wedge granted_j))$。该公式表示在任何时刻至多有一个 $granted_i$ 为真。

2. 协议一致性

下面 4 个需求公式确保分配器和用户都遵循协议，表示 c_i-事件总是按循环顺序 rq_i、gr_i、$r\ell_i$、ak_i 发生，其中 rq_i 是第一个事件。公式 $\square(rq_i \rightarrow (\neg c_i)\hat{\mathcal{B}}ak_i)$表示先于 rq_i 的最近的 c_i-事件只能是 ak_i。公式$\square(gr_i \rightarrow (\neg c_i)\hat{\mathcal{S}}rq_i)$表示先于 gr_i 的最近的 c_i-事件只能是 rq_i，并且它总是在 gr_i 之前发生。该公式采用 since 算子(不同于先前的 back-to 算子)来确保 rq_i 最终发生。公式$\square r\ell_i \rightarrow (\neg c_i)\hat{\mathcal{S}}gr_i)$表示先于 $r\ell_i$ 的最近的 c_i-事件只能是 gr_i，并且它总是在 $r\ell_i$ 之前发生。公式$\square(ak_i \rightarrow (\neg c_i)\hat{\mathcal{S}}r\ell_i)$表示先于 ak_i 的最近的 c_i-事件只能是 $r\ell_i$ 并且它总是在 ak_i 之前发生。

上述第 1 个需求公式对 rq_i 使用了 back-to 算子，对于其他三个公式，也将 rq_i 识别为任何计算中的第一个 c_i-事件。

采用 unless 算子描述这 4 个需求的等价形式如下：

$$\square((ak_i \vee first) \rightarrow (\neg c_i)\hat{\mathcal{W}}rq_i)$$

$$\square(rq_i \rightarrow (\neg c_i)\hat{\mathcal{W}}gr_i)$$

$$\square(gr_i \rightarrow (\neg c_i)\hat{\mathcal{W}}r\ell_i)$$

$$\square(r\ell_i \rightarrow (\neg c_i)\hat{\mathcal{W}}ak_i)$$

一致性的过去公式和将来公式的差别是很明显的。在过去公式中，为每个事件确定一个唯一可能的前驱。在将来公式中，为每个事件确定一个唯一可能的后继。

3. 有界超越

1-界超越表示从 C_i 提出请求开始，对任意 $j \neq i$，C_j 至多一次优先于 C_i 获得资源。

设公式 $requesting_i = (\neg gr_i)\mathcal{S} rq_i$ 表示 C_i 在等待服务，即已经提出请求但尚未获得资源。对任意 $j \neq i$，C_j 1-界超越 C_i 可表示为 $\Box[(granted_j \wedge requesting_i) \rightarrow (\neg gr_j)\hat{\mathcal{W}} gr_i]$，该公式表示如果 C_i 在等待时 C_j 获得资源，即 C_j 已经优先于 C_i 一次，则 C_i 和 C_j 中下一个获得资源的用户是 C_i，即 C_j 不能连续两次超越 C_i。

4.6.3　消息传递方式的进展性

规约的进展性要求分配器和用户均采取一些重要的措施。所有安全性不仅能够被一个既没有分配器也没有用户发送消息的系统满足，还能被一个用户遵循协议发送消息而分配器从不响应的系统满足。进展性的作用在于排除这些平凡解。所有的进展性需求都属于响应类，确保对特定事件的响应。

1. 响应要求

该属性确保每个申请资源的请求最终被分配，可表示为 $rq_i \Rightarrow \Diamond gr_i$。

2. 资源释放

前面的需求是分配器的义务，以确保良好的服务。但是也需要用户的配合，其中一些协调过程已经在安全性部分提出，主要是遵循协议的需求。对用户的进展性需求是获得资源的用户将最终释放资源。显然，如果 C_i 获得资源并且从不释放资源，那么分配器在不违反互斥需求的情况下，不能保证对其他用户 $C_j(j \neq i)$ 的服务。用户进展的义务表示为 $gr_i \Rightarrow \Diamond r\ell_i$。

3. 响应释放

一个同样重要的分配器义务是保证对释放通知的响应。根据安全性需求，用户不能在前一个释放被确认之前提出新的请求。因此，拒绝分配服务的方式是不确认释放，需求 $r\ell_i \Rightarrow \Diamond ak_i$ 表示这种行为。

前面 3 个进展性可统一成单一的需求。该需求确定一个与 C_i 相关的状态，如果最后一个与 C_i 通信的是事件 ak_i，则称状态是静态的。该需求表示计算访问与每个 C_i 相关的静态状态无穷多次。公式 $\Box\Diamond((\neg c_i)\mathcal{B} ak_i)$ 表示事件 ak_i 出现无穷多次或者最终 ak_i 不再出现且没有更多的 c_i-事件发生。

4.6.4　共享变量方式

从共享变量角度考虑资源分配系统，即分配器和用户的通信基于共享变量而不是消息传送，如图 4.10 所示。

在该形式中，通信通道 α_i 和 β_i 分别被替换为布尔变量 r_i(request)和 g_i(grant)。有向边表示 C_i 能够更改 r_i 但只能读入 g_i，A 能够更改 g_i 但只能读入 r_i。假设布尔变量的初始值均为 F。

参与 C_i 和 A 之间协议的 4 条消息编码如下。

(1) rq_i：标志 C_i 置 r_i 为 T。

(2) gr_i：标志 A 置 g_i 为 T。

(3) $r\ell_i$：标志 C_i 重置 r_i 为 F。

(4) ak_i：标志 A 重置 g_i 为 F。

定义与布尔变量上升和下降相对应的事件。对于布尔变量 b，定义 $b\uparrow = b \wedge \ominus(\neg b)$ 和 $b\downarrow = (\neg b)\wedge \ominus b$。$b$ 上升事件发生在位置 $j>0$，因此在位置 $j-1$ 处 $b=\mathrm{F}$，在位置 j 处 $b=\mathrm{T}$。同样地，如果在位置 $j-1$ 处 $b=\mathrm{T}$，并且在位置 j 处 $b=\mathrm{F}$，则 b 下降事件发生在位置 $j>0$。

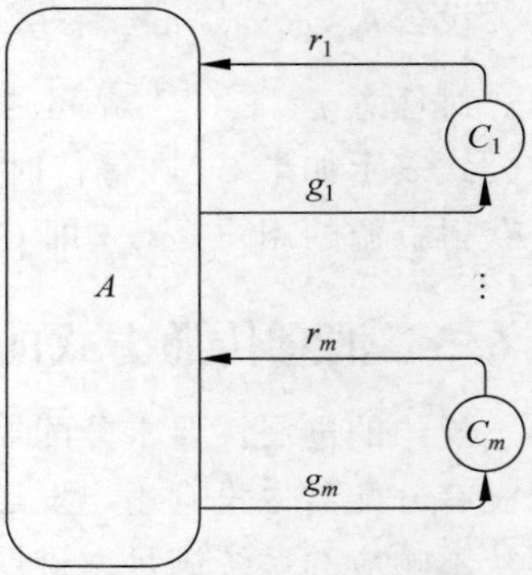

图 4.10 基于共享变量的资源分配系统

根据这些定义，能够直接将消息传送系统中考虑的 rq_i、gr_i、$r\ell_i$ 和 ak_i 转换为两个布尔通信变量 r_i 和 g_i 的上升事件和下降事件，有：

$$rq_i = r_i\uparrow$$
$$gr_i = g_i\uparrow$$
$$r\ell_i = r_i\downarrow$$
$$ak_i = g_i\downarrow$$

有了这种转换，就可以直接用共享变量方式重新解释为消息传递系统给出的规约。虽然对消息传递系统使用面向事件的规约形式比较自然，但对共享变量系统使用面向状态的规约形式更为自然。下面通过面向状态的规约来说明这一点。

4.6.5 共享变量方式的安全性

1. 互斥性

该属性可表示为 $\Box(\Sigma g_i \leqslant 1)$。该公式使用布尔值的算术运算，T 被解释为 1，F 被解释为 0。因此，该公式至多有一个 g_i 为真(等于 1)。

2. 协议一致性

协议的预期行为如图 4.11 所示。该图包含 4 个状态，对应通信变量 r_i 和 g_i 不同的值。状态之间的转换表示可能的变化序列。每个转换都有一个上升事件或下降事件的标签对应变化的变量。

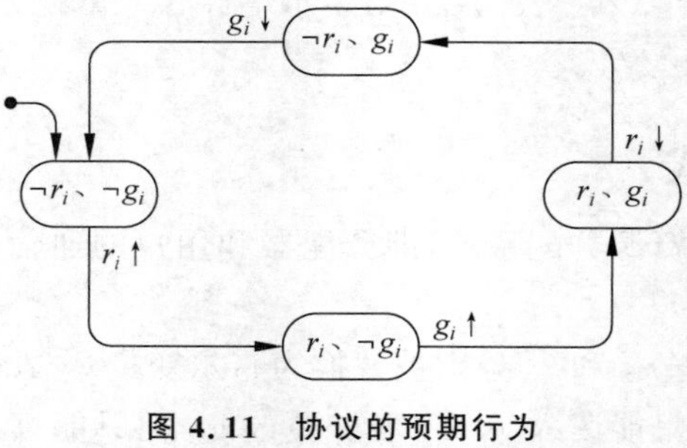

图 4.11 协议的预期行为

以下四个公式描述了协议允许的通信变量值的变化。为了表示状态 $\neg r_i \wedge \neg g_i$ 可允许的下一个变化，采用公式 $(\neg r_i \wedge \neg g_i) \Rightarrow (\neg r_i \wedge \neg g_i)\mathcal{W}(r_i \wedge \neg g_i)$。等价公式为 $\neg g_i \Rightarrow (\neg g_i)\mathcal{W}(r_i \wedge \neg g_i)$。该公式表示从 $g_i = F$ 开始，即资源未分配给 C_i，g_i 将不会变为 T，除非 C_i 先通过置 r_i 为 T 提出请求。这是缺少主动请求响应属性的另一个例子。

问题 4.6 将证明上述两个公式是等价的。

用类似的公式 $r_i \Rightarrow r_i\ \mathcal{W}(r_i \wedge g_i)$ 表示协议规则的规约。该公式表示从 C_i 提出请求开始，请求将一直保持，直到 A 响应才终止。$g_i \Rightarrow g_i\ \mathcal{W}(\neg r_i \wedge g_i)$ 表明，资源不能提前释放，即 A 不能重置 g_i 为 F，直到 C_i 通过置 r_i 为 F 释放资源。$\neg r_i \Rightarrow (\neg r_i)\mathcal{W}(\neg r_i \wedge \neg g_i)$ 表明，从 C_i 释放资源开始，它将不会提出另一个请求，直到 A 通过置 g_i 为 F 以确认释放。

3. 1-界超越

对任意 i、$j(j \neq i)$，有 $r_i \Rightarrow (\neg g_j)\mathcal{W} g_j\ \mathcal{W}(\neg g_j)\mathcal{W} g_i$。该公式表示从 C_i 提出请求开始，C_j 至多一次优先于 C_i 获得资源。

4.6.6　共享变量方式的进展性

系统进展性确定 $\neg r_i \wedge \neg g_i$ 为唯一不变的协议状态，这意味着所有其他协议状态最终都必须被退出。

用三个响应公式表示进展性：公式 $r_i \Rightarrow \Diamond g_i$ 表示每个 r_i 请求后面必须是一个 g_i；公式 $g_i \Rightarrow \Diamond \neg r_i$ 表示一旦资源被分配，用户最终必须释放资源；公式 $\neg r_i \Rightarrow \Diamond \neg g_i$ 表示一旦用户通知一个释放，分配器必须通过重置 g_i 为 F 来做出响应。

将以上 3 个需求转换成单一需求，表示为 $\Box\Diamond(\neg r_i \wedge \neg g_i)$。该规约要求对于每个 i 都有无穷多状态，其中 C_i 为静态的，即没有挂起的需求且没有分配。

4.7　规约语言表达能力

本书介绍的规约语言的表达能力如何？它能表达大多数感兴趣的程序属性吗？本节将说明命题时序逻辑的表达能力是有限的，它只允许布尔变量，不允许量词，还将给出两个无法用这种受限语言描述的属性例子。但是，一旦允许量词和变量在无限域范围内变化，这些限制都将被消除。

4.7.1　观察奇偶性

奇偶性是命题时序逻辑无法描述的属性之一。设 p 和 q 是两个命题(灵活布尔变量)。假设有一个 p-位置 j，如果优先于 p-位置 j 的个数为偶数，则称 j 是偶数 p-出现。如果优先于 p-位置 j 的个数为奇数，则称 j 为奇数 p-出现。考虑属性$\mathcal{P}$，它说明 q 仅在偶数 p-出现时成立。例如，周期性序列$\langle p{:}\mathrm{T}, q{:}\mathrm{F}\rangle$，$\langle p{:}\mathrm{T}, q{:}\mathrm{T}\rangle$，$\langle p{:}\mathrm{F}, q{:}\mathrm{F}\rangle$，$\langle p{:}\mathrm{T}, q{:}\mathrm{F}\rangle$，$\langle p{:}\mathrm{T}, q{:}\mathrm{F}\rangle$，…满足属性$\mathcal{P}$。注意，$q$ 并不是在每个偶数 p-出现都成立。序列$\langle p{:}\mathrm{T}, q{:}\mathrm{T}\rangle$，$\langle p{:}\mathrm{T}, q{:}\mathrm{T}\rangle$，$\langle p{:}\mathrm{T}, q{:}\mathrm{F}\rangle$，…不满足属性$\mathcal{P}$，因为 q 在位置 0 成立，位置 0 是一个奇数 p-出现。

该属性不能由命题时序逻辑描述。通过观察可知，要表示属性$\mathcal{P}$，需要模 2 计数的能力，并决定累积计数是否为 0 或 1。通常可以表述为：命题时序逻辑不能对任何大于 1 的常数取模。

4.7.2　量词公式描述奇偶性

如果不禁止使用量词，那么可以用一种更简单的方式描述 4.7.1 节的属性$\mathcal{P}$。引入一个辅助的灵活布尔变量 k,k 统计 p-出现的次数。如果 p-位置优先于 j 的次数为偶数,则对于所有这样的 j,k 的值为 T,否则为 F。

考虑公式 $\exists k:(k=\neg p)\wedge\hat{\square}(k=k^{-}+_{2}p)\wedge\square(q\rightarrow p\wedge k)$。该公式表示存在满足三个子句的灵活变量 k。第一个子句表示如果 p 为 F,则 k 在位置 0 的值为 T;如果 p 为 T,则位置 0 是奇数 p-出现,且希望在这样的位置上 k 为 F。第二个子句通过对布尔值的算术解释来表示如果 p 当前的值为 T,则 k 在任意位置的值都可以通过对其在前一个位置的值加 1 得到,否则为 0。加法通过执行模 2 实现。为强调 k 作为模 2 计数器的作用,用算术符号表示这个子句,其中 T 表示 1,F 表示 0。该子句更传统的表示是 $\neg p\leftrightarrow(k\leftrightarrow\circleddash k)$,$k$ 在位置 j 的值等于在位置 $j-1$ 的值当且仅当 p 在位置 j 为 F。两种表示都表示 k 等价于 $\circleddash k$ 当且仅当当前 p 为 F。第三个子句表示属性的声明,即 q 仅在偶数 p-出现处为 T。

注意三个子句的不同作用。前两个子句确保 k 是一个计数器,对于任何给定的序列,它们唯一确定了假设值 k。第三个子句使用计数器的可用性来说明 q 的属性。可以将前两个子句看作变量 k 的归纳定义。它们描述 k 的初始值,并给出基于前一个 k 值和当前 p 值计算新的 k 值的一般规则。

在许多情况下,辅助变量(如计数器 k)的引入可以通过两种对偶的方式完成。上述的第一种方式称为存在方式,它表示存在变量 k 作为计数器操作且实现 $\square(q\rightarrow p\wedge k)$。另一种方式称为全称方式,可表示为 $\forall k:[(k=\neg p)\wedge\hat{\square}(k=k^{-}+_{2}p)]\rightarrow\square(q\rightarrow p\wedge k)$。该公式表示对于每个布尔变量 k,如果 k 作为计数器,则条件 $\square(q\rightarrow p\wedge k)$ 被实现。该公式的优点是它的唯一的量词是全称量词。公式是有效的当且仅当 φ:$[(k=\neg p)\wedge\hat{\square}(k=k^{-}+_{2}p)]\rightarrow\square(q\rightarrow p\wedge k)$ 是有效的。因此,为确保一个给定程序的所有计算满足属性 $\mathcal{P}$,应证明 φ 在 $\mathcal{P}$ 上是有效的。

注意,这与属性 $\mathcal{P}$ 不能由无量词的公式描述并不矛盾。公式 φ 不描述属性 $\mathcal{P}$。从某种意义上来说,任意序列 σ 满足属性 $\mathcal{P}$ 当且仅当它满足公式 φ。特别地,所有 k 不作为计数器的序列,即 $(k=\neg p)\wedge\hat{\square}(k=k^{-}+_{2}p)$ 为假,简单地满足 φ。唯一的声明是,如果 φ 在 P 上是有效的(假设在程序 P 中不出现 k),则 P 的所有计算满足属性 $\mathcal{P}$。

4.7.3 有重复输入的缓冲

再次考虑图 4.4 中与环境接口的缓冲系统。假设所有输入的消息是不同的,基于该假设能够给出一个包含如下公式的规约:

$$\psi_{\text{aur}}:[\beta\Leftarrow m]\Rightarrow\diamondminus[\alpha\Leftarrow m]$$

$$\psi_{\text{fifo}}:([\beta\Leftarrow m']\wedge\hat{\diamondminus}[\beta\Leftarrow m])\Rightarrow\diamondminus([\alpha\Leftarrow m']\wedge\hat{\diamondminus}[\alpha\Leftarrow m])$$

$$\varphi_{\text{res}}:[\alpha\Leftarrow m]\Rightarrow\diamond[\beta\Leftarrow m]$$

公式 ψ_{aur} 要求任何发送到 β 上的消息都是之前在 α 上发送到的。公式 ψ_{fifo} 要求发送到 β 上的消息与之前发送到 α 上的消息的顺序保持一致。φ_{res} 确保每条发送到 α 上的消息最终发送到 β。

如果输入通道上出现相同的消息,那么这个规约就不再合适。

考虑一个简单的例子,一个消息仅有两个可能的值(a 和 b),系统的输入是一个为 a 或 b

的(可能无穷的)消息流。这时,公式 ψ_{aur}、ψ_{fifo} 和 φ_{res} 中的 m 和 m' 不需要隐式的量词,并且 m 和 m' 被替换为 a 和 b。替换后的 ψ_{aur} 表示为 $([\beta \Leftarrow a] \Rightarrow \diamondminus[\alpha \Leftarrow a]) \wedge ([\beta \Leftarrow b] \Rightarrow \diamondminus[\alpha \Leftarrow b])$。

计算 $[\alpha \Leftarrow a]$、$[\alpha \Leftarrow b]$、$[\alpha \Leftarrow a]$、$[\beta \Leftarrow b]$ 和 $[\beta \Leftarrow a]$ 满足了规约中的所有需求,但是对于按照接收消息的顺序输出消息的缓冲区来说,这是不可接受的行为。

这不是针对不同输入情况选择的特定规约。已经形式证明不能在非量化的时序逻辑中指定具有重复输入消息的缓冲区。这一点是非量化时序逻辑的基本限制,即无法计算相同事件的重复实例。下面将讨论解决这种问题的几种方法。

4.7.4　量词公式描述缓冲

下面使用量化的时序逻辑描述两种不同风格的通用缓冲区规约。

1. 抽象实现的规约

第一种风格称为抽象实现。在这种风格中,选择最直接的缓冲区实现,并通过描述实现过程中辅助变量的初始值和每一步可能的转换来描述其操作行为,辅助变量的量化使实现抽象化,这意味着并不要求或暗示给定规约的实际实现应该包含这些变量中的任何一个。

下面公式给出了这种风格的规约。该规约采用了几个存在量化的灵活规约变量: b 为消息列表,d 为消息。

$$\varphi:\ \exists b,d:\left\{\begin{array}{c}(b=\Lambda)\\ \wedge\,\hat{\square}\left[\begin{array}{c}(\neg[\alpha\Leftarrow]\wedge\neg[\beta\Leftarrow]\wedge(b=b^{-}))\vee\\ ([\alpha\Leftarrow d]\wedge(b=b^{-}\cdot d))\vee\\ ([\beta\Leftarrow d]\wedge(b^{-}=d\cdot b))\end{array}\right]\\ \wedge((b\neq\Lambda)\Rightarrow\diamond[\beta\Leftarrow])\end{array}\right\}$$

该规约说明存在一个初始时为空的列表值变量 b 和一个变量 d。可将 b 看作包含已经通过 α 传输且尚未传输到 β 的挂起消息列表,这些消息按照在 α 上的传输顺序保存。然后,规约继续描述导致每个状态的转换中可能发生的情况,包括以下 3 种。

(1) 没有消息传输到 α 或 β 上,b 的值保持不变。

(2) 消息 d 传输到 α 并且将 d 添加到 b 的尾部。

(3) 之前驻留在消息 b 头部的消息 d,即 $d=hd(b^{-})$,被传输到通道 β 并从 b 中移除。

规约的最后一个子句包含响应需求,即只要仍有挂起的消息,就保证未来输出到 β。

尽管该规约使用一个列表值变量来表示所需的属性,但并不意味着必须在实现中出现类似的结构。这只是一种更简单地表示规约的方法。

不难看出,在没有任何关于输入消息独特性假设的情况下,公式 φ 意味着不存在主动响应和保持先进先出的顺序。

2. 唯一标识符表示规约

原始规约的不足是输入消息可能是相同的,可以使用含有量词的变量给消息提供一个唯一标识符并使它们不同。使用辅助灵活变量 id,只要它包含无穷多个不同的值,那么它的范围就无关紧要。引入缩写 $[\alpha \Leftarrow m,i]$:$[\alpha \Leftarrow m] \wedge (id=i)$ 和 $[\beta \Leftarrow m,i]$:$[\beta \Leftarrow m] \wedge (id=i)$。在通信谓词 $[\alpha \Leftarrow m]$ 或 $[\beta \Leftarrow m]$ 为真的状态下,引用变量 id 的值作为事件 $[\alpha \Leftarrow m]$ 或 $[\beta \Leftarrow m]$ 的标识符。满足 $[\alpha \Leftarrow m]$ 的状态称为 α-通信状态,满足 $[\beta \Leftarrow m]$ 的状态称为 β-通信

状态。以下公式可作为缓冲程序的规约。

$$\psi:\ \exists id\,\forall m,m',i,i':$$

$$\begin{bmatrix}([\alpha \Leftarrow m,i] \Rightarrow \hat{\boxminus}\neg[\alpha \Leftarrow m',i]) \wedge \\ ([\beta \Leftarrow m,i] \Rightarrow \diamondminus[\alpha \Leftarrow m,i]) \wedge \\ (([\beta \Leftarrow m',i'] \wedge \hat{\diamondminus}[\beta \Leftarrow m,i]) \Rightarrow \diamondminus([\alpha \Leftarrow m',i'] \wedge \hat{\diamondminus}[\alpha \Leftarrow m,i])) \wedge \\ [\alpha \Leftarrow m,i] \Rightarrow \Diamond[\beta \Leftarrow m,i]\end{bmatrix}$$

该公式包含以下4个子句。

(1) 第一个子句要求不同的 α-通信状态与不同的标识符相关联。这使输入消息不同。

(2) 第二个子句表示不存在主动响应的需求。它要求具有标识符 i 的消息 m 的任何 β-通信之前是具有相同标识符 i 的消息 m 的 α-通信。因此,尽管要求在 α-通信上的标识符不同,但是在 α-通信和它匹配的 β-通信之间的标识符必须相同。

(3) 第三个子句要求消息(包括标识符)之间顺序的先进先出。注意,由于 α-消息的标识符不同,因此 β-消息的标识符也不同。

(4) 第四个子句是一个响应需求,表示消息 m 的任何 α-通信之后都跟随一个有同样标识符的 β-通信。

4.7.5 通信历史变量

消息传递系统规约的一种方法是使用通信历史变量。

设 α 是一个通道。通信历史变量 h_α 是一个列表-值变量。在计算的任何状态,该变量包含前面所有转换(包括导致当前状态的转换)在 α 上已经传送的消息序列。

在公式 $H_\alpha:(h_\alpha=\Lambda) \wedge \hat{\Box}\begin{bmatrix}(\neg[\alpha \Leftarrow] \wedge h_\alpha = h_\alpha^-) \vee \\ \exists m:([\alpha \Leftarrow m] \wedge h_\alpha = h_\alpha^- \cdot m)\end{bmatrix}$ 中,变量 h_α 作为通道 α 的通信历史变量。该公式表明,h_α 的初始值为一个空列表 Λ。之后在 α 上没有通信且 h_α 保持之前的值或者在 α 上有通信并且将通信附加在 h_α 的尾部。

类似的公式 H_β 的特点是将变量 h_β 作为通道 β 的一个通信历史变量。对于两个列表变量 x 和 y,用符号 $x \prec y$ 表示列表 x 是列表 y 的一个严格意义上的前缀,用 $x \preccurlyeq y$ 表示 x 是列表 y 的一个前缀(可能 $x=y$)。

可以通过公式 $(H_\alpha \wedge H_\beta) \to (\Box(h_\beta \preccurlyeq h_\alpha) \wedge ((h_\beta \prec h_\alpha) \Rightarrow \Diamond[\beta \Leftarrow]))$ 描述一个缓冲区。这个简洁的规约指出,如果 h_α 和 h_β 作为 α 和 β 的通信历史变量,则二者的合取成立。$\Box(h_\beta \preccurlyeq h_\alpha)$ 表明传送到通道 β 的消息列表是传送到通道 α 上的消息列表的前缀。它同时涵盖了没有主动响应的属性和按照先进先出排序的属性。$(h_\beta \prec h_\alpha) \Rightarrow \Diamond[\beta \Leftarrow]$ 表明只要不满足每个 α-消息都传送到 β 上,则预计未来还会有 β-通信。

数据独立性的概念提供了解决重复消息问题的另一种方法。

考虑合取 $\varphi:\psi_{\text{aur}} \wedge \psi_{\text{fifo}} \wedge \varphi_{\text{res}}$ 的规约。假设有一个程序实现该规约。如果输入消息序列不存在重复消息,则程序只能作为一个正确的缓冲区。如果输入序列包含重复消息,那么程序行为可能偏离正确的缓冲区。

注意,为了显示这样的行为,即为了满足规约,但在某些情况下不是一个正确的缓冲区,程序必须能够检查输入消息的内容,特别是能够比较两个消息是否相等。此外,考虑一个从不检查消息内容的程序。它必须能够将消息读入变量中，将消息从一个变量复制到另一个变量，并从某个变量输出消息。但假设它从不与任何其他消息或常量进行比较。因为它的行为完全独立于消息的内容，所以称这样的程序为数据-独立程序。一个简单的语法检查能够确定一个程序是否为数据-独立的。

有如下声明：如果 P 是一个满足规约 φ 的数据-独立程序，则它实现了一个正确的缓冲区。不难看出该声明的合理性。由于程序 P 无法判断其当前处理的输入序列是否有重复，因此它必须始终保持最佳行为，在与消息到达顺序保持一致的情况下，每个输入消息只输出一次。

因此，尽管规约 φ 没有完全描述一个好的缓冲的行为，但是任何满足它的数据-独立程序都必须表现为一个好的缓冲。

4.8　反应模块规约

一个大的系统由若干组件(模块)构成，这些组件由不同的团队开发。因此能够为每个组件提供单独的规约，对于明确组件实现者的任务是非常重要的。

本节介绍反应模块规约的概念，即描述系统中模块的预期行为。

4.8.1　模块语句

引入模块语句扩展程序语法，形式为 M：：[**module**；interface specification；body]。关键词 **module** 将其标识为模块语句。**接口规约**(interface specification)是形如 modes $x_1,\cdots,x_m$：type **where** φ 的声明语句列表，其中 modes 是一个或多个模式的列表，可为 **in**、**out** 或者 **external** 模式。列表 $x_1,\cdots,x_m$ 包含由该语句声明的变量名或通道名。type 部分描述声明变量的类型。断言 φ 限制声明变量的初始值。body 是一个可包含附加声明的语句。

模块 M 的主体 B 中的语句指仅在 B 中局部声明或在 M 的接口规约中声明的变量和通道。

设 x 为接口规约声明的变量。B 的语句和与 M 并行的语句中对 x 的引用限制如下：

(1) 只有 x 被声明为 **in** 模式时，B 中的语句才有对 x 的读引用。

(2) 只有 x 被声明为 **out** 模式时，B 中的语句才有对 x 的写引用。

(3) 只有 x 被声明为 **external** 模式时，与 M 并行的模块中的语句才有对 x 的写引用。类似的限制也适用于通道，其中接收语句是读引用，发送语句是写引用。

接口规约的目的是识别模块 M 和其他模块通信的变量和通道，它也决定这些变量可被使用的模式，即变量是否能被模块写入或只能读入。例如，考虑如图 4.12 所示的程序 PING-PONG。在这个程序中，M_1 作为 M_2 的运行环境，M_2 作为 M_1 的运行环境。

模块 M_1 的接口规约声明 x 和 z 是可写的整型变量，初始值为 0。它禁止这些变量被环境写入(通过不声明为对外模式)。变量 y 被声明为能被 M_1 读入并在外部得到修正的整型变量。作为补充，M_2 的接口规约定义 x 为一个只能被 M_2 读入且能被环境写入的整型变量。变量 y 定义为可被 M_2 写入，且仅被 M_2 环境读入。注意，两个模块体均遵循这些限制。初始时，x、y 和 z 的值均为 0。模块 M_1 通过置 x 为 1 开始两个模块之间的通信协议，M_2 感知后置 y 为 1 响应，接着模块 M_1 感知这个变化并置 z 为 1。

4.8.2　模块规约

设 M_1 和 M_2 是两个模块。如果任意变量 x 在 M_1 和 M_2 中的声明是一致的，则称 M_1

```
      ┌ module
      │ external in y   : integer
      │ out               x, z: integer where x=0, z=0
M1 :: │   ┌ ℓ0: x :=1
      │   │ ℓ1: await(y=1)
      └   └ ℓ2: z :=1
  ‖
      ┌ module
      │ external in x : integer
M2 :: │ out            y : integer where y=0
      │   ┌ m0: await(x=1)
      └   └ m1: y :=1
```

图 4.12　程序 PING-PONG

和 M_2 是接口兼容的(也称 M_1 与 M_2 接口兼容)。满足以下 3 个属性。

(1) 两个声明中描述的类型是相同的。

(2) 如果这两个声明包含 where 子句,且其中描述了 φ_1 和 φ_2 对声明变量初始值的约束,则 $\varphi_1 \wedge \varphi_2$ 是一致的。

(3) 如果一个声明描述 **out** 模式,则另一个声明描述 **external** 模式。

如果 M_1 和 M_2 以并行语句的形式出现在程序中,则要求 M_1 和 M_2 是接口兼容的。为了简化表示,所有的定义都基于程序 $P::[M_1 \parallel M_2]$。与包含模块语句的程序相关的转换可以通过将模块语句当作块来获得。

如果$[M_1 \parallel M] \vDash \varphi_1$ 对于每个与 M_1 接口兼容的模块 M 是有效的,则时序公式 φ_1 对模块 M_1 是**模块有效**的。因此,模块有效性要求 M_1 满足 φ_1,且独立于程序中的模块 M_2 的形式和行为,只要 M_2 尊重 M_1 接口规约隐含的约束。只有当 M_1 和 M_2 被 M_1 的接口规约声明为外部的时候,M_2 才可以修改 M_1 识别的变量。

例如,对于图 4.12 中的程序 *PING-PONG*,规约$(x=0)\mathcal{W}\square(x=1)$表示初始时 $x=0$,x 将保持为 0 除非它变为 1 并永远保持为 1。该规约对 M_1 是模块有效的,它对给定的程序是有效的。它也适用于通过将模块 M_2 替换为遵循 M_1 接口规约的任意模块而获得的程序。这是因为 M_1 的行为保持了该属性,并且由于 x 在 M_1 的接口列表中未被声明为外部的,因此不允许其他模块修改它。

对于变量 y,公式$(y=0)\mathcal{W}\square(y=1)$表明类似的属性。尽管这个公式在程序 PING-PONG 上是有效的,但对模块 M_1 不是模块有效的,因为如果替换模块 M_2 为 M'_2::[**module**; **out** y: **integer where** $y=0$; $y:=2$],那么结果程序 $M_1 \parallel M'_2$不满足$(y=0)\mathcal{W}\square(y=1)$。然而,公式$(y=0)\mathcal{W}\square(y=1)$对模块 M_2 是模块有效的,不管用任何模块 M'_1替换 M_1,程序 $M'_1 \parallel M_2$ 都满足$(y=0)\mathcal{W}\square(y=1)$。

4.8.3　执行模块的任务

将一个任务分配给负责构建模块 M_1 的实现团队。任务定义由下面两个规约元素组成。

(1) 接口规约。这部分定义了模型和其环境之间通信的变量类型和通道类型,还定义了每个接口变量和通道的通信模式,即它们是否能够被写入或者仅被模块读入。

（2）行为规约。这部分包含一个时序逻辑公式，描述模块的预期行为。

假设模块 M_2 的实现团队得到了一个接口规约 $inter_2$ 和一个行为规约 φ_2，那么任务可描述为：构造一个模块体 B_2，使对任意与 M_2 接口兼容的模块 M'_1，有 $[M'_1 \parallel M_2::$ [**module**；$inter_2$；$B_2]]\models\varphi_2$。

例如，程序团队接收的模块 M_2 的接口规约如下：

external in x：**integer**

out y：**integer where** $y=0$

行为规约如下：

$$(y=0)\mathcal{W}\Box(y=1)\wedge(y=1)\Rightarrow\diamondminus(x=1)\wedge\Box(x=1)\Rightarrow\Diamond(y=1)$$

行为规约包含两个安全子句和一个响应子句。第一个安全子句声明 y 永远保持值为 0 或者 y 保持为 0，除非它变为 1 并永远保持为 1。第二个安全子句声明仅在响应 $x=1$ 时 y 才变为 1。响应子句声明如果从某点开始 x 一直为 1，则 y 最终将变为 1。

提交该规约后，编程团队可能会在给定的接口规约隐含的约束下，提出语句 m_0：**await** $(x=1)$；m_1：$y:=1$ 作为满足给定行为规约的模块体 B_2。为何在这里使用了一个强前件，即响应公式中的 $\Box(x=1)$？考虑更一般的公式 $(x=1)\Rightarrow\Diamond(y=1)$ 不是更简单吗？这是因为虽然 $(x=1)\Rightarrow\Diamond(y=1)$ 的要求可能很简单，但实现起来更困难，事实上是不可能的。考虑图 4.12 中的程序 PING-PONG 的模块 M_2，模块体是先前建议的语句。表明 $(x=1)\Rightarrow\Diamond(y=1)$ 对 M_2 不是模块有效的。考虑 M_1 的候选替换 M'_1::[**module**；**out** x：**integer where** $x=0$；$[\ell_0: x:=1;\ \ell_1: x:=0: \hat{\ell}_1]]$。表明程序 $M'_1 \parallel M_2$ 不满足公式 $(x=1)\Rightarrow\Diamond(y=1)$，为此考虑计算 $\langle\{\ell_0,m_0\},0,0\rangle,\langle\{\ell_1,m_0\},1,0\rangle,\langle\{\hat{\ell}_1,m_0\},0,0\rangle,\langle\{\hat{\ell}_1,m_0\},0,0\rangle,\cdots$。这个计算包含一个 $x=1$ 的状态但不包含 $y=1$ 的状态。显然，问题在于 M_2 不够快（从技术上讲，没有在正确的时刻调度），无法检测到 x 等于 1 的时刻。虽然不能完全证明 $(x=1)\Rightarrow\Diamond(y=1)$ 不能在 x 的接口规约 **external in** 下实现，但前面的论证表明了这一点。

4.8.4　模块实现的障碍

如果获取系统或系统（模块）的一个组件的预期行为并构成规约，那么如何检测这个规约是可实现的呢？

对于整个系统的规约（全局规约），可实现性的主要障碍是规约的不一致性。例如，规约 $\Box(x=0)\wedge\Diamond(x=1)$ 是不可实现的。检测规约 φ 的一致性是逻辑定义明确的问题（尽管不是一个简单的问题），仅需证明 φ 是可满足的。然而，一旦考虑模块规约，就会遇到可实现性的其他问题。如果一个模块规约要求模块保持一个与其接口规约不一致的属性，那么它就是不可实现的。因此，仍将不可实现性归因于规约的不一致性。在全局规约中，不一致性仅可能出现在行为规约的不同部分，如合取条件 $\Box(x=0)$ 和合取条件 $\Diamond(x=1)$。在模块规约中，行为规约和接口规约之间可能有其他冲突。例如，考虑接口规约 **external in** x：**integer** 和行为规约 $\Diamond(x=1)$ 的组合。行为部分要求模块使 x 变为 1。接口部分要求模块从不修改 x。显然，两个需求是冲突的。又如，接口规约 **external out** x：**integer** 与行为规约 $\Box(x=0)$ 是冲突的。因为如果试图保持 x 为 0，则模块可能会失去环境，即允许修改 x 并置 x 为非 0 值的环境。

4.8.5 模块的计算

对于任意与模块 M_1 接口兼容的模块 M_2'，如果 φ 在程序 $M_1 \parallel M_2'$ 上是有效的，那么 φ 被定义为模块有效的。这意味着为检测 φ 对模块 M_1 是否为模块有效的，应考虑无穷多的接口兼容模块 M_2'。下面提出一种更直接的方法来解释这个概念，对于模块 M，关联一个转换系统 S_M，并考虑 S_M 的计算。

1. 共享变量模块的计算

设 M 是共享变量模块，L_M 表示 M 的位置集。转换系统 S_M 包含以下 6 部分。

(1) 状态变量：包含控制变量 π 和 M 中声明的所有数据变量 Y。变量 π 在位置集范围变化，位置集也包含不在 M 中的位置。

(2) 状态：与 $\pi \cup Y$ 类型一致的所有可能解释。

(3) 转换：包含空转换 τ_I、所有与 M 中语句相关的转换和附加的环境转换 τ_E。转换 τ_E 表示在模块操作下环境可能造成的所有干扰。设 $X \subseteq Y$ 是 M 的接口规约中声明为 **external** 模式的变量集。τ_E 的转换关系表示为 ρ_{τ_E}：$(\pi' \cap L_M = \pi \cap L_M) \wedge \bigwedge\limits_{y \in Y-X} (y' = y)$。转换 τ_E 承诺在 π 中保留所有非外部数据变量的值和 M 的位置集。通过省略，转换 τ_E 可以任意改变外部变量的值和修改 π 中包含的非 M 位置集。

(4) 初始条件：设 φ 是 M 中所有声明的 where 部分的合取。为了简便起见，假设 M 是初始位置为 ℓ_0 的单个进程。初始条件为：$(\pi \cap L_M = \{\ell_0\}) \wedge \varphi$。注意，初始时 π 可能包含任意非 M 位置，但它包含的唯一的 M 位置是 ℓ_0。

(5) 弱公平性集：包含所有与 M 中语句(空语句除外)相关的转换。转换 τ_I 和 τ_E 不包含在弱公平性集中。

(6) 强公平性集：包含所有与 M 中同步语句(如 request 语句和区域语句)相关的转换。

注意，S_M 和将 M 作为整个程序所构造的转换系统主要的不同是 π 的域和环境转换 τ_E，其中 π 允许包含非 M 位置。将模块 M 的计算定义为系统 S_M 的计算。

【例 4-14】

考虑模块 M_1::[**module**; **external in out** x: **integer where** $x=0$; ℓ_0: $x:=x+1$: $\hat{\ell}_0$]，根据转换系统 S_{M_1} 的构造，该模块有如下计算(列出 π 和 x 的值并显示每步的转换)：

$$<\{\ell_0, m_0\}, 0> \xrightarrow{\tau_E} <\{\ell_0, m_1\}, 5> \xrightarrow{\tau_{\ell_0}} <\{\hat{\ell}_0, m_1\}, 6> \xrightarrow{\tau_E} <\{\hat{\ell}_0, m_2\}, 0> \rightarrow \cdots$$

如果 M 是共享变量模块，则转换 τ_E 表示所有能被并行接口兼容的模块 M' 引起的干扰。声明为：设 $P = M_1 \parallel M_2$ 是一个程序，σ 是一个状态序列，π 是 $L_{M_1} \cup L_{M_2}$ 的子集。则 σ 是 P 的一个计算当且仅当它是 S_{M_1} 和 S_{M_2} 的一个计算。

【例 4-15】

考虑模块 M_2::[**module**; **external in out** x: **integer**; $\begin{bmatrix} m_0: x:=x+5 \\ m_1: x:=0 \\ :m_2 \end{bmatrix}$]。序列 σ：$<\{\ell_0, m_0\}, 0>, <\{\ell_0, m_1\}, 5>, <\{\hat{\ell}_0, m_1\}, 6>, <\{\hat{\ell}_0, m_2\}, 0> \cdots$ 是 $P = M_1 \parallel M_2$ 的一个计算，

其中 M_1 是前面定义的模块。可以看到 σ 是 S_{M_1} 的一个计算。为了说明它也是 S_{M_2} 的一个计算，确定 S_{M_2} 从每个状态到其后继的转换 $<\{\ell_0, m_0\}, 0> \xrightarrow{m_0} <\{\ell_0, m_1\}, 5> \xrightarrow{\tau_E} <\{\hat{\ell}_0, m_1\}, 6> \xrightarrow{m_1} <\{\hat{\ell}_0, m_2\}, 0> \rightarrow \cdots$。

根据前面的声明，对于任意序列 σ，如果存在模块 M'，使 σ 是程序 $M \parallel M'$ 的一个计算，那么它也是模块 M 的一个计算（即 S_M 的一个计算）。反之亦然，对于 M 的一个计算（即 S_M 的一个计算）σ，存在模块 M' 和 σ 的一个变体 σ'，使 σ' 是 $M \parallel M'$ 的一个计算。序列 σ 和 σ' 最多可能因在 π 的解释中是否存在非 M 位置而有所不同。

为了简便起见，假设程序语言包含多个随机选择语句 **choose**($x_1, \cdots, x_m$)，在转换中对变量 $x_1, \cdots, x_m$ 赋相应类型的任意值。参见 2.10 节，对于整型变量 x，**choose**(x) 能被适当的协调语句模拟。

使用多个随机选择语句构造一个模块 M_R，使 M 的每个计算都有一个 π-变体 σ'，σ' 是 $M \parallel M_R$ 的一个计算。直到 π-变化前，σ 是 M 的一个计算当且仅当存在模块 M' 且 σ 是 $M \parallel M'$ 的一个计算。因此可以得出：如果公式 φ 在模块 M 的所有计算都成立，则公式 φ 对于 M 是模块有效的。

2. 异步通信模块的计算

对于异步通信模块，单个环境转换不足以表示所有可能的干扰。在共享变量模块的情况下，转换系统 S_M 与 M 是一个完整程序所构建的转换系统非常相似。对每个声明为 external in 的通道 α，S_M 都有一个状态变量 α，对于每个接收语句 ℓ: $\alpha \Rightarrow u$，都有一个接收转换 τ_ℓ。对每个声明为 **out** 的通道 β，S_M 都有一个状态变量 β，对于每个发送语句 m: $\beta \Leftarrow e$，都有一个发送转换 τ_m。S_M 包含以下环境转换：

（1）对于每个 **external in** 通道 α，定义环境发送转换 $\tau_\alpha^{\mathrm{ES}}$，转换关系为 $\rho_\alpha^{\mathrm{ES}}$：$\exists u$:（$\alpha' = \alpha \cdot u$）。环境选择一个任意值 u 添加到消息缓冲 α 的尾部。如果 α 是一个边界为 N 的有限通道，那么关系 $\rho_\alpha^{\mathrm{ES}}$ 包含条件 $|\alpha| < N$，将 $\tau_\alpha^{\mathrm{ES}}$ 的执行限制在缓冲区有空槽的状态。

（2）对于每个 **out** 通道 β，定义环境接收转换 τ_β^{ER}，转换关系为 ρ_β^{ER}：$(|\beta| > 0) \wedge (\beta' = t\ \ell(\beta))$。初始条件表示为 Θ: $(\pi \cap L_M = \{\ell_0\}) \wedge \varphi$，其中 φ 也包含声明为 out 的通道变量的初始设置。初始设置声明了 where 部分的显式需求，或默认设置 $\alpha = \Lambda$。

没有公平性需求与环境转换相关联。例如，考虑图 4.13 给出的异步传递消息通信的反应模块。

```
M :: [ module
       external in α: channel of integer
       local       x, y: where x=0, y=0
         ℓ0: loop forever do
               [ℓ1: α⇒y; ℓ2: x :=x+y]                ]
```

图 4.13　通过异步传递消息通信的反应模块

下面是与这个模块相关的计算，列出每个状态下 π、α、x 和 y 的值。

$$<\{\ell_0\}, \Lambda, 0, 0> \xrightarrow{\tau_\alpha^{\mathrm{ES}}} <\{\ell_0\}, <2>, 0, 0> \xrightarrow{\ell_0}$$

$$<\{\ell_1\}, <2>, 0, 0> \xrightarrow{\tau_\alpha^{\mathrm{ES}}} <\{\ell_1\}, <2,3>, 0, 0> \xrightarrow{\ell_1}$$

$$<\{\ell_2\}, <3>, 0, 2> \xrightarrow{\ell_2} <\{\ell_0\}, <3>, 2, 2> \rightarrow \cdots \rightarrow$$

$$<\{\ell_0\}, \Lambda, 5, 3> \rightarrow \cdots$$

定义异步通信模块 M 的计算为转换系统 S_M 的计算，能够看出 S_M 中的环境转换表示所有可能的 M 和环境之间的干扰。因此，共享变量模块的声明对异步通信模块同样有效。

对于同步通信模块，可以不再通过分离的环境转换模拟与环境的通信。针对每个声明为 **external in** 或 **out** 的通道，转换系统 S_M 应包含能够表示环境与 M 语句之间同步通信的转换。因此，需要 S_M 的一个更加详细的构造，**问题 4.14** 将进行描述。

通过适当构造的转换系统 S_M 及由此产生的同步通信模块的计算概念可知，前面的声明对同步通信模块也成立。

4.9 复合模块规约

在定义了模块及其规约的概念后，探讨模块有效性和整个程序的有效性之间的关系。考虑一个形如 $M_1 \| M_2$ 的程序。如果公式 φ_1 和 φ_2 分别对于模块 M_1 和模块 M_2 是模块有效的，则 $\varphi_1 \wedge \varphi_2$ 在程序 $M_1 \| M_2$ 上有效。该声明为使用自上而下分解的反应式系统的形式化开发提供了一种重要的方法。

1. 分解开发

为了开发满足 φ 的反应式程序 P，需满足以下 3 点。

(1) 设计兼容的接口规约 $inter_1$ 和 $inter_2$。

(2) 设计行为规约 φ_1 和 φ_2，使 $\varphi_1 \wedge \varphi_2 \rightarrow \varphi$。

(3) 开发模块体 B_1 和 B_2，使 φ_1 和 φ_2 分别对于模块 M_1 和模块 M_2 是模块有效的。其中，程序表示为 $M_1 \| M_2$，M_1::[**module**; $inter_1$; B_1]，M_2::[**module**; $inter_2$; B_2]。

在许多情况下，接口规约 $inter_1$ 和 $inter_2$ 或它们中的部分已经作为问题给出，仅需将 φ 分解为 φ_1 和 φ_2 并开发模块体 B_1 和 B_2。本书很少讨论形式化开发，而更关注验证。依据分解开发策略的原理同样也适用于组合验证。

2. 组合验证

为了验证程序 $M_1 \| M_2$ 满足规约 φ，寻找 φ_1 和 φ_2 使 $\varphi_1 \wedge \varphi_2 \rightarrow \varphi$，并分别验证 φ_1 和 φ_2 对模块 M_1 和模块 M_2 是模块有效的。分解开发和组合验证策略共同的一个关键元素是将全局规约 φ 分解为两个模块规约 φ_1 和 φ_2，使 $\varphi_1 \wedge \varphi_2 \rightarrow \varphi$。

4.9.1 层次分解

再次考虑如图 4.12 所示的程序 PING-PONG。将 φ: $\diamondsuit(z=1)$ 看作程序的全局规约，该规约声明 z 最终被置为 1。为该规约寻求一个模块分解。

在先前对这个程序的讨论中，给出了模块 M_2 的模块规约为 $(y=0)\mathcal{W}\square(y=1) \wedge (y=1) \Rightarrow \ominus\!\!\!\!\diamondsuit(x=1) \wedge \square(x=1) \Rightarrow \diamondsuit(y=1)$。在当前分析中，模块规约 φ_1 和 φ_2 仅包含构造全局属性 $\diamondsuit(z=1)$ 所需的最小部分。

构造模块规约的一般方法通常遵循分层的过程。第一层分别将 M_1 和 M_2 的非条件属性放入 φ_1 和 φ_2，这些属性是独立于环境行为而执行的操作的效果。下一层将一般形式的条件属性“如果环境保证 p 成立，则可保证 q 成立”放入 φ_1 和 φ_2。在大多数情况下，这些属性能简单地用蕴涵式 $p \rightarrow q$ 表示，但是存在 q 依赖 p 的更加复杂的情况。在分层方法中，将

形如 q 依赖 p 的属性放入 φ_1，仅当 p 已在上一层被包含在 φ_2（即 φ_1 的环境）中。显然，目标 $z=1$ 的演化包含三个事件：x 变为 1、y 变为 1 和 z 最终变为 1。第一个事件无条件地发生。后两个事件以它们前驱的发生为条件。因此，这个分层的方法可表示为如下 3 步。

（1）将 $\Diamond\Box(x=1)$ 放入 φ_1。x 无条件变为 1 并永远保持为 1。

（2）将 $\Diamond\Box(x=1)\rightarrow\Diamond\Box(y=1)$ 放入 φ_2。如果 x 最终永久变为 1，则 y 也最终一直为 1。

（3）将 $\Diamond\Box(y=1)\rightarrow\Diamond(z=1)$ 放入 φ_1。如果 y 最终永久变为 1，则 z 最终变为 1。

因此有两个模块规约：φ_1：$\Diamond\Box(x=1)\wedge(\Diamond\Box(y=1)\rightarrow\Diamond(z=1))$ 和 φ_2：$\Diamond\Box(x=1)\rightarrow\Diamond\Box(y=1)$。不难发现 $\varphi_1\wedge\varphi_2$ 蕴涵 $\Diamond(z=1)$。

当知道 p 被环境保证时，将属性 $p\rightarrow q$ 放入模块 M 的模块规约中与规约独立于其环境成立并不矛盾。属性 $p\rightarrow q$ 对所有环境都成立，即使某些环境不保持 p。当 p 得到保证时，可以使用这个事实来推断 q，正如前面例子中所做的那样。q 的有效性取决于环境的行为，而不是 $p\rightarrow q$ 的有效性，$p\rightarrow q$ 总是有保证的。

4.9.2　更改超越一次的变量

由于每个变量的值至多被更改一次，因此前面的例子相对简单。可以用 $\Diamond\Box(x=1)\rightarrow\Diamond\Box(y=1)$ 表示对 y 的设置依赖对 x 的设置。程序 PING-PONG-PING 的一个更复杂的情形如图 4.14 所示。

```
M1 :: [ module
        external in y: integer
        out         x: integer where x=0
          [ ℓ0: x :=1
            ℓ1: await (y=1)
            ℓ2: x :=0 ] ]
||
M2 :: [ module
        external in x    : integer
        out         y, z: integer where y=0, z=0
          [ m0: await (x=1)
            m1: y :=1
            m2: await (x=0)
            m3: z :=1 ] ]
```

图 4.14　程序 PING-PONG-PING

可通过 M_1 向 M_2 发送两次信号来描述这个程序的行为。第一个信号置 x 为 1，第二个信号再次重置 x 为 0。模块 M_2 通过置 y 为 1 向 M_1 发送一次信号。考虑这种增量式模块规约的构建。

希望放入 φ_1 的第一个事实是 x 最终无条件变为 1 并且保持为 1，直到被 M_2 检测到。在前面的例子中仅声明 x 最终变为 1 并永远保持为 1。这里保证 x 保持为 1 直到 y 变为 1，允许 M_1 到达 ℓ_2 并重置 x 为 0。因此，将条件 $\Diamond((x=1)\mathcal{W}(y=1))$ 放入 φ_1。然后描述 φ_2 中的属性。如果 x 变为 1 并保持足够长时间，则最终 y 变为 1 并永远保持为 1。该属性可表示为 $\Diamond((x=1)\mathcal{W}(y=1))\rightarrow\Diamond\Box(y=1)$，表示如果 x 被置为 1 并保持为 1 直到 M_2 响应（通过置 y 为 1），那么 M_2 确实会响应。更进一步，当 y 被置为 1，它将永久保持为 1。接下来，添加需求 $\Diamond\Box(y=1)\rightarrow\Diamond\Box(x=0)$ 到 φ_1，公式表明如果 y 最终永久为 1，则 x 最终将永久为 0。最后添加一项需求到 φ_2，说明如果 x 永久为 0，则 z 最终将变为 1。该需求的第一个候选公式为 $\Diamond\Box(x=0)\rightarrow\Diamond(z=1)$。然而，该公式对模块 M_2 不是模块有效的。例如，M_1 的一个变体 M_1' 不做任何事，即对变量不赋值。在程序 $M_1'\parallel M_2$ 的计算中，x 永久为 0，而 z 从不置为 1。因为如果 x 总是为 0，那么 M_2 不能执行 await 语句 m_0。

鉴于此，使用公式 $[\Diamond\Box(x=0)\wedge\Diamond\Box(y=1)]\rightarrow\Diamond(z=1)$ 表示仅当 M_2 已经执行过 m_0 和 m_1 且已经置 y 为 1，M_2 才承诺置 z 为 1 以响应 x 保持在 0 足够长时间。通过汇总，得到模块规约 φ_1：$\Diamond((x=1)\mathcal{W}(y=1))\wedge(\Diamond\Box(y=1)\rightarrow\Diamond\Box(x=0))$ 和 φ_2：$(\Diamond((x=1)\mathcal{W}(y=1))\rightarrow\Diamond\Box(y=1))\wedge([\Diamond\Box(x=0)\wedge\Diamond\Box(y=1)]\rightarrow\Diamond(z=1))$。可以看出，$\varphi_1$ 和 φ_2 分别对于 M_1 和 M_2 是模块有效的，并且 $\varphi_1\wedge\varphi_2$ 蕴涵 $\Diamond(z=1)$。

4.9.3 分解安全性规约

前面例子考虑的是形如 $\Diamond(z=1)$ 的全局规约的分解，该全局规约的分解显示了如何通过 M_1 执行某些操作(将 x 设置为 1)来实现全局目标，M_2 通过执行影响 M_1 的另一个操作来响应该操作。这里考虑一个不变量的全局安全性，并说明如何确定两个模块规约以共同确保不变量的保存。

程序 KEEPING-UP 如图 4.15 所示。在该程序中，模块 M_1 反复增加 x 的值，x 的值不能超过 $y+1$。类似地，模块 M_2 反复增加 y 的值，y 的值不能超过 $x+1$。对于组合程序，说明了全局安全性 $\Box(|x-y|\leqslant 1)$，这表示 x 与 y 之间的大小差异不超过 1。为了构造保证该属性的模块规约，再次采取分层构造的策略。

```
M1 :: [ module
        external in y: integer
        out         x: integer where x=0
        l0: loop forever do
            [ l1: await (x<y+1)
              l2: x :=x+1 ]
      ]
```

‖

```
M2 :: [ module
        external in x: integer
        out         y: integer where y=0
        m0: loop forever do
            [ m1: await (y<x+1)
              m2: y :=y+1 ]
      ]
```

图 4.15　程序 KEEPING-UP

首先将条件公式 $\Box(x\geqslant x^-)$ 和 $\Box(y\geqslant y^-)$ 分别放入 φ_1 和 φ_2。第一个公式表明 M_1 只能增加 x 的值，第二个公式表明只能增加 y 的值。然后分别将条件公式 $\Box(y\geqslant y^-)\rightarrow\Box(x\leqslant y+1)$ 和 $\Box(x\geqslant x^-)\rightarrow\Box(y\leqslant x+1)$ 添加到 φ_1 和 φ_2。第一个公式指出，如果 y 从不减少，那么 M_1 可以保证 x 永远不会超过 $y+1$。因为 M_1 仅在位置 ℓ_2 处增加 x，只有在先前的某个状态 $x<y+1$，M_1 才会到达该位置。从该状态到当前，x 保持相同的值且 y 没有减少，当 ℓ_2 被执行时 x 仍小于 $y+1$。因此，模块规约为 φ_1：$\Box(x\geqslant x^-)\wedge(\Box(y\geqslant y^-)\rightarrow\Box(x\leqslant y+1))$ 和 φ_2：$\Box(y\geqslant y^-)\wedge(\Box(x\geqslant x^-)\rightarrow\Box(y\leqslant x+1))$。从合取式 $\varphi_1\wedge\varphi_2$ 可推出 $\Box(x\leqslant y+1\wedge y\leqslant x+1)$，该公式蕴涵 $\Box(|x-y|\leqslant 1)$。

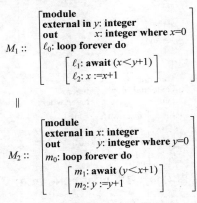

4.9.4 异步通信模块

程序 ASYNC-PING-PONG 是程序 PING-PONG(见图 4.12)的一个变体,如图 4.16 所示。其中,模块之间不再通过共享变量 x、y 和 z 通信,而是通过异步通道 α、β 和 γ 进行通信。

$$M_1 :: \left[\begin{array}{l}\textbf{module}\\ \textbf{external in } \beta\text{: } \textbf{channel } [1..] \textbf{ of integer}\\ \textbf{out} \quad\quad \alpha, \gamma\text{: } \textbf{channel } [1..] \textbf{ of integer}\\ \textbf{local} \quad\quad u\text{: } \textbf{integer}\\ \quad\quad \left[\begin{array}{l}\ell_0\text{: } \alpha \Leftarrow 1\\ \ell_1\text{: } \beta \Rightarrow u\\ \ell_2\text{: } \gamma \Leftarrow 1\end{array}\right]\end{array}\right]$$

$$\|$$

$$M_2 :: \left[\begin{array}{l}\textbf{module}\\ \textbf{external in } \alpha\text{: } \textbf{channel } [1..] \textbf{ of integer}\\ \textbf{out} \quad\quad \beta\text{: } \textbf{channel } [1..] \textbf{ of integer}\\ \textbf{local} \quad\quad v\text{: } \textbf{integer}\\ \quad\quad \left[\begin{array}{l}m_0\text{: } \alpha \Rightarrow v\\ m_1\text{: } \beta \Leftarrow 1\end{array}\right]\end{array}\right]$$

图 4.16 程序 ASYNC-PING-PONG

两个模块还分别使用了两个局部变量 u 和 v。除了通信方法的改变,程序的逻辑结构与图 4.12 中的程序相同。通信从 M_1 发送一个消息到通道 α 开始,模块 M_2 等待消息到达。消息到达时,M_2 发送一个消息到通道 β。这个消息被 M_1 接收时,模块开始向通道 γ 发送消息。该程序的全局不变性可表示为$\Diamond[\gamma \Leftarrow]$,表明消息最终被发送到通道 γ。

考虑如何将这个全局规约分解为两个模块规约。可将基于共享变量的模块规约转化为基于通信的规约。可表示为 φ_1: $\Diamond[\alpha \Leftarrow] \wedge (\Diamond[\beta \Leftarrow] \rightarrow \Diamond[\gamma \Leftarrow])$ 和 φ_2: $\Diamond[\alpha \Leftarrow] \rightarrow \Diamond[\beta \Leftarrow]$。合取式 $\varphi_1 \wedge \varphi_2$ 蕴涵$\Diamond[\gamma \Leftarrow]$。将$\Diamond[\alpha \Leftarrow] \rightarrow \Diamond[\beta \Leftarrow]$与其共享变量对应的$\Diamond\Box(x=1) \rightarrow \Diamond\Box(y=1)$进行比较是很有趣的。有人可能会问,为什么在共享变量的情况下需要$\Diamond\Box$组合表达的更强的承诺,而在异步通信的情况下需要更简单的$\Diamond$算子进行管理呢?在共享变量的情况下,为确保 M_1 置 x 为 1 所产生的信号在 M_2 感知前不会被永久撤销,$\Diamond\Box$是必需的。在异步消息传送模型中,信号不能被撤销,因为消息一旦被 M_1 发送,M_1 就没有办法撤回或取消消息。由于这个原因以及稍后将看到的其他原因,在本书考虑的三种模型(共享变量、异步通信和同步通信)中,异步通信是最适合模块规约和组合验证且最简单的模型。

4.9.5 同步通信模块

图 4.17 给出了程序 SYNC-PING-PONG,除了通道是同步的,其余与图 4.16 中的 ASYNC-PING-PONG 程序类似。

两个程序之间的另一个区别是模块 M_1 从通道 β 读入消息后终止,而并不向通道 γ 发送消息。这个修改是必要的,因为在同步通信模型中,若没有 M_2 匹配的接收语句,模块 M_1 的 $\gamma \Leftarrow 1$ 语句就不能被执行。因此,考虑这个程序的全局属性$\Diamond(u=1)$。为了简化,假设所有通道为单一读和单一写的通道。

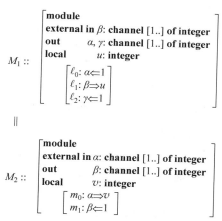

$$M_1 :: \left[\begin{array}{ll}\textbf{module} & \\ \textbf{external in}\ \beta\text{: } \textbf{channel of integer} & \\ \textbf{out} & \alpha\text{: } \textbf{channel of integer} \\ \textbf{local} & u\text{: } \textbf{integer} \\ \quad \left[\begin{array}{l}\ell_0\text{: } \alpha \Leftarrow 1 \\ \ell_1\text{: } \beta \Rightarrow u\end{array}\right] & \end{array}\right]$$

$$\|$$

$$M_2 :: \left[\begin{array}{ll}\textbf{module} & \\ \textbf{external in}\ \alpha\text{: } \textbf{channel of integer} & \\ \textbf{out} & \beta\text{: } \textbf{channel of integer} \\ \textbf{local} & v\text{: } \textbf{integer} \\ \quad \left[\begin{array}{l}m_0\text{: } \alpha \Rightarrow v \\ m_1\text{: } \beta \Leftarrow 1\end{array}\right] & \end{array}\right]$$

图 4.17 程序 SYNC-PING-PONG

例如,考虑模块 M_1 的第一条语句 ℓ_0：$\alpha \Leftarrow 1$。在异步的情况下,遇到这样的语句能够立即写下 $\diamondsuit[\alpha \Leftarrow]$ 作为模块 M_1 的一个模块有效属性。该属性表明消息将被发往通道 α 且独立于其他模块的行为。因为异步通信中(假设通道不限制缓冲容量)发送消息的操作是自发的,不需要来自环境的合作。而在同步通信的情况下,每个通信都需要合作。模块 M_1 能够发送消息到 α 当且仅当 M_2 已经准备好联合的转换。为表示这种情况,引入两个新的状态谓词：$ready([\alpha \Leftarrow])$ 和 $ready([\alpha \Rightarrow])$。如果控制在语句 $\alpha \Leftarrow e$ 前面,那么状态谓词 $ready([\alpha \Leftarrow])$(准备好发送到 α)在程序的一个计算的某个状态为真。类似地,如果控制在语句 $\alpha \Rightarrow u$ 前面,那么状态谓词 $ready([\alpha \Rightarrow])$(准备好接收来自 α 的消息)在程序的一个计算的某个状态为真。对于条件发送语句或条件接收语句,如 $\alpha \Rightarrow u$ **provided** c,要求条件 c 也在这个状态成立。

使用单个输出谓词 $[\alpha \Leftarrow]$(或 $[\alpha \Leftarrow v]$)描述实际的通信事件时,应区别两个等待谓词 $ready([\alpha \Leftarrow])$ 和 $ready([\alpha \Rightarrow])$,因为知道模块是在等待输入还是等待输出是很重要的。使用这些谓词可以将模块 M_1 的语句 ℓ_0：$\alpha \Leftarrow 1$ 的相应属性表示为 $\diamondsuit[\alpha \Leftarrow] \vee \square(ready([\alpha \Leftarrow]) \wedge \neg[\alpha \Leftarrow])$。该公式表示,要么通道 α 上的通信将发生,要么 M_1 将永远保持准备发送状态,徒劳地等待一个匹配的通信伙伴同意接收。

由于频繁使用等待和不通信的合取,因此定义如下：

$$yearn([\alpha \Leftarrow])\text{：} ready([\alpha \Leftarrow]) \wedge \neg[\alpha \Leftarrow]$$

$$yearn([\alpha \Rightarrow])\text{：} ready([\alpha \Rightarrow]) \wedge \neg[\alpha \Leftarrow]$$

使用这个缩写,可以将语句 ℓ_0：$\alpha \Leftarrow 1$ 的相应属性表示为 $\diamondsuit[\alpha \Leftarrow] \vee \square yearn([\alpha \Leftarrow])$。

下面构造 M_1 和 M_2 的模块规约。同步通信模块规约的系统化构造基于程序中每个位置单独子句的构造,因此有 φ_1：$\varphi_{1.0} \wedge \varphi_{1.1}$ 和 φ_2：$\varphi_{2.0} \wedge \varphi_{2.1}$。其中：

$\varphi_{1.0}$：$\diamondsuit[\alpha \Leftarrow] \vee \square yearn([\alpha \Leftarrow])$

$\varphi_{1.1}$：$[\diamondsuit[\alpha \Leftarrow] \rightarrow (\diamondsuit[\beta \Leftarrow] \vee \diamondsuit\square yearn([\beta \Rightarrow])] \wedge ([\beta \Leftarrow 1] \Rightarrow (u=1))$

$\varphi_{2.0}$：$\diamondsuit[\alpha \Leftarrow] \vee \square yearn([\alpha \Rightarrow])$

$\varphi_{2.1}$：$[\diamondsuit[\alpha \Leftarrow] \rightarrow (\diamondsuit[\beta \Leftarrow] \vee \diamondsuit\square yearn([\beta \Leftarrow]))] \wedge ([\beta \Leftarrow] \Rightarrow [\beta \Leftarrow 1])$

子句 $\varphi_{1.0}$ 表示 α 上的通信最终发生或者存在语句永远保持准备输出到 α 上。子句 $\varphi_{1.1}$ 表示两个属性。第一个属性为：如果将有一个 α-通信(之后 M_1 必须在 ℓ_1 上),则要么有一个 β-通信,要么 M_1 将永远保持就绪,准备接收来自 β 的输入。第二个属性是安全性,表示值 1

在通道 β 上通信之后的每个状态下，u 的值等于 1。子句 $\varphi_{2.0}$ 表示一个 α-通信将发生或者存在 M_2 的语句永远保持准备接收来自 α 的输入。子句 $\varphi_{2.1}$ 表示，如果存在一个 α-通信，则要么有值为 1 的 β-通信，要么 M_2 将永远保持准备好输出到 β。

考虑合取式 $\varphi_1 \wedge \varphi_2$。它蕴涵全局属性。可以从它推断出更弱的析取式：$\square(yearn([\alpha \Leftarrow]) \wedge yearn([\alpha \Rightarrow])) \vee \Diamond\square(yearn([\beta \Leftarrow]) \wedge yearn([\beta \Rightarrow])) \vee \Diamond(u=1)$。该析取式表示，$M_1$ 永久保持准备好 α-输出且 M_2 永久保持准备好 α-输入，或者 M_1 永久保持准备好 β-输入且 M_2 永久保持准备好 β-输出，又或者 $u=1$。

该析取式的推论可基于如下分析得到：如果$[\alpha \Leftarrow]$没有发生，则从 $\varphi_{1.0}$ 到 $\varphi_{2.0}$ 可以得到$\square yearn([\alpha \Leftarrow]) \wedge \square yearn([\alpha \Rightarrow])$，这是第一个析取子句；如果$[\alpha \Leftarrow]$发生，则通过 $\varphi_{1.1}$ 和 $\varphi_{2.1}$ 可以得到$\Diamond[\beta \Leftarrow] \vee \Diamond\square yearn([\beta \Rightarrow]$和$\Diamond[\beta \Leftarrow] \vee \Diamond\square yearn[\beta \Leftarrow]$；如果$[\beta \Leftarrow]$不发生，则$\Diamond\square yearn[\beta \Rightarrow] \wedge \Diamond\square yearn[\beta \Leftarrow]$成立，该公式蕴涵第二个析取子句；如果$[\beta \Leftarrow]$确实发生，则由 $\varphi_{2.1}$，$[\beta \Leftarrow 1]$发生，这意味着通过 $\varphi_{1.1}$ 得到第三个析取子句$\Diamond(u=1)$。

对系统中的每个通道 γ 引入最终通信公理$\square\Diamond(ready([\gamma \Leftarrow]) \wedge ready([\gamma \Rightarrow])) \rightarrow \square\Diamond[\gamma \Leftarrow]$。该公理反映了强公平性需求，即如果向 γ 发送消息和接收来自 γ 的消息同时准备无穷多次，则应有无穷多次的 γ-通信。可以利用这个公理推导出匹配假设 $\neg\Diamond\square(yearn[\gamma \Leftarrow] \wedge yearn[\gamma \Rightarrow])$，该假设不允许发送端和接收端从某个点开始持续地交互计算（但没有通信）。如果对 α 和 β 应用这个公理，它将排除前两个析取子句$\square(yearn([\alpha \Leftarrow]) \wedge yearn([\alpha \Rightarrow]))$和$\Diamond\square(yearn([\beta \Leftarrow]) \wedge yearn([\beta \Rightarrow]))$。因此，借助始终有效的匹配假设，能够从合取 $\varphi_1 \wedge \varphi_2$ 中推断出$\Diamond(u=1)$。

4.9.6 资源重新分配

再次考虑资源分配问题。4.6 节给出了该系统的一个全局规约。从共享变量通信的角度考虑，可将系统看作由图 4.18 描述的若干模块组成。模块 A 代表分配器，模块数组 $C[1],\cdots,C[m]$代表用户。

A ::
module
external in *r*: **array** [1..*m*] **of boolean**
out *g*: **array** [1..*m*] **of boolean where** *g*=F
Body$_A$

$\|$

$\|_{i=1}^{m}$ $C[i]$ ::
module
external in *g*[*i*]: **boolean**
out *r*[*i*]: **boolean where** *r*[*i*]=F
Body $C[i]$

图 4.18 系统模块分解

列出构成全局规约的子句。为简化讨论，仅给出几个最初提出的子句。第一个子句为

$S1$：$\square\left(\left(\sum_{i=1}^{m} g[i]\right) \leqslant 1\right)$。该公式表示互斥，即在每一状态至多有一个为 $g[i]$真。

以下 4 个子句确保变量 $r[i]$和 $g[i]$中的变化遵循循环顺序 $r[i]\uparrow$、$g[i]\uparrow$、$r[i]\downarrow$、$g[i]\downarrow$。

$$S2:\ \neg g[i] \Rightarrow (\neg g[i])\mathcal{W}(r[i] \land \neg g[i])$$
$$S3:\ r[i] \Rightarrow r[i]\mathcal{W}(r[i] \land g[i])$$
$$S4:\ g[i] \Rightarrow g[i]\mathcal{W}(\neg r[i] \land g[i])$$
$$S5:\ \neg r[i] \Rightarrow (\neg r[i])\mathcal{W}(\neg r[i] \land \neg g[i])$$

以下 3 个子句代表全局进展需求。

$$L1:\ r[i] \Rightarrow \diamondsuit g[i]$$
$$L2:\ g[i] \Rightarrow \diamondsuit \neg r[i]$$
$$L3:\ \neg r[i] \Rightarrow \diamondsuit \neg g[i]$$

接下来给出用户和分配器的模块规约。

1. 用户 $C[i]$ 的模块规约

图 4.19 给出了用户模块 $C[i]$ 的一个可能的实现，这种实现不是作为一个绑定表示，而是作为一个标准，可以根据它来衡量即将开发的模块规约的可行性。

```
C[i] :: [ module
          external in g[i]: boolean
          out         r[i]: boolean where r[i]=F
          [ ℓ0: loop forever do
                [ ℓ1: noncritical
                  ℓ2: r[i] :=T
                  ℓ3: await g[i]
                  ℓ4: critical
                  ℓ5: r[i] :=F
                  ℓ6: await ¬g[i] ] ] ]
```

图 4.19 一个可能的实现

程序包含执行不需要资源活动的非临界区和执行需要资源活动的临界区。涉及 $r[i]$ 和 $g[i]$ 的通信协议是不言自明的，并且显然保持了事件 $r[i]\uparrow$、$g[i]\uparrow$、临界行为、$r[i]\downarrow$、$g[i]\downarrow$ 的循环顺序。

对于以简单需求列表的形式给出全局规约的情况，构造模块规约的一种可能的方法是逐一检查需求，并尝试确定所考虑的模块是否负责维护该需求。没有方法可以检测哪个模块负责维护给定的属性。

将属性 φ 看作是约束单个变量(如 x)的行为时，可以使用一个启发式方法。在这种情况下，负责维护 φ 的模块可以编写 x 的模块(假设只有一个这样的模块)。这种启发式方法能够被推广到 φ 约束多个变量的情况，所有这些变量都仅能由一个模块编写。该启发式方法的一个简单例子是确定分配器 A 有责任保持互斥属性 $\square((\sum_{i=1}^{m} g[i]) \leqslant 1)$。这是因为模块 A 拥有变量 $g[1],\cdots,g[m]$(可以以独占方式写入)。

一旦一个子句被确定为正在考虑的模块的任务，可能必须对其进行修改，这种修改通常明确了维护属性所必需的其他模块的合作。

由 $C[i]$ 负责的第一个全局需求是 $r[i] \Rightarrow r[i]\mathcal{W}(r[i] \land g[i])$，该属性表明如果 $r[i]$ 在某一点为真，那么至少在 $g[i]$ 为真之前，$r[i]$ 保持为真。这是对设置 $r[i]$ 为 F 的语句执行的约束。

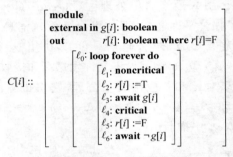

实现这个模块规约的唯一方式是从不设置 $r[i]$ 为 F。例如，下面模块的片段试图实现

这个规约，但将 $r[i]$ 设置为 F。

$$\begin{array}{l}\textbf{external in } g[i]\textbf{: boolean}\\ \quad\vdots\\ m_3\textbf{: await } g[i]\\ m_4\textbf{: } r[i]:=\mathrm{F}\\ m_5\textbf{:}\end{array}$$

这个片段在感知 $g[i]$为 T 前，已尽量不设置 $r[i]$为 F。这个模块也有如下计算（列出 π、$r[i]$和 $g[i]$的值）：

$$\cdots s_j: <\{m_3\},\mathrm{T},\mathrm{T}> \xrightarrow{m_3} s_{j+1}: <\{m_4\},\mathrm{T},\mathrm{T}> \xrightarrow{\tau_E} s_{j+2}: <\{m_4\},\mathrm{T},\mathrm{F}> \xrightarrow{m_4} s_{j+3}: <\{m_5\},\mathrm{F},F> \rightarrow\cdots$$

注意，公式 $r[i]\rightarrow r[i]\mathcal{W}(r[i]\wedge g[i])$在计算的位置 $j+2$ 处不成立。

显然，属性的预期意义是确保一旦 $C[i]$ 将 $r[i]$ 设置为 T，那么它保持为 T 至少直到模块 A 通过将 $g[i]$设置为 T 来响应。因此，仅在 $r[i]$刚刚从 F 变为 T 的确切点上表示该属性即可。

$C[i]$的模块规约中包括更弱的需求 $\varphi_1[i]$: $r[i]\uparrow\Rightarrow r[i]\mathcal{W}(r[i]\wedge g[i])$。该公式要求 $r[i]$刚刚从 F 变为 T 时开始，$r[i]$保持为 T 至少直到 $g[i]$为真。需求还可以用嵌套 unless 公式表示为 $\neg r[i]\Rightarrow(\neg r[i]\mathcal{W}r[i]\mathcal{W}(r[i]\wedge g[i])$。该公式从 $r[i]$为 F 开始追踪 $r[i]$的行为，表明从这样一个位置开始，$r[i]$将保持一段时间为 F（可能是永远），但当它变为 T 时，将保持为 T 至少直到 $g[i]$变为 T。该公式等价于 $\varphi_1[i]$。

$C[i]$约束变量的最后一个安全性需求是 $\neg r[i]\Rightarrow(\neg r[i])\mathcal{W}(\neg r[i]\wedge\neg g[i])$。该属性是对前一个属性的补充，它要求如果当前 $r[i]$为 F，那么它应保持为 F 至少直到 $g[i]$变为 F。该属性的模块规约 $\varphi_2[i]$: $r[i]\downarrow\Rightarrow(\neg r[i])\mathcal{W}(\neg r[i]\wedge\neg g[i])$仅在 $r[i]$下降的某一点声明，即 $r[i]$刚刚从 T 变为 F 的点。

检查 $C[i]$的全局进展性列表，寻找约束 $C[i]$中变量的属性。该属性为 $g[i]\Rightarrow\Diamond\neg r[i]$，表明 $C[i]$总是在获得资源后的某个时刻释放资源。为了使之成为模块规约，如果 $g[i]$为 T 的时间不够长，那么保证对 $g[i]$为 T 的响应是不可能的。因此，添加条件 $\varphi_3[i]$: $g[i]\mathcal{W}(\neg r[i])\Rightarrow\Diamond\neg r[i]$到 $C[i]$的模块规约。该公式保证对 $g[i]$为 T 有一个响应，当且仅当 $g[i]$保持为 T 至少直到响应产生。$C[i]$完整的模块规约可表示为 $\varphi[i]$: $\varphi_1[i]\wedge\varphi_2[i]\wedge\varphi_3[i]$。

2. 分配器模块规约

构造分配器模块 A 的模块规约 ψ。浏览全局属性列表，并将约束 A 中的变量属性的修改版本收集到 ψ 中。如果能够将未在 $\varphi[i]$中考虑的所有属性收集到 ψ 中，这是一个令人鼓舞的迹象。

互斥的安全性由模块 A 负责，因为它只与 A 中的变量有关。因此 ψ 中包含子句 ψ_1: $\square((\sum_{i=1}^{m}g[i])\leqslant 1)$。其余的安全性中，与 A 相关的是一些支配 $g[i]$变化的属性，表示为 $\neg g[i]\Rightarrow(\neg g[i])\mathcal{W}(r[i]\wedge\neg g[i])$和 $g[i]\Rightarrow g[i]\mathcal{W}(\neg r[i]\wedge g[i])$。相应的模块规约应从开始变化的点声明，因此 ψ 中包含条件：ψ_2: $(first\vee g[i]\downarrow)\Rightarrow(\neg g[i])\mathcal{W}(r[i]\wedge\neg$

$g[i]$)和 ψ_3: $g[i]\uparrow \Rightarrow g[i]\mathcal{W}(\neg r[i]\wedge g[i])$。在 ψ_2 中，将计算的第一个位置作为一个位置点，从这个点起，$g[i]$至少要保持为 F 直到 $r[i]$变为 T，这表示没有主动响应的需求。

有两个全局进展性可以看作对 $g[i]$行为的约束。它们是 $\neg r[i]\Rightarrow\Diamond\neg g[i]$和 $r[i]\Rightarrow\Diamond g[i]$。第一个属性要求最终将 $g[i]$ 重置为 F 以响应 $r[i]$为 F。为要求 $r[i]$ 保持为 F 足够长时间，添加子句 ψ_4: $(\neg r[i])\mathcal{W}(\neg g[i])\Rightarrow\Diamond\neg g[i]$到规约中。第二个属性要求 $C[i]$获得资源(即 $g[i]$为 T)以响应 $C[i]$请求资源(即 $r[i]=\mathrm{T}$)。由于模块规约对操作不当的用户也成立，考虑如下情形。假设在 $C[i]$提出请求之前，对 $j\neq i$，用户 $C[j]$获得资源且还未释放资源，因此当前 $r[j]=g[j]=\mathrm{T}$。假设 $C[i]$提出一个请求，即 $r[i]$为 T，但 $C[j]$拒绝释放资源，分配器该如何做？在不违背 ψ_2 的情况下，它不能重置 $g[j]$ 为 F；在不违背 ψ_1 的情况下，它不能置 $g[i]$ 为 T。此时应该解除模块 A 将资源授予 $C[i]$的责任。因此，添加到 ψ 中相应的子句为 ψ_5: $r[i]\mathcal{W}g[i]\Rightarrow(\Diamond g[i]\vee\bigvee_{j\neq i}\Diamond\Box g[j])$。它表示如果 $C[i]$发出持续的请求，那么 $C[i]$将被授予资源或者可以识别一个反叛的 $C[j]$，$C[j]$持有资源并永远拒绝释放。后一种情况可以通过使 $g[j]$永远为 T 来识别。由于 ψ_4 的原因，让 $g[j]$永远为 T 的选项不会被分配器滥用，因为分配器更倾向于将资源授予 $C[i]$，因为在 ψ_4 之前，只有当 $C[j]$没有将 $r[j]$重置为 F，并且将 $r[j]$保持在 F 足够长的时间，以便分配器感知到它并通过将 $g[j]$重置为 F 来响应时，分配器才能永远保持 $g[j]$为 T。

分配器模块的完整规约可表示为合取 ψ: $\psi_1\wedge\psi_2\wedge\psi_3\wedge\psi_4\wedge\psi_5$。能够证明模块规约合取 $\psi\wedge\bigwedge_{i=1}^{m}\varphi[i]$蕴涵先前提到的每一个全局属性。

3. 全局属性分解

在考虑资源分配系统的全局规约时，可以用单一需求 L: $\Box\Diamond(\neg r[i]\wedge\neg g[i])$代替 L1～L3 这三个进展需求。虽然提供了一个全局规约的更简单的表示，但使将其分解为模块规约变得更加困难，因为像 L 这样的属性同时约束 $C[i]$和 A 中的变量。

如果一个全局规约的唯一的进展部分由 L 给出，建议先将 L 拆分为三个需求 L1～L3，每个需求仅约束一个变量，再按照划分政策决定哪一个需求应分配给 $C[i]$，哪一个需求应分配给 A。

问题 4.7 将考虑一个通过异步消息传递管理互斥的程序，并为其模块提供模块规约。

问题

问题 4.1 及时响应(166 页)。

本章讨论了输入变量为 x、输出变量为 y 的程序 P 的例子。在讨论响应性时，要求每个 $x=1$ 的状态后面跟着一个 $y=2$ 的状态，每个 $x=0$ 的状态后面跟着一个 $y=0$ 的状态。然而，该规约允许迟滞的响应。

添加一个需求确保 $x=1$ 的状态后面跟着一个 $y=2$ 的状态，且响应发生在 x 变为 0 之前。类似地，要求对 $x=0$ 的响应出现在 x 变为非 0 数值之前。这些属性属于哪一类？

问题 4.2　最终封闭(167 页)。

证明等价式：$\Diamond\Box(p\rightarrow\Box q)\sim[\Diamond\Box q \vee \Diamond\Box(\neg p)]$。公式左侧描述的属性是一种持续性,表明从某个点开始,任何 p 的发生将立即且永久导致对 q 的锁定。公式右侧表明从某个点开始,q 永久成立或者 p 仅出现有穷多次。

问题 4.3　两种规约风格的等价(179 页)。

考虑一个缓冲系统的安全性部分的两个规约。第一个规约 φ：$\varphi_{\mathrm{aur}} \wedge \varphi_{\mathrm{nod}} \wedge \varphi_{\mathrm{fifo}}$ 是三个将来公式的合取,其中：

$$\varphi_{\mathrm{aur}}:(\neg[\beta \Leftarrow m])\,\mathcal{W}[\alpha \Leftarrow m]$$

$$\varphi_{\mathrm{nod}}:[\beta \Leftarrow m]\Rightarrow\hat{\Box}(\neg[\beta \Leftarrow m])$$

$$\varphi_{\mathrm{fifo}}:((\neg[\beta \Leftarrow m'])\,\mathcal{U}[\beta \Leftarrow m])\rightarrow((\neg[\alpha \Leftarrow m'])\,\mathcal{W}[\alpha \Leftarrow m])$$

第二个规约 ψ：$\psi_{\mathrm{aur}} \wedge \psi_{\mathrm{nod}} \wedge \psi_{\mathrm{fifo}}$ 是三个典型公式的合取,其中：

$$\psi_{\mathrm{aur}}:[\beta \Leftarrow m]\Rightarrow\Diamond\!\!\!-[\alpha \Leftarrow m]$$

$$\psi_{\mathrm{nod}}:[\beta \Leftarrow m]\Rightarrow\hat{\boxminus}(\neg[\beta \Leftarrow m])$$

$$\psi_{\mathrm{fifo}}:([\beta \Leftarrow m]\wedge\hat{\boxminus}(\neg[\beta \Leftarrow m']))\Rightarrow\Diamond\!\!\!-([\alpha \Leftarrow m]\wedge\hat{\boxminus}(\neg[\alpha \Leftarrow m']))$$

(1) 证明 $\varphi_{\mathrm{aur}}\leftrightarrow\psi_{\mathrm{aur}}$ 和 $\varphi_{\mathrm{nod}}\leftrightarrow\psi_{\mathrm{nod}}$,而 $\varphi_{\mathrm{fifo}}\not\leftrightarrow\psi_{\mathrm{fifo}}$。为证明 φ_{fifo} 和 ψ_{fifo} 不等价,给出一个满足其中一个公式而不满足另一个公式的模型。其中的一个公式是否蕴涵另一个公式?

(2) 证明 φ 和 ψ 等价。

(3) 考虑另一个试图捕获先进先出顺序属性的典型安全性公式 ψ'_{fifo},表示为 ψ'_{fifo}：$([\beta \Leftarrow m'])\wedge\Diamond\!\!\!-[\beta \Leftarrow m])\Rightarrow\Diamond\!\!\!-([\alpha \Leftarrow m']\wedge\Diamond\!\!\!-[\alpha \Leftarrow m])$。证明合取式 φ 不等价于 ψ'：$\psi_{\mathrm{aur}}\wedge\psi_{\mathrm{nod}}\wedge\psi'_{\mathrm{fifo}}$。

(4) 证明蕴涵式$(\chi_{\mathrm{nid}}\wedge\chi_{\mathrm{live}})\rightarrow(\varphi\leftrightarrow\psi')$的有效性,其中 χ_{nid} 定义为 $\forall m$：$[\alpha \Leftarrow m]\Rightarrow\hat{\boxminus}(\neg[\alpha \Leftarrow m])$,表示没有两个输入消息是相同的;$\chi_{\mathrm{live}}$ 定义为 $\forall m$：$[\alpha \Leftarrow m]\Rightarrow\Diamond[\beta \Leftarrow m]$,表示响应需求,即每个在上 α 传输的消息最终在 β 上传输。

问题 4.4　unless 和 back-to(181 页)。

通过建立$(p_0\Rightarrow p_1\,\mathcal{W}p_2\cdots p_n\,\mathcal{W}r)\sim\Box((\neg p_0)\mathcal{W}p_1\,\mathcal{W}p_2\cdots p_n\,\mathcal{W}r)$、$(p_0\Rightarrow p_1\,\mathcal{B}p_2\cdots p_n\,\mathcal{B}r)\sim\Box((\neg p_0)\mathcal{B}p_1\,\mathcal{B}p_2\cdots p_n\,\mathcal{B}r)$和$\Box(q_1\,\mathcal{W}q_2\cdots q_m\,\mathcal{W}r)\sim\Box(q_m\,\mathcal{B}q_{m-1}\cdots q_1\,\mathcal{B}r)$。证明等价式$(p_0\Rightarrow p_1\,\mathcal{W}p_2\cdots p_n\,\mathcal{W}r)\sim((\neg p_n)\Rightarrow p_{n-1}\,\mathcal{B}p_{n-2}\cdots p_1\,\mathcal{B}(\neg p_0)\mathcal{B}r)$。

等价式左侧嵌套 unless 公式 $p_0\Rightarrow p_1\,\mathcal{W}p_2\cdots p_n\,\mathcal{W}r$ 表明：每个 p_0 之后跟随一个 p_1 区间,之后跟随一个 p_2 区间,以此类推,直到 r 出现才能够终止。等价式表明该属性是一个安全性,也表明每个 $\neg p_n$ 出现之前有一个 p_{n-1} 区间,且在此之前有一个 p_{n-2} 区间或其他区间直到一个 $\neg p_0$ 区间出现。这个序列可能由于 r 的出现被提前中断。

问题 4.5　最终可靠通道(185 页)。

考虑公式$\Box\Diamond[\alpha \Leftarrow m]\rightarrow\Diamond[\beta \Leftarrow m]$,它描述一个最终可靠的通道(从位置 0 开始)。证明该公式实际上是一个持续性公式。

问题 4.6　规约的等价性(188 页)。

设 r_i、g_i 是两个命题。证明公式$(\neg r_i \wedge \neg g_i)\Rightarrow(\neg r_i \wedge \neg g_i)\mathcal{W}(r_i \wedge \neg g_i)$等价于 $\neg g_i\Rightarrow(\neg g_i)\mathcal{W}(r_i \wedge \neg g_i)$。

问题 4.7 模块规约(206 页)。

程序如图 4.20 所示。该程序通过同步消息传递处理互斥问题。假设非临界区是终止的,开始时 M_1 和 M_2 通过通道 α 上的消息同步,然后 M_1 执行它的非临界区,M_2 执行它的临界区。最终它们都终止并通过通道 β 上的消息实现同步,在此之后 M_1 和 M_2 交换角色,M_1 执行临界区而 M_2 执行非临界区。角色的下一次交换要求在 α 上再次同步。

```
M1 :: [ module
        external in β: channel of integer
        out         α: channel of integer
        local       u: integer
        [ ℓ0: loop forever do
              [ ℓ1: α⇐1
                ℓ2: Terminating noncritical
                ℓ3: β⇒u
                ℓ4: critical ] ] ]

      ||

M2 :: [ module
        external in α: channel of integer
        out         β: channel of integer
        local       v: integer
        [ m0: loop forever do
              [ m1: α⇒v
                m2: critical
                m3: β⇐1
                m4: Terminating noncritical ] ] ]
```

图 4.20 同步消息传递处理互斥的程序

为 M_1 和 M_2 编写模块规约 φ_1 和 φ_2,使 $\varphi_1 \wedge \varphi_2$ 蕴涵互斥性 $\square \neg(at\_\ell_4 \wedge at\_m_2)$。确保模块 $M_i(i=1,2)$ 的规约在 M_i 和与其接口兼容的模块构成的所有并行程序的计算上都是有效的。特别地,M_i 的规约不能涉及其搭档中的位置。

* **问题 4.8** 语言理论的角度(171 页)。

对于某些 $n(n>0)$,考虑一个包含命题 $p_1,\cdots,p_n$ 的固定词汇表 $V=\{p_1,\cdots,p_n\}$。设 Σ 为 V 上的状态集,称为 Σ-状态。设 Σ^* 表示所有有穷的 Σ-状态序列,Σ^+ 为所有非空有穷的 Σ-状态序列,Σ^ω 表示所有无穷的 Σ-状态序列。

Σ-状态也称为字母,字母构成的无穷序列称为一个字(或单词)。假设 Σ 至少包含三个字母。非空有穷字母序列称为有穷字。语言是 Σ^ω 的子集,即一组单词。有穷语言是 Σ^+ 的子集,即有穷非空字的集合。对每个 $k\geqslant 0$,有穷字 $\hat{\sigma}$: $a_0,\cdots,a_k$ 称为 σ: $a_0,\cdots,a_k,a_{k+1},\cdots$ 的前缀,记作 $\hat{\sigma}\prec\sigma$。有穷字 σ_1: $a_0,\cdots,a_k$ 和字 σ_2: $b_1,b_2\cdots$ 的连接表示为 $\sigma_1\cdot\sigma_2$,是字 $a_0,\cdots,a_k,b_1,b_2\cdots$。

语言和有穷语言可以结合起来,利用并和交的集合运算,构成新的语言和有穷语言。语言 L 和有穷语言 M 的补集表示为 $\overline{L}$ 和 $\overline{M}$,定义为 $\overline{L}=\Sigma^\omega-L$,$\overline{M}=\Sigma^+-M$。对于有穷语言 M 和语言 L,$\sigma_1\in M$,$\sigma_2\in L$,语言连接 $M\cdot L$ 为包含可表示为连接 $\sigma_1\cdot\sigma_2$ 的所有字。

L 的无穷迭代表示为 L^ω,包含可表示为无穷连接 $\sigma_0\cdot\sigma_1\cdot\sigma_2\cdots$ 的所有字,其中 $\sigma_i\in L$,$i=0,1,\cdots$。为描述有穷语言和语言,分别使用正则表达式和通过符号 Σ^ω 扩展的正则表达

式。表达式 e^ω 描述语言 $(L_e)^\omega$，其中 L_e 是被正则表达式 e 描述的有穷语言。对于 $k>0$，表达式 e^+ 描述表示为有穷连接 $\sigma_1 \cdot \sigma_2 \cdots \sigma_k$ 的所有字的集合，其中 $\sigma_i \in L_e, i=1,\cdots,k$。

引入 4 个操作符 A、E、R 和 P 从有穷语言构造语言。设 Φ 为一个有穷语言。定义如下。

语言 $A(\Phi)$ 包含每个前缀都在 Φ 中的字 σ。例如，如果 $\Phi=a^+b^*$，则 $A(\Phi)=a^\omega+a^+b^\omega$。

语言 $E(\Phi)$ 包含所有存在前缀在 Φ 中的字 σ。例如，$E(a^+b^*)=a^+b^* \cdot \Sigma^\omega$。事实上，对于每个有穷语言 Φ 都有 $E(\Phi)=\Phi \cdot \Sigma^\omega$。

语言 $R(\Phi)$ 包含所有无穷多个前缀在 Φ 中的字 σ。例如，$R(\Sigma^* b)=(\Sigma^* b)^\omega$。这个语言的字是 b 出现无穷多次的字。

语言 $P(\Phi)$ 包含所有但有穷多个前缀在 Φ 中的字 σ。例如，$P(\Sigma^* b)=\Sigma^* b^\omega$。这个语言的字是从某个点开始只有字符 b 的字。

基于这四个操作符的定义，定义以下四类语言：

第一类语言：如果存在有穷语言 Φ 使得 $\Pi=A(\Phi)$，则称 $\Pi \subseteq \Sigma^\omega$ 为一个**安全**语言。

第二类语言：如果存在有穷语言 Φ 使得 $\Pi=E(\Phi)$，则称 $\Pi \subseteq \Sigma^\omega$ 为一个**保证**语言。

第三类语言：如果存在有穷语言 Φ 使得 $\Pi=R(\Phi)$，则称 $\Pi \subseteq \Sigma^\omega$ 为一个**响应**语言。

第四类语言：如果存在有穷语言 Φ 使得 $\Pi=P(\Phi)$，则称 $\Pi \subseteq \Sigma^\omega$ 为一个**持续**语言。

例如，语言 a^*b^ω、$a^*b \cdot \Sigma^\omega$、$(\Sigma^* b)^\omega$ 和 $\Sigma^* b^\omega$ 分别是安全语言、保证语言、响应语言和持续语言。将这四类语言称为基本语言。

对于 $k>0$，如果存在有穷语言 Φ_i、$\Psi_i (i=1,\cdots,k)$ 使 $\Pi=\bigcap\limits_{i=1}^{k}(A(\Phi_i) \cup E(\Psi_i))$，则称 Π 为 k-义务语言。如果存在 $k>0$，语言 Π 是 k-义务语言，则它是义务语言。

对于 $k>0$，如果存在有穷语言 Φ_i、$\Psi_i (i=1,\cdots,k)$ 使 $\Pi=\bigcap\limits_{i=1}^{k}(R(\Phi_i) \cup P(\Psi_i))$，则称 Π 为 k-反应式语言。如果存在 $k>0$，语言 Π 是 k-反应式语言，则它是反应式语言。义务语言类和反应式语言类称为复合(compound)类语言。

(1) 操作符的对偶性。

四个操作符不是完全独立的。证明 A 和 E 是对偶的，且 $\overline{A(\Phi)}=E(\bar{\Phi})$ 和 $\overline{E(\Phi)}=A(\bar{\Phi})$。证明 R 和 P 也是对偶的，$\overline{R(\Phi)}=P(\bar{\Phi})$ 和 $\overline{P(\Phi)}=R(\bar{\Phi})$。

(2) 基本类之间的对偶性。

证明语言 Π 是一个安全语言当且仅当 $\overline{\Pi}$ 是一个保证语言；语言 Π 是一个响应语言当且仅当 $\overline{\Pi}$ 是一个持续语言。

(3) 基本类之间的闭包。

证明安全语言类、保证语言类、响应语言类和持续语言类在并运算和交运算下是封闭的。

例如，证明保证语言类在交运算下封闭。设 $\Pi_1=E(\Phi_1)$，$\Pi_2=E(\Phi_2)$，其中 Φ_1 和 Φ_2 是有穷语言。定义 $\Phi=(\Phi_1 \cdot \Sigma^*) \cap (\Phi_2 \cdot \Sigma^*)$。显然一个有穷字属于 Φ 当且仅当它有一

个前缀属于 Φ_1 且有一个前缀属于 Φ_2。$\Pi=E(\Phi)$是一个保证语言，包含所有有一个前缀在 Φ_1 中且有一个前缀在 Φ_2 中的字，即 $\Pi=\Pi_1\cap\Pi_2$。

(4) 义务和反应式的析取形式。

使用合取给出义务语言类和反应式语言类的定义，即用并的交集代表一个语言。也存在一个对偶的析取形式。证明：

- Π 是一个义务语言当且仅当存在有穷语言 Φ_i、Ψ_i $(i=1,\cdots,k)$，使 $\Pi=\bigcup_{i=1}^{k}(A(\Phi_i)\cap E(\Psi_i))$。
- Π 是一个反应式语言当且仅当存在有穷语言 Φ_i、Ψ_i $(i=1,\cdots,k)$，使 $\Pi=\bigcup_{i=1}^{k}(R(\Phi_i)\cap P(\Psi_i))$

可使用基本类的闭包来证明。

(5) 复合类的闭包与对偶性。

证明义务语言类和反应式语言类在交运算、并运算和补运算下是封闭的，并且它们是自对偶的(self-dual)。

(6) 安全语言类和保证语言类的特点。

对于语言 Π，设 $Pref(\Pi)$表示 Π 中字的所有前缀的集合，证明 Π 是一个安全语言当且仅当 $\Pi=A(Pref(\Pi))$。

保证语言类可得出相似的特点。使用这些特点证明语言$(a+b^*)b^\omega$ 不是一个安全语言，语言 ab^ω 不是一个保证语言。

(7) 安全语言类和保证语言类严格包含于义务语言类。

证明安全语言类和保证语言类严格包含于 1-义务语言类。为证明严格性，证明 1-义务语言 $a^\omega+\Sigma^* b\Sigma^\omega$ 既不是安全语言也不是保证语言。

(8) 义务语言类严格包含于响应语言类和持续语言类。

证明义务语言类严格包含于响应语言类和持续语言类。对任意 $k>0$，通过证明 L_R：$(\Sigma^* b)^\omega$ 和 L_P：$\Sigma^* b^\omega$ 不是 k-义务性来建立严格性。

给出 L_R 的证明。假设它的否定成立，即存在有穷语言 Φ_i、Ψ_i $(i=1,\cdots,k)$使 L_R：$\bigcap_{i=1}^{k}(A(\Phi_i)\cup E(\Psi_i))$。

设 $\sigma_1=a^\omega$。因为 $a^\omega\notin L_R$，所以一定存在 $i_1\in\{1..k\}$和一个前缀 $b_1\prec\sigma_1$ 使 $b_1\notin\Phi_{i_1}$。考虑字 $b_1\cdot b^\omega$。因为这个字属于 $L_R=(\Sigma^* b)^\omega$ 但包含不在 Φ_{i_1} 中的前缀，所以它一定包含一个前缀 $g_1\in\psi_{i_1}$。可以假设 $b_1\prec g_1$，显然任何包含前缀 g_1 的字属于 $A(\Phi_i)\cup E(\Psi_i)$。再考虑字 $\sigma_2=g_1\cdot a^\omega$。由于 $\sigma_2\notin L_R$，因此一定存在 $i_2\in\{1..k\}(i_2\neq i_1)$和前缀 $b_2\prec\sigma_2$ 使 $b_2\notin\Phi_{i_2}$。可以假设 $g_1\prec b_2$。通过这种方式构造一个前缀序列 $b_1\prec g_1\prec b_2\prec g_2\prec\cdots\prec b_k\prec g_k$，对于不同于 i 的值 j，每个 g_j 包含 Ψ_i 中的前缀。特别地，g_k 包含 $\Psi_1,\cdots,\Psi_k$ 中的前缀。任何前缀为 g_k 的字必属于 L_R。然而，这对于 $g_k\cdot a^\omega$ 不为真，并且违背了 L_R 是一个义务语言的假设。

(9) 响应语言类和持续语言类严格包含于反应类。

证明响应语言类和持续语言类严格包含于反应式语言类。为建立严格性，首先证明 $\Sigma^*(a^*b)^\omega$ 是一个 2-反应式语言，并证明它既不是一个响应语言也不是一个持续语言。

部分证明可能是基于证明：如果 $\Sigma^*(a^*b)^\omega=R(\Phi)$，则能够构造字 σ，它有一个无穷前缀序列 $g_1 \prec g_1 \cdot c \prec g_2 \prec g_2 \cdot c \prec \cdots$，使得 $g_1, g_2 \cdots \in \Phi$。这表明 $\sigma \in R(\Phi)$，但有无穷多个 c'，使它不属于 $\Sigma^*(a^*b)^\omega$。

问题 4.9　与属性相关的语言(165、171 页)。

考虑词汇表 V(见问题 4.8)上的时序公式。对于每个 Σ-状态(字符)a，V 上存在一个状态公式 χ_a，χ_a 在状态 a 为 T，在其他状态为 F。没有歧义的情况下，可以将符号 χ_a 简化为 a。

对于时序公式 p，$sat(p)$表示所有满足 p 的字的集合。如果存在一个公式 p 使 $L=sat(p)$，则称 L 是可描述的(用时序公式)。例如，语言$(\Sigma \cdot b^\omega$ 能被公式$\Box\Diamond b$ 描述。

设 σ：$s_0, s_1, \cdots$是一个 Σ-状态序列，p 是一个过去公式。如果$(\sigma, k) \models p$，则称 σ 的一个前缀，即有穷字 $\hat{\sigma}$：$s_0, \cdots, s_k$ 最终满足 p，表示为 $\hat{\sigma} \models p$。这个定义仅依赖前缀 $\sigma[0..k]$，不依赖超过 s_k 的任何状态。

对于过去公式 p，有穷语言包含最终满足 p 的所有有穷字，记为 $esat(p)$。如果存在一个过去公式 p 使 $M=esat(p)$，则称 M 是可描述的(用时序公式)。例如，有穷语言 a^*b 可由过去公式 $b \wedge \hat{\boxminus} a$ 表示，它表明 b 在当前位置成立，且 a 在此位置之前的所有位置都成立。

设$\mathcal{K}$的范围为安全类、保证类、k-义务类、响应类、持续类和 k-反应类。

(1) 证明能被$\mathcal{K}$-公式表示的语言是一个$\mathcal{K}$-语言。例如，如果对于过去公式 p，$L=sat(\Box p)$，则存在一个有穷语言 Φ，$L=A(\Phi)$。

(2) 使用$\mathcal{K}$-属性和$\mathcal{K}$-语言的对应性，证明安全性类和保证性类严格包含于 1-义务性类，义务性类严格包含于响应性类和持续性类，响应性类和持续性类严格包含于 1-反应性类。

* **问题 4.10**　自动机的角度(171 页)。

通过无穷字上的有穷状态自动机描述时序属性。一个 Streett 自动机$\mathcal{A}$包含以下 4 个组成部分：

第 1 部分：Q——自动机的有穷状态集。

第 2 部分：$q_0 \in Q$——一个初始状态。

第 3 部分：δ：$Q \times \Sigma \mapsto Q$——转换函数，对于每个 $q \in Q$ 和 $s \in \Sigma$，在当前状态 q 下，当读入字符 a 时，自动机到达的下一状态为 $\delta(q, a)$。对状态 q 和 q'，如果不存在 $a \in \Sigma$，使 $\delta(q, a)=q'$，则称没有从 q 到 q'的转换。

第 4 部分：L：$((R_1, P_1), \cdots, (R_m, P_m))$——接受对列表。每个接受对包含第 i 个循环状态集合 $R_i \subseteq Q$ 和第 i 个持续性状态集合 $P_i \subseteq Q$。

设 σ：$a_0, a_1, \cdots$是一个字。定义$\mathcal{A}$在 σ 上的执行为无穷状态序列 $q_0, q_1, \cdots, q_i \in Q$，其中执行的第一个状态 q_0 是$\mathcal{A}$的初始状态；对于每个 $i \geqslant 0$，$q_{i+1}=\delta(q_i, a_i)$。自动机总是开始于 q_0，读入 a_0 将使自动机从 q_0 到达 q_1。

字 σ 的无穷访问集 $vinf(\sigma)$是$\mathcal{A}$在 σ 上运行时访问无穷多次的自动机状态的集合。如果对于 $i=1,2,\cdots,m$，$vinf(\sigma) \cap R_i \neq \varnothing$或 $vinf(\sigma) \subset P_i$，则称自动机$\mathcal{A}$接受字 σ。

定义自动机$\mathcal{A}$识别的语言为所有$\mathcal{A}$接受的无穷字的集合。称一个语言 L 是可识别的，如果存在一个自动机可以识别它。有 m 个接受对的自动机被称为 m-自动机。1-自动机称为平凡自动机，R_1 和 P_1 分别称为 R 和 P。

通过对转换函数和接受状态对的约束，定义如下自动机分类：

第 1 个分类：安全性自动机 $R=\varnothing$ 且没有从 $q\notin P$ 到 $q'\in P$ 的转换的平凡自动机。一个安全性自动机的执行是可接受的，当且仅当所有出现在执行中的状态都在 P 中。

第 2 个分类：保证性自动机是 $P=\varnothing$ 且没有从 $q\in R$ 到 $q'\notin R$ 的转换的平凡自动机。一个保证性自动机的执行是可接受的，当且仅当仅有出现在执行中的有穷状态不在 R 中。

第 3 个分类：一个 k-义务自动机对于每个 $i=1,2,\cdots,k$，没有从 $q\notin P_i$ 到 $q'\in P_i$ 的转换且没有从 $q\in R_i$ 到 $q'\notin R_i$ 的转换。这个定义表示一旦义务自动机的一个执行退出 P_i，那么它不可能再次进入 P_i。一旦它进入 R_i，它将一直在 R_i。称 1-义务自动机为一个简单的义务自动机。

第 4 个分类：响应自动机是 $P=\varnothing$ 的平凡自动机。

第 5 个分类：持续自动机是 $R=\varnothing$ 的平凡自动机。

第 6 个分类：k-反应自动机是任意无限制的 k-自动机。称 1-反应自动机为简单反应自动机。

(1) 自动机例子。

假设 $\Sigma=\{a,b,c\}$，构造如下自动机：

- 一个识别公式 $a\ \mathcal{W}b$ 描述的属性(即语言 $a^\omega+a^*b\cdot\Sigma^\omega$)的安全性自动机。
- 一个识别属性 $a\ \mathcal{U}b$ 的保证性自动机。
- 一个识别属性 $a\ \mathcal{W}(\Diamond b)$的简单义务自动机。
- 一个识别属性$\Box(a\vee b)\wedge\Diamond b$ 的 2-义务自动机。
- 一个识别属性$\Box\Diamond a\wedge\Box\Diamond b$ 的响应自动机。
- 一个识别属性$\Diamond\Box(a\vee c)\vee\Diamond\Box(b\vee c)$的持续自动机。
- 一个识别属性$\Box\Diamond a\rightarrow\Box\Diamond b$ 的简单反应自动机。
- 一个识别属性$\Box\Diamond b\vee\Diamond\Box(a\vee b)$的 2-反应自动机。

(2) k-排名自动机。

对 $k>0$，定义 k-排名自动机是一个平凡自动机，每个状态 $q\in Q$ 有一个排名 $\rho(q)$，$1\leqslant\rho(q)\leqslant k$，当且仅当 $\rho(q)\geqslant\rho(q')$，存在一个从 q 到 q'的转换；当且仅当 $\rho(q)>\rho(q')$，存在一个从 $q\notin P$ 到 $q'\in P$ 的转换；当且仅当 $\rho(q)>\rho(q')$，存在一个从 $q\in R$ 到 $q'\notin R$ 的转换。定义表明一个执行最多 $k-1$ 次进入 P 或退出R。$k=1$ 的情形对应一个简单义务自动机的定义。

证明一个语言能被 k-排名自动机识别当且仅当它能被一个 k-义务自动机识别。构造一个 2-排名自动机识别属性$\Box(a\vee b)\wedge\Diamond b$。

(3) 一个$\mathcal{K}$-自动机识别一个$\mathcal{K}$-语言。

设$\mathcal{K}$范围为安全、保证、k-义务、响应、持续和 k-反应。证明被$\mathcal{K}$-自动机识别的语言是$\mathcal{K}$-语言。

证明安全性的情形。考虑自动机$\mathcal{A}$。对于每个状态 $q\in Q$，设 M_q 是有穷语言，它包含所有从 q_0 读入 $\hat{\sigma}$ 到达q 的有穷字 $\hat{\sigma}$。定义 M_R(或 M_P)是所有 $q\in R$(或 $q\in P$)的 M_q 的并

集。设$\mathcal{A}$是一个安全性自动机。显然，字 σ 能被$\mathcal{A}$接受，当且仅当$\mathcal{A}$在 σ 上的一个执行仅访问 P-状态，这意味着 σ 的所有前缀属于 M_P。因此，$\mathcal{A}$识别的语言能表示为 $A(M_P)$，它是一个安全性语言。对其他类的证明可采用类似的方法。

（4）一种退化情形。

证明任何语言可被 m-自动机识别，使 $R_1=\cdots=R_m=\varnothing$ 或 $P_1=\cdots=P_m=\varnothing$ 能被一个平凡自动机识别。

** **问题 4.11**　确定可识别语言的类（171 页）。

给定一个自动机，它识别语言 L。寻找 L 所属的最低级别的类。

首先考虑安全性类。考虑一个自动机$\mathcal{A}$。设 L 是$\mathcal{A}$识别的语言。在不失一般性的情况下，可以假设 Q 中的所有状态都可以从 q_0 到达。如果任意两个状态 $q,q'\in S$，从 q 到 q' 存在一条只经过 S 中状态的路径，则称集合 $S\subseteq Q$ 是强连通的。显然，对每个强连通的 S，存在一个字 σ 使 $vinf(\sigma)=S$。

如果存在 $\sigma\in L$ 使 $vinf(\sigma)=S$，则称强连通集 S 是强连通接受集（SCA）。如果存在 $\sigma\notin L$ 使 $vinf(\sigma)=S$，则称 S 是强连通拒绝集（SCR）。

如果自动机的一个状态 $q\in Q$ 出现于 L 中某个字的执行中，则称 q 是有希望的，否则 q 是无希望的。可通过寻找从 q 到达属于 SCA 中某个状态的路径来检测状态 q 是否有希望。不难看出，从一个无希望状态到有希望状态的转换是不可能的。

设 H 表示 Q 中所有有希望的状态集。如果对于每个强连通的 S，S 是一个 SCA 当且仅当 $S\subseteq H$，则称 L 是一个安全语言。如果 L 是一个安全性语言，那么可通过重新定义 $R'\neq\varnothing$ 和 $P'=H$ 修改自动机并得到一个识别 L 的安全性自动机$\mathcal{A}'$。

对其他类扩展这个结果。设$\mathcal{K}$范围为保证、k-义务、响应、持续和 1-反应。证明自动机识别的$\mathcal{K}$类语言 L 具有如下特点，并证明 L 也能被$\mathcal{K}$-自动机识别。

（1）如果在 SCR 中没有从 q 到某个状态的路径，则状态 q 称为优胜者。设 W 表示所有优胜状态集。如果对于每个强连通的 S，S 是一个 SCA 当且仅当 $S\cap W\neq\varnothing$，则称 L 是一个保证语言。证明如果 L 是一个保证语言，那么存在一个保证自动机识别它。

（2）证明 L 是一个响应语言当且仅当 SCA 的每一个强连通子集都是 SCA。证明如果 L 是一个响应语言，那么存在一个响应自动机识别它。

（3）证明 L 是一个持续性语言当且仅当对 SCA 的每个强连通超集 S（即对于每个 S'，有 $S'\supseteq S$）是一个 SCA。证明如果 L 是一个持续性语言，那么存在一个持续自动机识别它。

（4）证明 L 是一个 1-反应式语言当且仅当 S 是一个 SCA，S 的每一个强连通子集或者 S 的每个强连通超集是一个 SCA。

（5）给出 L 是一个 k-义务语言的类似特征，证明存在一个 k-义务自动机识别 L。

（6）给出 L 是一个 k-反应式语言的类似特征，证明存在一个 k-反应自动机识别 L。

假设给定识别 L 的自动机是一个 Streett 自动机。描述确定$\mathcal{A}$识别语言所属类的算法，其时间复杂度是多项式的，与 Q 的大小和对 R_i、P_i 的个数相关。

问题 4.12　时序描述自动机（171 页）。

如果对于每个状态 $q\in Q$，存在一个命题过去公式 φ_q 使自动机从 q_0 移动到 q 的有穷字集是 $esat(\varphi_q)$，即满足 φ_q 的有穷字的集合，则一个自动机被定义为是时序可描述的自动机。

并不是每个自动机均是 T-自动机。考虑自动机$\mathcal{A}_0$有状态 $Q:\{q_0,q_1\}$和转换函数(即对于每个 $s\in\Sigma,\delta(q_0,s)=q_1,\delta(q_1,s)=q_0$)。显然,从 q_0 到达自身的字是偶数长度,而从 q_0 到达 q_1 的字为奇数长度。由于这些字的集合不能由命题时序公式描述,因此,$\mathcal{A}_0$不是 T-自动机。

设$\mathcal{K}$范围为安全、保证、k-义务、响应、持续和 k-反应。

(1) 证明$\mathcal{K}$-自动机识别的语言是一个$\mathcal{K}$-属性。时序公式和自动机之间的一个重要关系是:对每个时序逻辑可描述的属性 Π,存在一个 T-自动机识别 Π。

(2) 证明如果一个$\mathcal{K}$类的语言 L 是可以用时序逻辑描述的,则它是一个$\mathcal{K}$-属性,即 L 能被一个典型的$\mathcal{K}$-公式描述。

** **问题 4.13** 标准公式(172 页)。

设$\mathcal{K}$范围为安全、保证、义务、响应和持续。证明可由$\mathcal{K}$-标准公式描述的属性 Π 是一个$\mathcal{K}$-属性,即存在一个$\mathcal{K}$-典型公式描述 Π。

问题 4.14 同步通信模块的计算(198 页)。

通过同步消息传递与其环境进行通信的模块的计算的定义为:公式 φ 对于模块 M 是模块有效的当且仅当 φ 在 M 的所有计算都成立。

根据给定模块 M 的转换系统 S_M 的构造来定义。与共享变量或者异步通信的情况不同,不能使用单独的环境转换来表示环境的可能操作。在同步的情况下,有:

(1) 每条语句ℓ: $\alpha\Leftarrow e$ 的转换 $\tau_{<\ell,E>}$ 访问一个声明为 out 的通道 α。

(2) 每条语句ℓ: $\alpha\Rightarrow u$ 的转换 $\tau_{<E,\ell>}$ 访问一个声明为 external in 的通道 α。

文献注释

使用时序逻辑来描述程序属性的例子出现在几乎所有推荐使用它的论文中,如 Pnueli [1977],Manna 和 Pnueli[1981b],Manna[1982],Hailpern 和 Owicki[1980],Hailpern [1982] ,Owicki 和 Lamport[1982],Koymans 和 de Roever[1983],Lamport[1983c], Lamport[1983d],Emerson 和 Clarke[1982]等。

事实上,一些属性已经在使用时序逻辑之前的其他形式化方法中进行了描述,如 Lamport[1977]及 Francez 和 Pnueli[1978]。Lamport[1977]首次将反应式系统的属性划分为安全性类和活性类。正如 Pnueli[1977]所述,虽然安全性可以方便地表示为一阶公式的不变性,但活性需要扩展的规约语言,如时序逻辑。

Lichtenstein、Pnueli 和 Zuck[1985]简要提及了属性的安全性-进展性分类,Manna 和 Pnueli[1990b]对其进行了全面描述。同一层次在不同形式中有许多特征。Landweber [1969],Wagner[1979],Arnold[1983],Kaminski[1985],Hoogeboom 和 Rozenberg[1986] 及 Staiger[1987]在 ω-自动机的背景下对其进行了研究。

如前所述,Lamport[1977]将属性划分为安全性和活性。Lamport[1985d]给出安全性类的语义特征。Alpern 和 Schneider[1985] 提供了活性类的语义特征。Alpern 和 Schneider[1987b]给出了 ω-自动机识别的安全性和活性的语法特征。Sistla[1985] 提供了由将来命题时序逻辑描述的安全性的全部特征及活性的部分特征。

根据 Kamp[1968]及 Gabbay、Pnueli、Shelah 和 Stavi[1980a]的观点,命题时序逻辑及

其将来形式与线性次序的一阶模态理论具有相同的表达能力。在定义有限词语言的能力方面，McNouton 和 Papert[1971]在这种一阶语言和其他几种形式语言之间建立了等价关系。这些形式中最重要的是无星正则表达式和无计数自动机。Ladner[1977]，Thomas[1979]，Thomas[1981]，Perrin[1984]，Arnold[1985]，Perrin[1985]，Perrin 和 Pin[1986]将这些结果推广到无限语言的表达等价性。有关这些主题的综述可以参阅 Thomas[1990]。

Wolper[1983]指出，即使是简单的例子(如文中讨论的奇偶性)也不能用未量化的时序逻辑表示，但可以用自动机表示。当加入时序语言语法算子(等价于不动点)时，得到了一种更强大的语言，它与完全 ω-自动机的语言相同，或者如 Biichi[1960]所示，具有单后继(SIS)的弱二阶模态理论的表达能力。

断言规约方法(如 Manna[1969a，1969b]的一阶逻辑及 Hoare 逻辑[1969]或 Dijkstra[1975，1976]的谓词转换器)均是为描述终止顺序程序属性而设计的。因此，它们提供了部分和全部正确性等属性的自然表达。

当 Owicki 和 Gries[1976b]将相关证明方法扩展到处理并发程序时(另见 Owicki 和 Gries[1976a])，很快意识到在并发程序验证中构造的证明框架提供了有关断言的信息，这些断言不仅在程序终止时有效，而且在执行的中间点也有效。因此，证明框架可以解释为在整个计算过程中说明某些断言的不变性。这一事实被 Lamport[1980b]及 Lamport 和 Schneider[1984]用于通过断言方法推导安全性属性的证明。Apt、Francez 和 de Roever[1980]，Levin 和 Gries[1981]，Sounderarajan[1984]针对同步(CSP)案例开发了消息传递的断言证明方法，Misra 和 Chandy[1981]针对异步案例开发了该方法。Misra 和 Chandy[1982]提出了一种断言方法，用于描述和证明消息传递系统的安全性和所选的活性属性。感兴趣的读者可参考 de Roever[1985]及 Hooman 和 de Roever[1986]对并发程序规约和验证的断言方法进行的系统研究。

Owicki 和 Gries[1976b]指出了辅助变量在并发程序规约和验证中的重要作用。对于消息传递系统，一些研究人员已经提出使用历史变量来记录通信事件列表。Hailpern[1982]，Hailpern 和 Owicki[1980]，Schwartz 和 Melliar-Smith[1982]，Nguyen、Gries 和 Owicki[1985]，Nguyen、Demers、Owicki 和 Gries[1986]在时序框架中使用了历史变量，Misra 和 Chandy[1981]，Misra 和 Chandy[1982]，Zwiers、de Bruin 和 de Roever[1984]以及 Zwiers、de Roever 和 van Emde Boas[1985]在断言框架中使用了历史变量。

对于消息传递程序的时序逻辑规约的方法基于 Barringer、Kuiper 和 Pnueli[1985]。异步消息传递系统的表示方式受到 Nguyen、Demers、Owicki 和 Gries[1986]及 Nguyen、Gries 和 Owicki[1985]的影响。他们的建议被采纳，即模块的规约应该只用于输出事件，即使是那些发生在输入通道上的事件。

Sistla、Clarke、Francez 和 Gurevich[1982]首先提出了在时序逻辑中不能描述具有重复消息的缓冲区的观点。Sistla、Clarke、Fancez 和 Meyer[1984]进一步阐述了这一观点。Koymans[1987]提出了用扩展时序逻辑来解决这些困难的建议。4.7 节中讨论的数据独立性概念是来自 Wolper[1986]的一种可能的消息复制解决方案。

Manna 和 Pnueli[1983b]提出了一类优先属性及其嵌套 unless 公式表达式。直到很久以后(见问题 4.4)才意识到优先属性属于安全性类。Lamport[1985f]提出了一个有趣的问题，即如何解释互斥程序的优先级。从某种意义上说，描述有界优先而不是严格的优先顺序的建议是受到这一观点的影响。

并发程序的模块化规约和验证问题一直是该领域最活跃的研究领域之一。这里再次提到 de Roever[1985]及 Hooman 和 de Roever[1986] 对模块断言规约和验证领域的综述。长期以来,人们一直认为,纯粹由安全性属性组成的规约比可能包含某些活性属性的一般规约的组成更容易。包含活性的组合规约的文献包括 Misra、Chandey 和 Smith[1982],Barringer、Kuiper 和 Pnueli[1984],Nguyen、Demers、Owicki 和 Gries[1986],Nguyen、Gries 和 Owicki[1985]及 Jonsson[1987b]。

参 考 文 献

参考文献可扫描下方二维码查阅。